煤炭高等教育"十四五"规划教材

建设工程合同管理

主　编　白芙蓉

副主编　张红利　李　娇

中国矿业大学出版社

·徐州·

内 容 提 要

本书依据现行的相关法律、法规和合同示范文本,结合全国造价工程师、监理工程师、一级建造师等执业资格考试相关内容,根据笔者多年从事工程招投标与合同管理课程教学和工程实践经验编写而成。本书采用理论与实例相结合的方法,系统介绍了建设工程合同管理的原理、法规与方法,全书内容包括 6 章:建设工程合同管理概述、合同管理法律基础、建设工程招标与投标、建设工程施工合同订立与履行、建设工程索赔与合同争议、工程建设相关合同。书中配有大量的案例,以及来自执业资格考试真题的习题训练。

本书体系完整、知识结构合理、案例丰富且针对性强,可作为工程管理、工程造价、土木工程等专业的本科生教材,也可以供相关专业技术人员学习参考,还可以作为工程类相关执业资格考试的参考用书。

图书在版编目(CIP)数据

建设工程合同管理 / 白芙蓉主编. — 徐州:中国矿业大学出版社,2024. 11. — ISBN 978 - 7 - 5646 - 6577 - 7

Ⅰ. TU723.1

中国国家版本馆 CIP 数据核字第 2024G1U318 号

书　　名	建设工程合同管理
主　　编	白芙蓉
责任编辑	杨　洋　吴学兵
出版发行	中国矿业大学出版社有限责任公司
	(江苏省徐州市解放南路　邮编 221008)
营销热线	(0516)83885370　83884103
出版服务	(0516)83995789　83884920
网　　址	http://www.cumtp.com　E-mail:cumtpvip@cumtp.com
印　　刷	江苏淮阴新华印务有限公司
开　　本	787 mm×1092 mm　1/16　印张 16.25　字数 416 千字
版次印次	2024 年 11 月第 1 版　2024 年 11 月第 1 次印刷
定　　价	35.00 元

(图书出现印装质量问题,本社负责调换)

前　言

　　合同管理是建设工程项目管理的核心内容,招投标是签订建设工程合同的主要方式。建设工程合同管理课程的目标是培养学生掌握实用、完整的工程招投标与合同管理理论和方法,具备相关理论知识体系和工程合同管理实践能力。建设工程合同管理是土木工程、工程管理等相关专业的核心专业课程。

　　本书以《中华人民共和国民法典》(2020 年)、《中华人民共和国招标投标法实施条例》(2019 年)、《建设工程施工合同(示范文本)》(GF—2017—0201)、《建设工程设计合同示范文本(房屋建筑工程)》(CF—2015—0209)、《建设工程监理合同(示范文本)》(GF—2012—0202)、《建设工程工程量清单计价规范》(CGB 50500—2013)等最新工程建设相关法律、法规和合同示范文本为依据,根据编者多年的教学经验和学生反馈,同时结合案例和实际判例全面、系统地介绍了合同管理的基本理论和工程应用。本书力求体现以下三个特点:

　　(1) 知识体系的系统性。本书对工程合同管理的基本原理和方法进行了较为完整的阐述,既有合同管理法律基础知识,也有典型工程合同的签订和履行管理,还有国际工程常用合同文本的介绍,形成了合同管理知识体系。

　　(2) 教学内容的实践性。本书在吸收以往教材精华的基础上,结合我国现行的工程量清单计价模式特点,对工程招投标与合同管理的教学与实践技能训练进行了较好的设计,同时,内容紧密结合学生毕业后将参加造价工程师、监理工程师、建造师等资格考试的要求,体现了教学内容的实践性。

　　(3) 结构模式的创新性。章前给出了学习内容和思政目标,让学生对本章学习内容形成概括性认知,同时为教师指明课程思政建设方向;章中配有知识拓展和案例分析,为学生提供深入学习的资料,同时选择紧扣理论知识的案例资料以增强学生的理解与应用能力;章末附有法院判例和本章习题,通过真实的判例使学生敬畏法律,并进一步提升工程合同管理的综合能力。

　　本书适合高等院校工程造价、工程管理、土木工程等相关专业的本科学生使用,也可以作为各类工程技术人员的自学教材和参考用书。

　　本书由西安科技大学白芙蓉担任主编,西安科技大学张红利、中国建筑第二工程局西南分局李娇任副主编,由西安科技大学史玉芳主审。具体编写分工如下:第 2、4 章由白芙蓉编写,第 1 章由尚梅编写,第 3 章由李娇编写,第 5 章由凤亚红和张红利编写,第 6 章由张红利编写。全书由白芙蓉统稿。

研究生陈楠、孙国荣、刘雨欣、闫俊茹、蒲张成、陈芳等为本书的编写做了许多工作,在此一并感谢。另外,在撰写本书过程中,参考了相关资料,在此对各位作者表示诚挚的谢意。

本书虽几经修改,但由于编者水平有限,书中难免有疏漏与不足之处,敬请读者予以指正。修改意见可发送至 784550070＠qq.com,以便进一步修订完善。

编者

2023 年 6 月

目　　录

第 1 章 建设工程合同管理概述

学习内容：本章主要介绍合同与工程合同管理的基本知识。通过学习，掌握合同法律关系的构成要素、工程合同管理的内容；熟悉合同的分类、代理法律关系的特征、民事责任；了解合同的概念与特征、建设工程合同体系构成、工程合同生命周期的含义。

思政目标：树立合同法律意识，形成系统性思维。

1.1 合同基本知识

1.1.1 合同的概念与法律特征

1.1.1.1 合同的概念

《中华人民共和国民法典》（下面简称《民法典》）第四百六十四条规定：合同是民事主体之间设立、变更、终止民事法律关系的协议。婚姻、收养、监护等有关身份关系的协议，适用有关该身份关系的法律规定；没有规定的，可以根据其性质参照适用本编规定。

因此，合同有广义和狭义之分。狭义的合同规范的是债权合同，是两个或两个以上的民事主体之间设立、变更、终止债权关系的协议（契约）；广义的合同还应包括身份合同、行政合同和劳动合同等，由其他相关法律规范。

在市场经济中，财产的流转主要依靠合同。特别是工程项目，其标的大、履行时间长、协调关系多，合同尤其重要。建筑市场中的各方主体都要依靠合同确立相互之间的权利义务关系。本书主要介绍狭义的合同。

【知识拓展 1-1】 《民法典》简介

《民法典》被称为"社会生活的百科全书"，是我国第一部以法典命名的法律，在法律体系中居于基础性地位，也是市场经济的基本法。

《民法典》共 7 编、1 260 条，各编依次为总则、物权、合同、人格权、婚姻家庭、继承、侵权责任以及附则。通篇贯穿以人民为中心的发展思想，着眼满足人民对美好生活的需要，对公民的人身权、财产权、人格权等作出明确翔实的规定，并规定侵权责任，明确权利受到削弱、减损、侵害时的请求权和救济权等，体现了对人民权利的充分保障，被誉为"新时代人民权利的宣言书"。

2020 年 5 月 28 日，十三届全国人大三次会议表决通过了《民法典》，自 2021 年 1 月 1 日起施行。《中华人民共和国婚姻法》《中华人民共和国继承法》《中华人民共和国民法通则》《中华人民共和国收养法》《中华人民共和国担保法》《中华人民共和国合同法》《中华人民共和国物权法》《中华人民共和国侵权责任法》《中华人民共和国民法总则》同时废止。

1.1.1.2 合同的法律特征

合同具有下列法律特征：

（1）合同是一种合法的民事法律行为。民事法律行为是指民事主体实施的能够设立、变更、终止民事权利义务关系的行为。民事法律行为以意思表示为核心，按照意思表示的内容产生法律后果。作为民事法律行为，合同应当是合法的，即只有在合同当事人所作出的意思表示符合法律要求时才能产生法律约束力，受到法律保护。如果当事人的意思表示违法，即使双方已经达成协议，也不能产生当事人预期的法律效果。

（2）合同是两个或两个以上当事人意思表示一致的协议。合同是两个或两个以上的民事主体在平等自愿的基础上互相或平行作出意思表示，且意思表示一致而达成的协议。因此合同的成立：首先，必须有两个或两个以上的合同当事人；其次，合同的各方当事人必须相互或平行作出意思表示；最后，各方当事人的意思表示一致。

（3）合同以设立、变更、终止财产性的民事权利义务关系为目的。当事人订立合同都有一定目的，为了各自的经济利益或共同的经济利益，以合同的方式来设立、变更、终止财产性的民事权利义务关系。

（4）合同的订立、履行应当遵守法律、行政法规的规定。合同的主体必须合法，订立合同的程序必须合法，合同的形式必须合法，合同的内容必须合法，合同的履行必须合法，合同的变更、解除必须合法等。

（5）合同依法成立即具有法律约束力。法律约束力是指合同的当事人必须遵守合同的规定，如果违反，就要承担相应的法律责任。合同的法律约束力主要体现在以下两个方面：① 不得擅自变更或解除合同；② 违反合同应当承担相应的违约责任。除了不可抗力等法律规定的情况以外，合同当事人不履行或者不完全履行合同时，必须承担违反合同的责任，即按照合同或法律的规定，由违反合同的一方承担违反合同的责任；同时，如果对方当事人仍要求违约方履行合同时，违反合同的一方当事人还应当继续履行。

1.1.2 合同的基本原则

（1）平等原则

《民法典》第四条规定：民事主体在民事活动中的法律地位一律平等。平等原则是指当事人的民事法律地位平等，包括订立和履行合同两个方面，一方不得将自己的意志强加给另一方。平等原则是民事法律的基本原则，是区别于行政法律、刑事法律的重要特征，也是《民法典》其他原则赖以存在的基础。

（2）自愿原则

《民法典》第五条规定：民事主体从事民事活动，应当遵循自愿原则，按照自己的意思设立、变更、终止民事法律关系。自愿原则，既表现在当事人之间，因一方欺诈、胁迫订立的合同无效或者可以撤销，也表现在合同当事人与其他人之间，任何单位和个人不得非法干预。自愿原则是法律赋予的，同时也受到其他法律规定的限制，是在法律规定范围内的"自愿"。

（3）公平原则

《民法典》第六条规定：民事主体从事民事活动，应当遵循公平原则，合理确定各方的权利和义务。公平，既表现在订立合同时的公平，显失公平的合同可以撤销；也表现在发生合同纠纷时公平处理，既要切实保护守约方的合法利益，也不能使违约方因较小的过失承担过重的责任;还表现在极个别情况下,因客观情势发生异常变化,履行合同使当事人之间的利益严重失衡,而公平地调整当事人之间的利益。

（4）诚实信用原则

《民法典》第七条规定:民事主体从事民事活动,应当遵循诚信原则,秉持诚实,恪守承诺。诚实信用,主要包括三层含义:一是诚实,要表里如一,因欺诈订立的合同无效或者可以撤销;二是守信,要言行一致,不能反复无常,也不能口惠而实不至;三是从当事人协商合同条款时起,就处于特殊的合作关系中,当事人应当恪守商业道德,履行相互协助、通知、保密等义务。

（5）公序良俗原则

《民法典》第八条规定:民事主体从事民事活动,不得违反法律,不得违背公序良俗。遵守法律、行政法规,主要是指遵守法律的强制性规定。法律的强制性规定基本上涉及的是国家、社会的公共利益。公序良俗指民事主体的行为应当遵守公共秩序,符合善良风俗,不得违反国家的公共秩序和社会的一般道德。

【知识拓展 1-2】　　　　　　什么是法律的强制性规定?

法律的强制性规定是指国家通过强制手段来保障实施的那些规定,譬如纳税、工商登记,不得破坏竞争秩序等规定,基本上涉及的是国家、社会的公共利益。简单来说,法律中"禁止""不得""应当""必须"等表述的规定,即法律的强制性规定。例如,《中华人民共和国招标投标法》(以下简称《招标投标法》)第十八条:招标人不得以不合理的条件限制或者排斥潜在投标人,不得对潜在投标人实行歧视待遇。

1.1.3　合同的分类

对合同进行科学分类,不仅有助于针对不同合同确定不同的规则,还便于准确适用法律。一般来说,合同可进行如下分类:

（1）要式合同与不要式合同

根据合同的成立是否需要特定的形式,合同可以分为要式合同与不要式合同。

要式合同是指法律要求必须具备特定形式(如书面、登记、审批等形式)才成立的合同。例如,《民法典》第七百八十九条规定:建设工程合同应当采用书面形式。因此,建设工程合同是要式合同。不要式合同是指法律不要求必须具备一定形式和手续的合同。除法律有特别规定以外,均为不要式合同。实践中,不要式合同居多。

（2）双务合同与单务合同

根据当事人双方权利义务的分担方式,合同可以分为双务合同与单务合同。

双务合同是指当事人双方相互享有权利、承担义务的合同。在双务合同中,一方享有的权利正是对方所承担的义务,反之亦然,每一方当事人既是债权人又是债务人。例如,买卖、互易、租赁、承揽、运输、保险等合同均为双务合同。单务合同是指只有一方当事人负担义务的合同。例如,赠予、借用合同等。

（3）有偿合同与无偿合同

根据当事人取得权利是否以偿付为代价,合同可以分为有偿合同与无偿合同。

有偿合同是指当事人一方享有合同规定的权利,须向另一方付出相应代价的合同。例如,买卖、租赁、运输、承揽等合同。有偿合同是商品交换最典型的合同形式。实践中,绝大多数合同是有偿合同。无偿合同是指一方当事人享有合同规定的权益,但无须向另一方付出相应代价的合同。例如,无偿借用合同、赠予合同。

有些合同既可以是有偿的也可以是无偿的,由当事人协商确定,如委托、保管等合同。双务合同都是有偿合同;单务合同原则上为无偿合同。

(4) 有名合同与无名合同

根据法律是否赋予特定合同名称并设有专门规则,合同可以分为有名合同与无名合同。

有名合同,也称为典型合同,是指法律上已经确定一定的名称,并设定具体规则的合同。如《民法典》合同篇中明文规定的十九类合同为:买卖合同,供用电、水、气、热力合同,赠予合同,借款合同,保证合同,租赁合同,融资租赁合同,保理合同,承揽合同,建设工程合同,运输合同,技术合同,保管合同,仓储合同,委托合同,物业服务合同,行纪合同,中介合同,合伙合同。

无名合同也称为非典型合同,是指法律上尚未确定专门名称和具体规则的合同,是上述十九类合同之外的合同。例如,我国社会生活中的肖像权使用合同,其内容是关于肖像权的使用及其报酬等事项,属无名合同。

(5) 诺成合同与实践合同

根据合同的成立是否必须交付标的物,合同可以分为诺成合同与实践合同。

诺成合同,又称为不要物合同,是指当事人双方意思表示一致就可以成立的合同。大多数合同都属于诺成合同,如建设工程合同、买卖合同、租赁合同等。

实践合同,又称为要物合同,是指除当事人双方意思表示一致以外,尚须交付标的物才能成立的合同。例如,保管、借款、定金、寄存等合同。

(6) 主合同与从合同

根据合同相互之间的主从关系,合同可以分为主合同与从合同。主合同是指能够独立存在的合同,例如,发包人与承包人签订的建设工程施工合同为主合同。从合同是指为确保主合同的履行,依附于主合同方能存在的合同,如发包人与承包人签订的履约保证合同。

(7) 格式合同与非格式合同

按条款是否预先拟定,合同可以分为格式合同与非格式合同。

格式合同,也称为定式合同、标准合同。《民法典》第四百九十六条规定:格式条款是当事人为了重复使用而预先拟定,并在订立合同时未与对方协商的条款。采用格式条款的合同称为格式合同。对于格式合同的非拟定条款的一方当事人而言,要订立格式合同,就必须接受全部合同条件;否则,就不订立合同。现实生活中的车票、船票、飞机票、保险单、提单、仓单、出版合同等都是格式合同。非格式合同是双方共同拟定并经过协商形成的合同内容。

1.2 合同法律关系

法律关系是指一定的社会关系在相应的法律规范调整下形成的权利义务关系。合同法律关系是指由合同法律规范调整的,在民事流转过程中所产生的权利义务关系。合同法律关系是一种重要的社会关系。

1.2.1　合同法律关系构成要素

合同法律关系包括合同法律关系主体、合同法律关系客体和合同法律关系内容三个要素。这三个要素构成了合同法律关系,缺少其中任何一个要素都不能构成合同法律关系,改变其中的任何一个要素也就改变了原来设定的法律关系。

1.2.1.1　合同法律关系主体

合同法律关系主体是指参加合同法律关系,享有相应权利、承担相应义务的当事人。合同法律关系主体资格范围一般包括自然人、法人和非法人组织。

（1）自然人

自然人是指基于出生而成为民事法律关系主体的有生命的人。作为法律关系主体的自然人必须具备相应的民事权利能力和民事行为能力。民事权利能力是指民事主体依法享有民事权利和承担民事义务的资格,自然人的民事权利能力一律平等。民事行为能力是指民事主体通过自己的行为取得民事权利和履行民事义务的资格。根据年龄和精神状况,自然人可以分为完全民事行为能力人、限制民事行为能力人和无民事行为能力人,如表 1-1所示。

表 1-1　自然人类别及民事行为能力

类别	年龄和精神状况	法律规定的行为能力
完全民事行为能力人	年满 18 周岁的成年人;16 周岁以上成年人,以自己的劳动收入为主要生活来源	可以独立进行民事活动,承担民事义务
限制民事行为能力人	8 周岁以上的未成年人;不能完全辨认自己行为的成年人	可以独立实施纯获利益的民事法律行为或者与其年龄、智力、精神健康相适应的民事法律行为,其他民事活动由法定代理人代理,或者经其法定代理人同意、追认
无民事行为能力人	不满 8 周岁的未成年人;不能辨认自己行为的成年人	民事法律行为均由其法定代理人代理

【知识拓展 1-3】　　民事权利能力与民事行为能力的关系

民事权利能力与民事行为能力是两个不同概念。民事权利能力是指一个人在法律上享有或承担民事权利和义务的资格,它是从出生到死亡的一种基本法律地位,适用于所有自然人。具备民事权利能力意味着此人可以享受、维护并保护自己的合法权益。而民事行为能力是指一个人能够独立实施民事法律行为的能力,包括签订合同、处置财产等。具备民事行为能力的人可以自主决定是否参加民事法律活动,并对其行为的法律后果承担相应责任。未成年人可以通过法定代理人实现其法律行为,如父母代为签署合同等。

民事权利能力是民事行为能力的前提和目标,民事行为能力是民事权利能力得以实现的保证和途径。

（2）法人

法人是具有民事权利能力和民事行为能力,依法独立享有民事权利和承担民事义务的组织。法人是与自然人相对应的概念,是法律赋予社会组织具有人格的一项制度。这一制度为确立社会组织的权利、义务,便于社会组织独立承担责任提供了基础。法人的民事权利能力和民事行为能力,从法人成立时产生,到法人终止时消灭。法人以其全部财产独立承担民事责任。

《民法典》总则将法人分为营利法人、非营利法人和特别法人。以取得利润并分配给股东等出资人为目的成立的法人,为营利法人。营利法人包括有限责任公司、股份有限公司和其他企业法人等。为公益目的或者其他非营利目的成立,不向出资人、设立人或者会员分配所取得利润的法人为非营利法人,包括事业单位、社会团体、基金会、社会服务机构等。机关法人、农村集体经济组织法人、城镇农村的合作经济组织法人、基层群众性自治组织法人,这些都为特别法人。

法人成立应当具备以下条件:

① 依法成立。法人不能自然产生,它的产生必须经过法定程序。法人的设立目的和方式必须符合法律规定,设立法人必须经过政府主管机关的批准或者核准登记。

② 有必要的财产或者经费,以及名称、组织机构和场所。有必要的财产或者经费是法人进行民事活动的物质基础,要求法人的财产或者经费必须与法人的经营范围或者设立的目的相适应,否则不能被批准设立或者核准登记。法人的名称是法人相互区别的标志和法人进行活动时使用的代号。法人的组织机构是指对内管理法人事务、对外代表法人进行民事活动的机构。法人的场所则是法人进行业务活动的所在地,也是确定法律管辖的依据。

③ 能够独立承担民事责任。法人必须能够以自己的财产或者经费承担民事活动中的债务,在民事活动中给其他主体造成损失时能够承担赔偿责任。

④ 有法定代表人。法定代表人也称为法人代表,是依照法律或者法人组织章程规定,代表法人行使职权的负责人。法定代表人以法人名义从事的民事活动,其法律后果由法人承受。法人章程或者法人权力机构对法定代表人代表权的限制,不得对抗善意相对人。法定代表人因执行职务造成他人损失的,由法人承担民事责任。法人承担民事责任后,依照法律或者法人章程的规定,可以向有过错的法定代表人追偿。

【知识拓展1-4】　　　　法人与法定代表人的关系

法人与自然人不同,是一种无生命的社会组织体,是具有完全民事行为能力的民事主体,具体可以是公司或者社会团体、基金会等法人组织,其实质是一定社会组织在法律上的人格化。法定代表人是依照法律或者法人章程的规定,代表法人从事民事活动的负责人,法定代表人的权力是由法人赋予的。

法人对法定代表人的正常活动承担民事责任。法人代表对外行使权力都要受到法定代表人授权的限制,他只能在法定代表人授权的职责范围内代表法人对外进行活动,他的行为不是法人本身的行动,但是对法人发生直接的法律效力;法人代表在授权范围内行使权利时造成他人损失或者其他法律后果的,都由法人承担,只有超出委托权限范围的行为所造成的损失,才由法人代表本人承担。

(3)非法人组织

非法人组织的概念是为实现某种合法目的或者以一定财产为基础并供某种目的之用而联合一体的非按法人设立规则设立的人的群体。看完二者的概念后,我们知道非法人组织是介于自然人(有生命的人)与法人之间,未经社会登记的组织。法人以外的其他组织也可以成为合同法律关系主体,主要包括个人独资企业、合伙企业、不具备法人资格的专业服务机构等。这些组织应当是依法成立且有一定的组织机构和财产,但是又不具备法人资格的组织。

【知识拓展 1-5】　　　　　　法人与非法人组织的区别

法人与非法人组织的区别主要包括:① 法人具有法人资格,非法人组织不具有法人资格;② 法人具有独立的财产,非法人组织则掌握一定的财产,这种财产是否具有独立性,法律未做要求;③ 从产生方式来看,法人成立需要注册(机关法人等除外),非法人组织成立需要登记;④ 法人的行为能力相比非法人组织范围要广,非法人组织以自己的名义从事民事活动则需要符合特定目的;⑤ 法人独立承担责任,非法人组织不能独立承担民事责任。

能否独立承担民事责任是区别法人与其他组织的重要标志。法人有独立支配的财产,以自己的名义和用自己的财产独立承担民事责任;对于所负担的债务,以独立支配的财产承担有限清偿责任。非法人组织也是合法成立的,有一定的组织机构和经费,但是往往不具备法人资格,民事责任的承担较为复杂。

1.2.1.2　合同法律关系客体

合同法律关系客体是指参与合同法律关系的主体享有的权利和承担义务所共同指向的对象,是法律关系发生和存在的前提。合同法律关系的客体主要包括物、行为、智力成果。

(1)物。物是指民事权利主体能够支配的具有一定经济价值的物质财富,包括自然物、劳动创造物以及充当一般等价物的货币和代表某种财产权的有价证券(如股票、债券、支票等)。物是应用最为广泛的合同法律关系客体,建设工程合同法律关系中表现为物的客体主要是建筑材料、建筑物、建筑机械设备等。

(2)行为。行为是指合同法律关系主体为达到一定的目的而进行的有意识的活动。行为多表现为完成一定的工作或提供一定的劳务,如工程监理服务。

(3)智力成果。智力成果也称为无形资产,是指通过人的脑力劳动所创造出的精神成果,一般表现为某种技术、科研实验成果、设计方案、知识产权(如商标权、著作权、专利权)等。它可以直接使用于生产,或转化为生产力。

1.2.1.3　合同法律关系内容

合同法律关系内容是指合同约定和法律规定的权利和义务,即合同债权和合同债务。合同法律关系内容是合同的具体要求,决定了合同法律关系的性质。

(1)合同权利。合同权利是指债权人在法定范围内,按照合同的约定,有权按照自己的意志作出某种行为。债权人也可以要求义务主体作出或者不得作出一定的行为,来实现自己的有关权利。当权利受到侵害时,有权受到法律保护。

(2)合同义务。合同义务是指债务人按照法律规定或合同约定向债权人履行给付及其给付相关行为的责任。相应主体应自觉履行相应的义务,否则义务人应承担相应的法律责任。在多数合同中,义务和权利是对应设置的。

【案例 1-1】 **合同法律关系分析**

背景：A 钢材厂与 B 贸易公司签订了一份购销钢材的合同，约定 A 钢材厂向 B 贸易公司提供钢材 1 000 吨，每吨单价 3 000 元，总货款 300 万元。合同签订后，B 贸易公司到 C 灯具厂联系推销钢材，并与之签订了 200 吨钢材的买卖合同，每吨单价为 3 100 元。C 灯具厂与 B 贸易公司签订合同后，派出业务员携带 50 万元转账支票，随同 B 贸易公司业务员来到 A 钢材厂，要求发运 200 吨钢材。A 钢材厂要求预付款进账户后才能发货。C 灯具厂到银行办理转账手续时，银行认为 C 灯具厂与 A 钢材厂没有直接的合同关系而不同意转收支票款。于是，C 灯具厂在转账支票上写上"代 B 贸易公司付钢材款 50 万元"后，银行同意将预付款转至 A 钢材厂的账户。A 钢材厂收到货款后以预付款不足为由拒绝交货。故此，C 灯具厂以 A 钢材厂为被告提起诉讼，请求退回货款。

问题：分析该案件中的法律关系及法律后果。

分析：该案件中存在两份合同，两份合同相互联系却又互相独立。A 钢材厂和 B 贸易公司之间形成一个合同法律关系，主体是 A 钢材厂和 B 贸易公司，客体是钢材，内容是 A 钢材厂向 B 贸易公司交付钢材 1 000 吨，而 B 贸易公司向 A 钢材厂支付货款 300 万元。另一个合同法律关系主体是 B 贸易公司与 C 灯具厂，客体也是钢材，内容是 B 贸易公司向 C 灯具厂交付钢材 200 吨，C 灯具厂则向 B 贸易公司支付货款 62 万元。

A 钢材厂与 B 贸易公司签订的买卖合同仅对 A 钢材厂与 B 贸易公司有法律上的约束效力，而与 C 灯具厂无关。A 钢材厂与 C 灯具厂之间不存在任何法律关系，因此，C 灯具厂无义务向 A 钢材厂支付货款，而 A 钢材厂也无义务直接向 C 灯具厂提供货物。本案中 C 灯具厂的支付行为应当视为代替 B 贸易公司所进行的支付，该支付行为不足以使 A 钢材厂与 C 灯具厂之间产生合同法律关系。

由于 C 灯具厂与 A 钢材厂之间没有合同法律关系，因此 C 灯具厂将 A 钢材厂作为被告是不妥当的。基于 C 灯具厂与 B 贸易公司之间的合同关系，当 C 灯具厂无法得到钢材时，其应当以 B 贸易公司违约为由提起诉讼。由于 A 钢材厂与本案有利害关系，法院会追加 A 钢材厂为本案的第三人。

1.2.2 法律事实

合同法律关系不会自然而然产生，也不是由法律规范规定就可以在当事人之间发生具体的合同法律关系，只有一定的法律事实存在，才能在当事人之间发生一定的合同法律关系，或者使原来的合同法律关系发生变更或消灭。能够引起合同法律关系产生、变更、消灭的客观现象和事实，就是法律事实。法律事实包括行为和事件。

（1）行为。行为是指法律关系主体有意识的活动，能够引起法律关系发生变更和消灭的行为，包括作为和不作为两种表现形式。行为还可以分为合法行为和违法行为。

（2）事件。事件是指不以合同法律关系主体的主观意志为转移而发生的，能够引起合同法律关系产生、变更和消灭的客观现象。这些事件的出现与否，是当事人无法预见和控制的。事件分为自然事件和社会事件两种。自然事件是指自然现象引起的客观事实，如地震、台风等。社会事件是指社会上发生了不以个人意志为转移的难以预料的重大事件而形成的客观事实，如战争、罢工、禁运等。无论是自然事件还是社会事件，它们的发生都能引起一定的法律后果，即导致合同法律关系的产生或者迫使已经存在的合同法律关系发生变化。

1.2.3　代理关系

1.2.3.1　代理的概念和特征

代理是指代理人在被代理人的授权范围内以被代理人的名义与第三人实施的民事法律行为,其民事法律后果由被代理人承担。代理关系通常涉及三个主体,即被代理人、代理人和第三人,关系如图1-1所示。

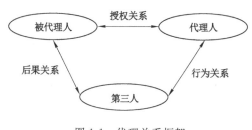

图1-1　代理关系框架

自然人、法人可以通过代理人实施民事法律行为。但是,依照法律规定或者按照双方当事人约定,应当由本人实施的民事法律行为不得代理,如登记结婚。法律对有些事项的代理人资格提出了要求。

代理具有以下特征:

(1)代理人必须在代理权限范围内实施代理行为。无论代理权的产生是基于何种法律事实,代理人都不得擅自变更或扩大代理权限。代理人超越代理权限的行为不属于代理行为,被代理人对此不承担责任。在委托代理关系中,代理人应该根据被代理人的授权范围进行代理,在法定代理关系中,代理人也应该在法律规定或者指定的范围权限内实施代理工作。

(2)代理人以被代理人的名义实施代理行为。代理人只有以被代理人的名义实施代理行为才能为被代理人取得权利和义务。如果代理人以自己的名义所发生的行为是法律行为而不是代理行为,那么这种行为所设定的权利和义务只能由代理人自己承担。

(3)代理人在被代理人授权范围内独立表达意志。在被代理人的授权范围内,代理人以自己的意志积极地为被代理人实现其利益。它具体表现为代理人有权自行解决如何向第三人作出意思表示。

(4)代理行为的法律后果归属被代理人。代理人是以被代理人的名义实施法律行为,在代理关系中设定的权利和义务,应当直接归属被代理人享有或承担。被代理人对代理人的代理行为承担责任,既包括对代理人在执行代理任务中的合法行为承担民事责任,也包括对代理人的不当代理行为承担民事责任。

1.2.3.2　代理的种类

根据代理权限产生的依据不同,《民法典》第一百六十三条规定:代理包括委托代理和法定代理。

(1)委托代理。委托代理是指基于被代理人对代理人的委托而产生的代理行为。只有在被代理人对代理人进行授权后,这种委托代理关系才真正成立。民事法律行为的委托代理,可以采用书面形式,也可以采用口头形式。法律规定采用书面形式的,应当采用书面形式。书面委托代理的授权委托书应当载明代理人的姓名或者名称、代理事项、权限和期间,并由委托人签名或盖章。委托书授权不明的,被代理人应当向第三人承担民事责任,代理人负连带责任。在委托代理中,被代理人可以随时撤销其授权委托,代理人也可以随时辞去所受委托,但代理人辞去其委托时,不能给被代理人和善意相对人造成损失,否则应负赔偿责任。

执行法人或者非法人组织工作任务的人员,就其职权范围内的事项,以法人或者非法人组织的名义实施的民事法律行为,对法人或者非法人组织产生效力。法人或者非法人组织对执行其工作任务的人员职权范围的限制,不得对抗善意相对人。

(2)法定代理。法定代理是指根据法律的规定而产生的代理行为。法定代理主要是为了维护无行为能力或限制行为能力人的合法权益而设立的代理方式,属于全权代理。法定代理人原则上应代理有关财产方面的一切民事法律行为和其他允许代理的行为。

【知识拓展 1-6】　　　　建设工程活动中的代理行为

建设工程活动中涉及的代理行为较多,如工程招标代理、材料设备采购代理以及诉讼代理等。另外,项目经理是施工企业的委托代理人,总监理工程师是监理单位的委托代理人。

1.2.3.3　无权代理

无权代理是指行为人没有代理权而以他人名义进行民事、经济活动。

(1)无权代理的三种表现形式

① 无合法授权的"代理"行为。代理权是代理人进行代理活动的法律依据,不享有代理权的行为人以他人名义进行"代理"活动,是典型的无权代理形式。此外,依照法律规定或者当事人约定,应当由本人实施的民事法律行为,即使有代理授权,也属于无权代理,如结婚登记。

② 超越权限的"代理"行为。被代理人进行授权时应该有明确的代理范围界定,代理人超越代理权限范围所"代理"的民事行为也属于无权代理。

③ 代理权终止后的"代理"行为。有时被代理人授权是在特定时间范围内有效的,期限届满没有继续授权的情况下,代理人的代理权就相应终止,原代理人无权继续进行"代理"活动。

(2)无权代理的法律后果

对于无权代理行为,"被代理人"可以根据无权代理行为的后果对自己有利或者不利的原则,行使追认权或者拒绝权。

① 行使追认权。"被代理人"将无权代理行为转化为合法的代理行为。根据《民法典》的规定,善意相对人事后知道对方为无权代理的,可以催告被代理人在一个月内予以追认,合同被追认之前,善意相对人有撤销的权利,撤销应以通知的方式作出。没有代理权、超越代理权或者代理权终止后的行为,只有经过被代理人的追认,被代理人才承担民事责任。本人知道他人以本人名义实施民事行为而不做否认表示的,视为同意。

② 行使拒绝权。"被代理人"对于无权代理行为及其产生的法律后果,享有拒绝权。被拒绝的无权代理行为,由无权代理行为人独自承担民事责任。

1.2.3.4　滥用代理权

滥用代理权是指合法拥有代理权,但是在行使过程中故意损害被代理人的利益的行为,包括三种类型:

(1)自我代理。自我代理是指代理人以被代理人的名义同自己签订合同实施法律行为。

(2)双方代理。双方代理是指同时担任利益冲突的双方当事人的代理人。此类行为被法律所禁止。

(3)利己代理。利己代理是指代理人与第三人恶意串通损害被代理人利益的行为。对此,代理人和第三人对被代理人的损失应承担连带责任。

【知识拓展1-7】　　　　　　　　　　表见代理

表见代理是指虽无代理权,但表面上有足以使人相信有代理权,而法律规定须由被代理人负授权之责的代理。表见代理是有效的无权代理。

《民法典》第一百七十二条规定:行为人没有代理权、超越代理权或者代理权终止后,仍然实施代理行为,相对人有理由相信行为人有代理权的,代理行为有效。表见代理后,被代理人因此受到损害的,有权向表见代理人主张损害赔偿。

1.2.3.5　代理关系的终止

(1)委托代理关系的终止。有下列情形之一的,委托代理终止:

① 代理期限届满或者代理事项完成。

② 被代理人取消委托或者代理人辞去委托。

③ 代理人或者被代理人死亡。

④ 代理人丧失民事行为能力。

⑤ 作为被代理人或者代理人的法人、非法人组织终止。

(2)法定代理关系的终止。有下列情形之一的,法定代理终止:

① 被代理人取得或者恢复完全民事行为能力。

② 代理人丧失民事行为能力。

③ 代理人或被代理人死亡。

④ 法律规定的其他情形。

【案例1-2】　　　　　　　　　　无权代理行为的后果

背景:甲商场派业务员乙到丙企业采购空调,见丙企业生产的浴室防水暖风机小且适用,特别在北方没有来暖气以前以及停止供暖之后的一段时间内对一般家庭特别适用,遂自行决定购置一批该企业生产的暖风机。货运到后,甲商场即对外销售该暖风机。后因该市提早供应暖气,暖风机的销量大减。甲商场这时想到乙是自作主张购置暖风机,商场有权拒绝支付货款。丙企业因收不回货款而诉至法院。

问题:本案中甲商场应否支付货款?

分析:乙自行决定购置丙企业生产的暖风机属于超越代理权限行为,是一种典型的无权代理行为,是狭义无权代理行为,所以乙与丙企业签署的购销合同属于效力待定的合同。可是,甲商场接收了该货物并实质对外销售该暖风机,甲商场以实质销售行为表示其对该合同进行了追认,追认后该合同即为有效合同,甲商场应该履行合同支付货款。

1.2.4 民事责任

法律责任分为民事责任、行政责任和刑事责任。后两者只能基于法律规定,合同不能进行约定。因此,合同中约定的法律责任只能是民事责任。

1.2.4.1 民事责任的概念和承担方式

民事责任是指民事主体在民事活动中,因实施了民事违法行为,根据法律规定或者合同约定所承担的对其不利的民事法律后果。民事责任包括合同责任和侵权责任。合同责任包括违约责任与缔约过失责任。

承担民事责任的方式主要有:① 停止侵害;② 排除妨碍;③ 消除危险;④ 返还财产;⑤ 恢复原状;⑥ 修理、重作、更换;⑦ 继续履行;⑧ 赔偿损失;⑨ 支付违约金;⑩ 消除影响、恢复名誉;⑪ 赔礼道歉。

承担民事责任的以上方式可以单独适用,也可以合并适用。

1.2.4.2 民事责任的承担原则

(1) 按份责任的承担。二人以上依法承担按份责任且能够确定责任大小的,各自承担相应的责任;难以确定责任大小的,平均承担责任。

(2) 连带责任的承担。二人以上依法承担连带责任的,权利人有权请求部分或者全部连带责任人承担责任。实际承担责任超过自己责任份额的连带责任人,有权向其他连带责任人追偿。

1.3 建设工程合同

1.3.1 建设工程合同的概念及作用

1.3.1.1 建设工程合同的概念

《民法典》第七百八十八条规定:建设工程合同是承包人进行工程建设,发包人支付价款的合同。建设工程合同包括工程勘察、设计、施工合同。这个规定中的勘察、设计、施工可以理解为狭义的建设工程合同。

广义的建设工程合同不局限于《民法典》中的三类,是一项工程项目实施过程中所有与建设活动相关的合同的总和。一般包括勘察/设计合同、工程施工承包合同、监理委托合同、咨询合同、材料设备采购供应合同、贷款合同、工程保险合同等。涉及的合同主体众多,主要有业主、勘察单位、设计单位、承包商、咨询公司、供应商、保险公司等。在某些大型复杂项目中,参与方可能还包括 BOT/BT 投资方、代建单位、金融机构和担保公司等。这些主体互相依存、互相约束,在合同中承担不同的职责,共同促进工程建设的顺利开展。

1.3.1.2 建设工程合同的作用

(1) 设定了工程建设行为的法律准则

合同一经签订,只要合法,就成为一份法律文件,效力是处在第一位的。双方按合同内容承担相应的义务,享有相应的权利,双方都必须按合同办事,用合同规范自己的行为。如果违约,就要承担相应的责任,除特殊情况(如不可抗力等)使合同不能实施外。

(2)确定了工程项目管理的主要目标

建设工程合同在工程实施前签订,确定了工程所要达到的范围、质量、工期和价格等目标以及与实现目标相关的具体问题。

(3)搭建了工程建设各参与方之间的桥梁

合同将工程所涉及生产、材料和设备供应、运输、各专业施工的分工协作关系联系起来,协调并统一工程各参与方的行为。

(4)提供了工程实施过程中双方争执解决的依据

合同对争执的解决有两个决定性作用:一是争执的判定以合同作为法律依据,即以合同条文判定争执的性质,谁对争执负责,应负什么样的责任等;二是争执的解决方法和解决程序由合同规定。

1.3.2 建设工程合同的特征

(1)合同主体的严格性。《中华人民共和国建筑法》(以下简称《建筑法》)对建设工程合同主体有非常严格的要求。建设工程合同中的发包人一般是经过批准进行工程项目建设的法人,必须取得准建证件(如土地使用证、规划许可证、施工许可证等),投资计划已经落实;国有单位投资的经营性基本建设大中型项目,在建设阶段必须组建项目法人,由项目法人对项目的策划、资金筹措、建设实施、生产经营、债务偿还和资产保值增值承担责任。建设工程合同中的承包人必须具备法人资格,而且应当具备从事勘察、设计、施工等业务的相应资质。无营业执照或无承包资质的单位不能作为建设工程合同的主体,资质等级低的单位不能越级承包建设工程。

(2)合同标的的特殊性。建设工程合同是从承揽合同中分化出来的,也属于一种完成工作的合同。但是建设工程合同与承揽合同实际存在着很大的不同,建设工程合同的标的为不动产建设项目,其基础部分与大地相连,不能移动,不可能批量生产;建设工程具有产品的固定性、单一性和工作流动性。这就决定了每个建设工程合同的标的都是特殊的,相互之间具有不可替代性。

(3)合同履行期限的长期性。建设工程由于结构复杂、体积大、建筑材料类型多、工作量大,与一般的工业产品的生产相比,它的合同履行期限都较长;由于建设工程投资多、风险大,建设工程合同的订立和履行一般都需要较长的准备期;在合同的履行过程中,还可能因为不可抗力、工程变更、材料供应不及时等原因而导致合同期限顺延。所有这些情况,决定了建设工程合同的履行期限具有长期性。

(4)计划和程序的严格性。由于工程建设对国家的经济发展、国民的工作和生活都有重大的影响。因此,国家对建设工程的计划和程序都有严格的管理制度。订立建设工程合同必须以国家批准的投资计划为前提,即便是国家投资以外的以其他方式筹集的投资,也要受到当年贷款规模和批准限额的限制,纳入当年投资规模,并经过严格的审批程序。建设工程合同的订立要符合国家基本建设程序的规定,《招标投标法》还规定了强制招标的范围。合同履行过程中,有关行政主管部门有权对违反法律规定的行为给予行政处罚。

(5)合同形式的要式要求。考虑到建设工程的重要性、复杂性和合同履行的长期性,同时在履行过程中经常会发生影响合同履行的纠纷,因此,《民法典》要求建设工程合同应当采用书面形式。

1.3.3 建设工程合同体系

广义的建设工程合同包含为了满足工程建设各种活动需要而订立的合同,可以视为一个庞杂的合同体系,如图 1-2 所示。

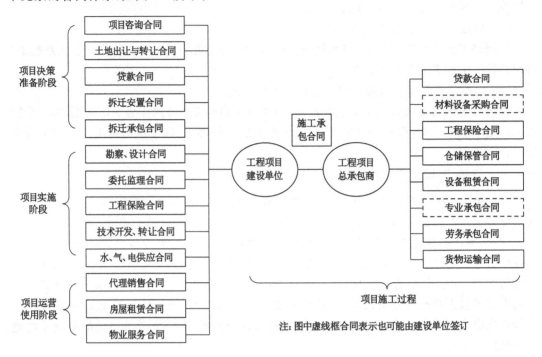

图 1-2 建设工程合同体系

建设单位作为项目业主,是工程的所有者,也是工程(或服务)的买方,可能是政府、企业、其他投资者,或几个企业的组合,或政府与企业的组合(如 BOT/BT 投资方、代建机构)。业主会分阶段与不同主体签订多个合同:工程建设准备阶段,项目需要编制可行性研究、环评报告等技术文件,业主会与相关单位签订技术咨询合同,同时还要与金融机构签订借款合同解决项目的资金问题;工程建设实施阶段,可能签订工程勘察、设计合同,还会签订施工、监理、技术开发、材料设备采购、工程保险等合同;若业主为房地产开发商,则还要签订土地拆迁、物业管理、房屋租赁与销售等合同。

承包商是工程施工的具体实施者,是工程施工承包合同的执行者。承包商要完成合同约定范围内的施工,需要为工程提供劳动力、施工设备、材料,有时也涉及技术设计。任何承包商都不可能具备所有的专业工程施工能力、材料和设备的生产和供应能力,因此,总承包商需要将一些工作委托出去,也就形成了总承包商自己独立的合同关系:主要有工程施工承包合同、工程分包合同、材料设备采购供应合同、运输合同、仓储保管合同、设备租赁合同、贷款合同、保险合同等。

此外,设计单位、各供应单位也可能存在各种形式的分包;设计施工总承包的承包商也会委托设计单位,因而需签订设计合同;联合体投标还需签订联合体协议。

1.3.4　建设工程合同生命周期

工程项目中的每一份合同都有起点和终点,都存在从合同订立、生效到终止的生命周期。以施工合同为例,其合同的全生命周期与里程碑事件如图1-3所示。

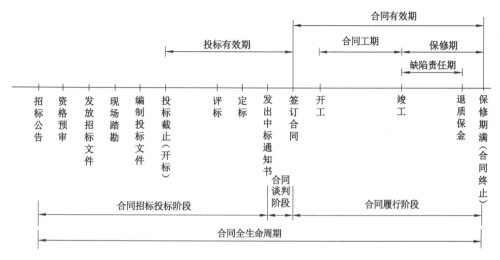

图1-3　施工合同全生命周期与里程碑事件

从图1-3可以看出:从招标开始到签订合同期间,是合同的形成阶段,主要是完成合同的订立;从合同签订到合同终止是合同的履行阶段。任何一份工程合同都要从合同开始磋商到合同责任全部完成,时间长短不一,但都会经历形成和履行两个阶段以及多个专业的过程,这些构成了工程合同的生命周期。在整个生命周期进行中,不同的合同类型不同的时间点,有着不同的合同管理任务和重点。

1.4　建设工程合同管理

建设工程合同管理是对工程项目中相关合同的策划、签订、履行、变更、索赔和争议解决的管理。合同管理是工程项目管理的实现手段与方法,涉及工程技术、造价、法律法规、风险管理等方面的知识和技能,在现代工程项目管理知识体系中有着重要的地位和作用。

1.4.1　建设工程合同管理的特点

（1）合同管理周期长

工程项目是一个渐进的过程,持续时间长,合同管理必须与工程项目的实施进程同步且连续进行,这使得工程合同管理的生命周期一般都较长。它不但包括签约后的设计、施工等,而且包括签约前的招投标和合同谈判以及工程竣工后的缺陷责任期。

（2）合同管理经济效益大

由于工程价值量大,合同价格高,因此合同管理对工程经济效益的影响很大。合同管理得好,可使承包商避免亏损,赢得利润;否则,承包商就要蒙受较大的经济损失。这已被许多工程实践所证明。在现代工程中,由于竞争激烈,本来合同价格中包含的利润就低,若合同管理稍有失误,就会导致工程项目亏损。

（3）合同管理涉及学科多

工程合同管理是技术与管理的结合。工程合同在工程中的特殊作用和其自身所具有的综合特点，使得合同管理整个知识体系涉及企业管理和工程项目管理各个方面，与工程的报价、进度计划、质量管理、范围管理、信息管理等都有关系。合同管理是工程管理知识体系的结合体，所需知识互相联系。

工程合同管理又是法律与工程的结合，合同的语言和格式有法律的特点，这使得工程专业相关人员在思维方式甚至语言上难以适应。但是对于法律专业人员来说，工程合同又具有工程的特点，要描述工程管理程序，在管理风格上需要符合工程实施的客观要求。

（4）合同关系影响因素多

由于现代工程有许多特殊的融资模式、承发包模式和管理模式，工程的参加单位和协作单位多，即使一个简单的工程也涉及十几家甚至几十家单位，因此合同关系十分复杂，形成了一个复杂的合同体系。同时，合同管理受外界环境影响大，如经济、社会、法律和自然条件的变化等。这些因素难以预测，不能控制，但是都会妨碍合同的正常实施，甚至造成经济损失。

1.4.2　建设工程合同管理的作用

随着我国建筑市场不断发育成熟，建设工程合同管理的作用日益重要，主要表现在：

（1）加强合同管理符合社会主义市场经济的要求。使用合同来引导和管理建筑市场，顺应了政府转变职能，应用法律、法规和经济手段调节和管理市场的大趋势。而各建筑市场主体也必须依据市场规律要求，健全各项内部管理制度，其中非常重要的一项就是合同管理。

（2）加强合同管理是规范各建设主体行为的需要。建筑工程项目合同界定了建设主体各方的基本权利与义务关系，是建设主体各方履行义务、享有权利的法律基础。合同一经签订，只要有效，双方的经济关系就限制在合同范围内。由于双方的权利和义务互为条件，所以合同双方都可以利用合同保护各自的利益，限制和制约对方。

（3）加强合同管理是迎接国际竞争的需要。我国建筑市场正逐步全面开放，要面对国外建筑企业的冲击与挑战，就必须适应国际市场规则，遵循国际惯例。只有加强合同管理，建筑企业才有可能与国外建筑企业一争高下，才能赢得自己生存与发展的空间。

【知识拓展 1-8】　　　　　　　　**建筑市场**

建筑市场可以从广义和狭义两个方面来理解。狭义的建筑市场一般是指有形建筑市场，有固定的交易场所。广义的建筑市场包括有形市场和无形市场，是指与建筑产品有关的一切供求关系的总和，是一个市场体系，包括勘察设计市场、建筑产品市场、生产资料市场、劳动力市场、资金市场、技术市场等。

1.4.3　建设工程合同管理的内容

在工程项目管理中，合同决定着工程项目的目标。合同管理作为项目管理的起点，贯穿工程合同策划、招投标和实施各个阶段，与项目的质量、进度、成本、安全、信息等管理密不可分。工程项目成功与否与合同管理效果密切相关。

1.4.3.1　工程招标采购阶段的合同管理

（1）开展建设工程合同与招标采购总体策划

工程合同总体策划主要是确定对工程项目实施有重大影响的合同问题，如工程发承包模式的选择、合同风险的分担、相关合同的协调等。正确的合同策划能保证工程的各个合同顺利履行，减少合同纠纷，保证工程项目目标的实现。

招标采购前，应明确建设工程项目的目标是什么，实现工程项目目标需要做什么、何时做、如何做等问题。再根据项目目标要求，对整个项目的采购工作进行总体策划，要明确项目需要采购哪些工程、服务和物资，再应用目标分解、工作分解结构（WBS）等方法制订总体采购计划和列出采购清单。在此基础上进行采购标段划分，考虑工程如何划分标段，物资如何进行分批次采购；拟定采购计划、采购方式、采购时间、采购组织和管理协调工作安排。

在进行工程招标采购策划时，应以工程项目投资计划中的重要控制日期（如开工日、竣工日）为关键节点，应用横道图、网络图等方法统筹各项采购任务和相互衔接。确定采购勘察设计服务、施工承包、材料设备的内容和数量、各项采购的顺序和分阶段步骤。做好标段及合同段的合理划分，并确定采用何种采购和招标方式，如直接采购、询价或议标、公开招标、邀请招标等。还应根据实际情况确定是由项目单位自行组织采购还是委托采购招标代理机构采购。

建设工程项目通常应通过招标签订各类合同。因此，应根据项目需要，提前策划设定招标和合同文件中的重点要求作为开展采购招标工作的主要依据，如勘察设计招标中对勘察设计工作起止时间、工作内容、工作质量、费用支付的要求；施工承包招标中对施工工期、施工工作内容、工程款支付、施工质量、工程验收、质量保修的要求；材料设备采购招标中对供货内容、交货时间、支付方式、技术服务的要求等。

（2）编制招标文件和合同条件

在招标采购和缔约过程中，应考虑选用适合工程项目需要的标准招标文件和合同示范文本。近年来国务院及地方各级行政管理部门、行业组织颁布了不同系列的招标合同示范文本，如国家发展和改革委员会等九部委联合印发的《中华人民共和国标准勘察招标文件》、《中华人民共和国标准设计招标文件》、《中华人民共和国标准施工招标文件》（以下简称《标准施工招标文件》）、《中华人民共和国标准材料采购招标文件》、《中华人民共和国标准设备采购招标文件》、《中华人民共和国简明标准施工招标文件》、《中华人民共和国标准设计施工总承包招标文件》等，具有结构完整、内容全面、条款严谨、权责合理的特点，得到了广泛应用。

（3）细化项目参建各相关方的合同界面管理

工程建设项目是由多方参与的复杂系统，应通过合同管理有效妥善地协调安排好建设单位、监理单位、勘察设计单位、施工单位、物资供应单位等项目各参建方之间的界面关系，包括工作范围界面、风险界面、组织界面、费用界面、进度界面等。

建设项目管理机构应有专门的合同界面协调人参与编制或审查招投标文件和合同文件，确认相关各方的合同界面关系，如土建合同和安装合同之间、安装合同和设备供应合同之间的责任界面和接口对接。可综合采用文字说明、清单列举、图纸标注等方法，使参建各方责任明确、边界划分清楚、衔接严谨，做到工作既不遗漏又不重复，各方均有合同依据可循，避免参与方互相推诿工作内容和责任。同时，还应做到不同界面之间信息开放透明和信息传递顺畅高效,各方能根据合同项目实施进展情况相互检查、及时通报、确认更新,并通过合同界面管理超前协调好项目各方工作。

(4)合理选择适合建设工程特点的合同计价方式

选择好适合项目特点的合同计价方式是招标采购和合同管理工作的关键,以建设工程施工合同为例,根据计价方式不同,有单价合同、总价合同和成本加酬金合同等不同计价方式合同,具体内容在第5章中详细讲解。

1.4.3.2 工程合同签订阶段的合同管理

(1)组织做好合同评审工作

在订立合同前,合同主体相关各方应组织工程管理、经济、技术和法律方面的专业人员进行合同评审,应用文本分析、风险识别等方法完成对合同条件的审查、认定和评估工作。采用招标方式订立合同时,还应对招标文件和投标文件进行审查、认定和评估。

合同评审主要包括下列内容:

① 合法性、合规性评审。保证合同条款不违反法律、行政法规、地方性法规的强制性规定,不违反国家标准、行业标准、地方标准的强制性条文。

② 合理性、可行性评审。保证合同权利和义务公平合理,不存在对合同条款的重大误解和合同履行障碍。

③ 合同严密性、完整性评审。保证与合同履行紧密关联的合同条件、技术标准、技术资料、外部环境、自身履约能力等条件满足合同履行要求。

④ 与产品或过程有关要求的评审。保证合同内容没有缺项和漏项,合同条款没有文字歧义、数据不全、条款冲突等情形,合同组成文件之间没有矛盾。通过招投标方式订立合同的,合同内容还应当符合招标文件和中标人的投标文件的实质性要求和条件。

⑤ 合同风险评估。保证合同履行过程中可能出现的经营风险和法律风险处于可以接受的水平。

合同评审中发现的问题应以书面形式提出,并对问题予以澄清或调整。合同当事方还可以根据需要进行合同谈判,通过协商、细化、完善、补充、修改或另行约定合同条款和内容。

(2)制定完善的合同管理制度和实施计划

合同相关各方应加强合同管理体系和制度建设,做好合同管理机构设置和合同归口管理工作,配备合同管理人员,制定并有效执行合同管理制度,如合同目标管理制度、合同评审会签制度、合同交底制度、合同报告制度、合同文件资料归档保管制度、合同管理评估和绩效考核制度。

合同实施计划是保证合同履行的重要手段。合同相关各方应根据合同来编制合同实施计划。合同实施计划应包括:① 合同实施总体安排;② 合同分解与管理策划;③ 合同实施保证体系的建立。其中,合同实施保证体系应与其他管理体系协调一致,还应建立合同文件沟通方式、编码系统和文档系统。

(3)落实细化合同交底工作

在合同履行前,需掌握合同条款内容,对合同进行仔细研读,进行总体和专题性分析。合同各方的相关部门和合同谈判人员应对项目管理机构进行合同交底。合同交底应包括下列内容:① 合同的主要内容;② 合同订立过程中的特殊问题及合同待定问题;③ 合同实施计划及责任分配;④ 合同实施的主要风险;⑤ 其他应进行交底的合同事项。

通过合同交底,应对合同的主要内容及存在的风险作出解释和说明,使相关人员熟悉合同中的主要内容、各种规定及要求、管理程序,了解自己的合同责任、工作范围以及法律责任,确保执行合同时不出或少出偏差。合同交底可以用书面、电子数据、视听资料和口头的形式实施,书面交底的应签署确认书。

1.4.3.3　工程合同履行阶段的合同管理

（1）及时进行合同跟踪、诊断和纠偏

合同相关各方应在合同实施过程中采用 PDCA 循环（计划—执行—检查—处置）方法定期进行合同跟踪诊断和纠偏,主要开展如下工作:① 对合同实施信息进行全面收集、分类处理,将合同实施情况与合同实施计划进行对比分析,查找合同实施中的偏差;② 定期对合同实施过程中出现的偏差进行定性、定量分析,包括原因分析、责任分析以及实施趋势预测,通报合同实施情况及存在的问题;③ 根据合同实施偏差结果制定合同纠偏措施或方案,并与其他相关方沟通协调配合;④ 采用闭环管理的方法对识别出的偏差、问题进行纠偏、改进的实施情况进行持续跟踪,直至落实完成。

应严格执行合同管理工作程序和报告、文档制度,在收到合同相对方的信函、文书、会议纪要等文件后应及时回复并存档。对合同履行过程中出现的问题应及时且详细地加以记录,并根据实际情况制定出切实可行且有效的处理措施。对合同履行过程中出现的问题和需要商定的事项应及时组织各方进行商谈,对商谈结果给予有效记录,如组织起草、签署合同补充协议书、会议纪要、备忘录等,并及时落实跟踪商定的事项。

（2）灵活且规范应对处理合同变更问题

由于工程建设的复杂性和不确定性,随着项目的逐步实施,经常会出现新情况和新问题,可能发生合同变更,并产生资源投入变化、费用变化和对工期的影响,容易导致合同双方的利益产生冲突,需要提前预判并及时灵活处理。合同变更管理包括变更依据、变更范围、变更程序、变更措施的制定和实施,以及对变更的检查和信息反馈。合同相关各方应按照规定实施合同变更的管理工作,将变更文件和要求传递至相关人员。

通常合同变更应当符合下列条件:① 变更的内容应符合合同约定或者法律法规规定。变更超过原设计标准或者批准规模时,应由当事方按照规定程序办理变更审批手续。② 变更或变更异议的提出,应符合合同约定或者法律法规规定的程序和期限。③ 变更应经当事方或其授权人员签字或盖章后实施。④ 变更对合同价格和工期有影响时,相应调整合同价格和工期。

（3）开发和应用信息化合同管理系统

基于计算机和互联网技术的线上合同管理系统是实现信息共享、协同工作、过程控制、实时管理的重要手段。

应建立线上合同管理系统,通过数据库技术,实现结构化的合同数据和文件管理,方便管理人员对合同进行归类、统计、跟踪等工作。可采用移动终端、计算机终端、物联网技术或其他技术对合同实施过程中的数据进行及时准确采集,形成相关电子报表和图表,获得合同实施动态信息,并预测趋势辅助决策。可通过权限设置和任务分配,实现参与人员串行审批或并行审批,实现无纸化办公、多人协调办公。合同管理系统还可以提供合同数据库,如合同范本、法律法规、物价、财务、税务、保险等内容,以方便工作人员查阅使用。

（4）正确处理合同履行过程中的索赔和争议

对合同履行过程中出现的对方违约情况或违反合同的干扰事件,应及时查明原因,通过取证,按照合同的规定及时、合理、准确地向对方提出索赔报告;当接到对方索赔后,应严格审核对方提出的索赔要求,分析索赔成立条件和理赔依据并及时处理,同时应防止事态扩大,避免更大损失。

合同冲突管理应以预防为主,以减少矛盾和争议的发生。编制合同时应最大限度地完善合同条款,避免因合同约定不明而导致纠纷。遇到有可能引起纠纷的问题,应及时详细做好书面记录,保存好相关资料,使争议事项有据可查。对于合同履行过程中出现的纠纷,可采取组织召开协调讨论会加强各方沟通等措施,将原则性和灵活性相结合,力促各方通过友好协商及时解决争端,避免纠纷进一步扩大。

(5)开展合同管理评价与经验教训总结

合同终止前,项目管理机构应进行项目合同管理评价,总结合同订立和执行过程中的经验和教训,提出总结报告。并可采用量化考核的方法对合同执行效果进行分项和总体评价。

合同总结报告应包括下列内容:① 合同订立情况评价;② 合同履行情况评价;③ 合同管理工作评价;④ 对本项目有重大影响的合同条款评价;⑤ 其他经验和教训等。

应根据合同总结报告确定项目合同管理改进需求。制订改进措施,进一步完善合同管理制度,并按照规定保存合同总结报告。

(6)倡导构建合同各方合作共赢机制

项目参建各方应在尊重并关照彼此需求、期望和利益的基础上整合确立项目共同目标,践行"干好项目,共同受益"的理念。通过参建各方积极合作与协调,发挥各方的资源优势,减少各种形式的内耗与浪费,提高项目效率。借助参建各方核心能力的发挥,创造新机会,扩大收益,提升项目效益。鼓励倡导"透明的文化",即参建伙伴间保持透明,欢迎相互检查、相互提醒,绝不允许隐瞒任何质量问题。一旦发现问题,应准确定性、快速处理、及时反馈。建立参建各方"责任上分、目标上合"的目标激励机制,"合同上分、利益上合"的利益驱动机制,"岗位上分、思想上合"的协调机制。将合同实施过程中各方之间存在的风险转嫁、利益对抗发展为通过建立合作机制实现共赢。

1.4.4 建设工程合同管理的法律体系

完备的法律制度是进行合同管理的基础。为推行建设领域的合同管理制度,有关部门做了大量的工作,从立法到实际操作都日趋完善,形成了国家立法、政府立规、行业立制的层次分明的合同管理法律体系,具体形式见表1-2。

表1-2 法的形式与层级

法律形式	制定部门	效力	举例
《中华人民共和国宪法》	全国人民代表大会	最高	《中华人民共和国宪法》
法律	全国人大及其常务委员会	仅次于宪法	《中华人民共和国建筑法》
行政法规	国务院	低于宪法和法律	《建设工程质量管理条例》
地方性法规、自治条例、单行条例	省、自治区、直辖市人民代表大会及其常务委员会批准的市级人民代表大会及其常委会	仅在本辖区内有效,效力低于法律和行政法规	《北京市建筑市场管理条例》

表1-2(续)

法律形式	制定部门	效力	举例
部门规章	国务院各部委	低于法律和行政法规	《建筑工程施工许可管理办法》
地方政府规章	省、自治区、直辖市人民政府及批准的市级人民政府	低于同级或上级的地方性法规	《陕西省节约用水办法》
国际公约	国际间有关政治、经济、文化、技术等方面的多边条约	缔约国之间有法律效力	《禁止化学武器公约》

与建设工程合同管理直接相关的法律有：

(1)《中华人民共和国民法典》

《民法典》在本章第一节已做介绍，是规范民事法律关系的基本法。建设工程合同法律关系属于典型的民事法律关系，所以《民法典》是订立和履行建设工程合同以及处理合同纠纷的法律基础。

(2)《中华人民共和国建筑法》

《中华人民共和国建筑法》(以下简称《建筑法》)于1997年11月1日第八届全国人民代表大会常务委员会第二十八次会议通过，2019年4月23日第十三届全国人民代表大会常务委员会第十次会议第二次修正。它是建筑业的基本法律，旨在加强对建筑活动的监督管理，维护建筑市场秩序，保证建筑工程的质量和安全，促进建筑业健康发展。《建筑法》所称建筑活动，是指各类房屋建筑及其附属设施的建造和与其配套的线路、管道、设备的安装活动。

(3)《中华人民共和国招标投标法》

《招标投标法》于1999年8月30日第九届全国人民代表大会常务委员会第十一次会议通过，自2000年1月1日起施行，2017年12月27日第十二届全国人民代表大会常务委员会第三十一次会议修正。它旨在规范招投标活动，保护国家利益、社会公共利益和招投标活动当事人的合法权益，提高经济效益，保证项目质量，是整个招投标领域的基本法。

(4)《中华人民共和国安全生产法》

《中华人民共和国安全生产法》(以下简称《安全生产法》)，于2002年6月29日第九届全国人民代表大会常务委员会第二十八次会议通过，2021年6月10日第十三届全国人民代表大会常务委员会第二十九次会议上第三次修正。其旨在加强安全生产工作，防止和减少生产安全事故，保障人民群众生命和财产安全，促进经济社会持续健康发展。

(5)《中华人民共和国环境保护法》

《中华人民共和国环境保护法》(以下简称《环境保护法》)于1989年12月26日第七届全国人民代表大会常务委员会第十一次会议上通过，2014年4月24日第十二届全国人民代表大会常务委员会第八次会议上修订。其旨在保护和改善环境，防治污染和其他公害，保障公众健康，推进生态文明建设，促进经济社会可持续发展。建设项目的选址、规划、勘察、设计、施工、使用和维护均应遵循该法。

(6)《中华人民共和国民事诉讼法》

《中华人民共和国民事诉讼法》(以下简称《民事诉讼法》)由第七届全国人民代表大会第

四次会议于 1991 年 4 月 9 日通过,历经 2007 年、2012 年、2017 年、2021 年、2023 年五次修正,适用于人民法院受理公民之间、法人之间、其他组织之间以及他们相互之间因财产关系和人身关系提起的民事诉讼。其旨在保护当事人行使诉讼权利,保证人民法院查明事实,分清是非,正确适用法律,及时审理民事案件,确认民事权利义务关系,制裁民事违法行为,保护当事人的合法权益,教育公民自觉遵守法律,维护社会秩序和经济秩序。

(7)《中华人民共和国仲裁法》

《中华人民共和国仲裁法》(以下简称《仲裁法》)于 1994 年 8 月 31 日第八届全国人民代表大会常务委员会第九次会议通过,2017 年 9 月 1 日第十二届全国人民代表大会常务委员会第二十九次会议第二次修正。其旨在保证公正、及时地仲裁经济纠纷,保护当事人的合法权益,保障社会主义市场经济健康发展。

(8)《中华人民共和国保险法》

《中华人民共和国保险法》(以下简称《保险法》)于 1995 年 6 月 30 日第八届全国人民代表大会常务委员会第十四次会议通过,2015 年 4 月 24 日第十二届全国人民代表大会常务委员会第十四次会议第三次修正。其旨在规范保险活动,保护保险活动当事人的合法权益,加强对保险业的监督管理,维护社会经济秩序和社会公共利益,促进保险事业的健康发展。

除了上述法律,国务院及其下属各部委还通过并发布了与建设工程有关的行政法规及部门规章。这些部门颁布的规章和行政法规将法律的原则性规定具体应用于工程实践,使得建设工程项目全寿命周期的各个环节都有规可依、有章可循。

从行政法规层面来看,《中华人民共和国招标投标法实施条例》规范了招投标活动参与方的具体行为,《建设工程质量管理条例》和《建设工程安全生产管理条例》是保障建设工程质量和建设活动安全的基本依据,《建设工程勘察设计管理条例》规范了勘察设计参与方的具体行为;《建设项目环境保护管理条例》《公共机构节能条例》《民用建筑节能条例》是促进节能减排工作、保证工程项目可持续建设的法律要求。

从部门规章层面来看,《工程建设施工招标投标办法》《工程建设项目招标范围和规模标准规定》《评标委员会和评标方法暂行规定》《工程建设项目招标代理机构资格认定办法》《工程建设项目自行招标试行办法》《招标公告发布暂行办法》《建筑工程施工许可管理办法》《房屋建筑工程和市政基础设施工程竣工验收暂行规定》《建设工程价款结算暂行办法》等文件为建设工程从项目采购到竣工验收结算提供了具体的管理办法和操作流程。

为了深化建筑业的改革及与国际惯例接轨,住建部与有关部门制定颁布了一系列的规范及文件,如《建设工程工程量清单计价规范》(GB 50500—2013)、《建设工程造价咨询规范》(GB/T 51095—2015)等。还有最高人民法院发布的相关司法解释,也都构成工程合同管理的法律依据。

【知识拓展 1-9】　　　　　　　　　司法解释

司法解释,是指国家最高司法机关在适用法律过程中对具体应用法律问题所作的解释,包括审判解释和检察解释两种。审判解释是指最高人民法院对审判工作中的具体应用法律问题所作的解释,如《最高人民法院关于审理商品房买卖合同纠纷案件适用法律若干问题的解释》。审判解释对各级人民法院的审判具有约束力,是办案依据。检察解释是指最高人民检察院对检察工作中的具体应用法律问题所作的解释,对各级人民检察院具有普遍约束力。

【法院判例】 **一起物流国际货运代理纠纷案**

2017年5月25日下午,江苏省连云港市中级人民法院开庭审理哈萨克斯坦共和国雷诺斯联运公司与我国铁隆物流(江苏)公司及其连云港分公司货运代理合同纠纷案,当庭判决两被告共同支付欠付原告雷诺斯联运公司的货运代理费人民币718 771.3元及相应利息,并驳回铁隆物流连云港分公司的反诉诉讼请求。

原告雷诺斯联运公司诉称,2015年7月和8月,被告铁隆物流连云港分公司就多票出口货物的国际铁路运输事宜,委托其作为货运代理人,其接受委托后,妥善地履行了合同义务,并应收取费用106 882美元,但经多次催要,被告仍未支付。而被告铁隆物流公司作为被告连云港分公司的法人单位,依法应对未付费用承担共同支付责任。请求判令两被告以人民币支付所欠费用及相应利息损失。

两被告辩称已经履行了相应的付款义务。铁隆物流连云港分公司进而对雷诺斯联运公司提出反诉称,自2013年以来,铁隆物流连云港分公司与雷诺斯联运公司达成关于出口货物的铁路运输事宜协议,雷诺斯联运公司向铁隆物流连云港分公司提供国外段费用代码。2015年8月3日以后,雷诺斯联运公司突然终止对铁隆物流连云港分公司的货运代理服务,造成铁隆物流连云港分公司的多个集装箱在新疆口岸滞留,产生滞留费共计人民币3 680元,请求判令雷诺斯联运公司赔偿滞留费3 680元人民币及利息损失。

该案经组织庭前证据交换并经公开开庭审理,当庭宣判,作出一审判决。判决认定两被告未能提供充分的证据证明其已经履行了相应的付款义务,原告诉讼请求中的104 327美元,证据充分,依法应当予以支持。但原告亦未能提供充分的证据证明付款义务的履行期限,因此,原告所主张的利息起算时间为2015年12月1日的诉讼请求依法不予支持,未付款利息起算日应确定为提起本案诉讼之日。对于铁隆物流连云港分公司的反诉请求,亦因证据不足,依法不能得到支持。由于在案件审理过程中双方当事人均明确表示选择中华人民共和国法律解决本案纠纷,法院依据中华人民共和国涉外民事关系法律适用法、合同法、公司法等相关规定,遂作出上述判决。

本章习题

一、单项选择题

1. 体现施工企业法人民事行为能力的是(　　)。

A. 优质工程证书　　　B. 施工许可证　　　　C. 资质等级证书　　　D. 规划部门的批文

2. 下列不属于《民法典》中合同法规调整对象的是(　　)。

A. 货物运输合同　　　B. 技术合同　　　　C. 供用电合同　　　　D. 劳动合同

3. 招标代理行为属于(　　)。

A. 委托代理　　　　　B. 法定代理　　　　C. 指定代理　　　　　D. 表见代理

4. 某代理人超越了授权范围所实施的行为,事后获得了被代理人的同意,则此行为属于(　　)。

A. 不具有法律效力的行为　　　　　　　B. 被代理人行使追认权

C. 被代理人不履行委托代理协议　　　　D. 被代理人行使拒绝权

5. 违约是法律事实中的（　　　）。

A. 自然事件　　　　B. 社会事件　　　　C. 合法行为　　　　D. 违法行为

6. 法人是指具有民事权利能力和民事行为能力的（　　　　）。

A. 自然人　　　　　　　　　　　　　B. 个体工商户

C. 国家　　　　　　　　　　　　　　D. 依法成立的社会组织

二、多项选择题

1. 代理具有如下特征（　　　）。

A. 以代理人的名义从事活动

B. 以被代理人的名义从事活动

C. 任何事情及行为都可以代理

D. 代理人可在授权范围内独立进行意思表示

E. 代理行为产生的后果由代理人承担

2. 下列关于建设工程施工承包合同的分类说法正确的选项是（　　　）

A. 是有名合同　　　　B. 是单务合同　　　　C. 是要式合同　　　　D. 是从合同

E. 是有偿合同

3. 法人设立应具备的条件包括（　　　）。

A. 依法成立　　　　　　　　　　　　B. 有法人代表

C. 有必要的财产或者经费　　　　　　D. 组织机构是否设立均可

E. 能够独立承担民事责任

三、思考题

1. 建设工程合同的概念和特征。

2. 建设工程合同体系的构成包括哪些典型合同？

3. 合同法律关系三要素是指什么？

4. 代理的概念及特征。

5. 自然人民事行为能力的分类及判定条件。

6. 建设工程合同法律体系包含的法律有哪些？

第 2 章　合同管理法律基础

学习内容：本章主要介绍合同管理的相关法律知识。通过学习掌握合同订立的程序、合同效力的判定及后果、违约责任的承担方式；熟悉合同履行中的抗辩权和保全措施、合同的变更和转让的条件；了解合同争议的解决方式、合同的担保方式等。

思政目标：培养学生的法律意识和诚信意识。

2.1　合同的订立

合同的订立就是合同的形成过程，也是合同协商的过程，涉及合同形式的选择、内容的确定和订立等步骤。

2.1.1　合同的形式

合同的形式是指合同当事人双方对合同的内容、条款经过协商作出共同的意思表示的具体方式。《民法典》规定：订立合同的形式有口头形式、书面形式和其他形式。

（1）口头形式

口头形式合同是指当事人以语言而不是以文字形式作出意思表示订立的合同，如面谈、电话联系等。其优点是程序简单，建立合同关系便捷，缔约成本低。但是发生争议时举证困难，不易界定责任。口头合同一般用于标的数额较小和即时结清的合同，例如在农贸市场采购。

（2）书面形式

书面形式是指合同书、信件和数据电文（包括电报、电传、传真、电子数据交换和电子邮件）等可以有形表现所载内容的形式。它的优点是有据可查、履行依据明确、发生合同纠纷时易于举证和分清责任，是实践中广泛采用的一种合同形式。

法律、行政法规规定或合同约定采用书面形式的，应当采用书面形式。建设工程施工合同涉及的内容繁多，合同履行期较长，履约环境复杂，为便于明确各方的权利和义务，减少履行困难和争议，《民法典》第七百八十九条规定：建设工程合同应当采用书面形式。

（3）其他形式

其他形式是指口头和书面形式之外的合同形式，主要包括推定形式和默示形式。推定形式是指当事人未用语言文字表达其意思，而是通过某种有目的的行为表达自己意思的形式，从当事人的积极行为中推定当事人订立合同的意思，如停车场收费。默示形式是指当事人不用口头、书面形式，也不实施任何行为，以消极的不作为方式进行意思表示，这只有在法律有特别规定的情况下才能运用。

【知识拓展 2-1】　　　　　　　**合同形式的要式原则**

《民法典》在一般情况下对合同形式并无要求,只有在法律、行政法规有规定和当事人有约定的情况下要求采用书面形式。因此,《民法典》在合同形式上的要求是以不要式为原则的。

《民法典》规定的合同形式的不要式原则还有一个重要体现在于,即使法律、行政法规或当事人约定采用书面形式订立合同,当事人未采用书面形式,但是一方已经履行了主要义务,对方接受的,该合同成立。采用书面形式订立合同的,在签字盖章之前,当事人一方已经履行主要义务,对方接受的,该合同成立。因为合同的形式只是当事人意思的载体,从本质上说,法律、行政法规在合同形式上的要求也是为了保障交易安全。如果在形式上不符合要求,但是当事人已经有了交易事实,再单纯强调合同形式就失去了意义。当然,在没有履行之前,合同形式不符合要求,则合同未成立。

【知识拓展 2-2】　　　　　　　**工程师的口头指令**

施工合同履行过程中,如果工程师发布口头指令,最后没有以书面形式确认,该口头指令是否为合同的组成部分? 如果承包商实施了该口头指令,且有证据证明工程师确实发布过口头指令(需要经过一定的程序),则应该认定口头指令的效力。施工合同示范文本中规定应在合同约定时间内将口头指定的内容形成书面文件,由工程师代表签字确认后成为现场签证。

2.1.2　合同的内容

2.1.2.1　合同的一般条款

遵循合同缔结自由原则,具体合同的内容由当事人协商约定,《民法典》第四百七十条规定了一般合同应包括的条款,作为合同内容的参考。

(1)当事人的名称(或姓名)和场所。当事人的名称(或姓名)和场所是指自然人的姓名、住所以及法人与其他组织的名称、住所。合同中记载的当事人的姓名或者名称是确定合同当事人的标志;而住所则是在确定合同债务履行地、法院对案件的管辖等方面具有重要的法律意义。

(2)标的。标的即合同法律关系的客体。标的可以是货物、劳务、工程项目或者货币等。标的是合同的核心,是合同当事人权利和义务的焦点。尽管当事人双方签订合同的主观意向不同,但最后必须集中在一个标的上。因此,当事人双方签订合同时首先要明确合同的标的,没有标的或者标的不明确,必然会导致合同无法履行,甚至产生纠纷。

(3)数量。合同标的的数量是衡量合同当事人权利和义务的大小、程度的尺度。因此,合同标的的数量一定要确切,并应当满足国家标准或行业标准中确定的,或者当事人共同接受的计量方法和计量单位。

(4)质量。质量是标的物价值和实用价值的集中表现,并决定标的物的经济效益和社会效益,还直接关系生产安全和人身健康。因此,在确定合同标的的质量标准时应当在采用国家标准或者行业标准的前提下,合同中可约定标的的质量要求。

(5)价款和报酬。价款通常是指当事人一方为取得对方的标的物而支付给对方一定数额的货币。报酬通常是指当事人一方为另一方提供劳务、服务等,从而向对方收取一定数额的货币报酬。

（6）履行期限、地点和方式。履行期限是指合同当事人履行合同和接受履行的时间。它直接关系合同义务的完成时间，涉及当事人的权利期限，也是确定违约与否的因素之一。履行地点是指合同当事人履行合同和接受履行的地点，它是确定交付与验收标的地点的依据，有时是确定风险由谁承担的依据，以及标的物所有权是否转移的依据。履行方式是指合同当事人履行合同和接受履行的方式，包括交货方式、实施行为方式、验收方式、付款方式、结算方式、运输方式等。

（7）违约责任。违约责任是指合同当事人约定一方或双方不履行或者不完全履行合同义务时必须承担的法律责任。

（8）解决争议的方法。解决争议的方法是指合同当事人选择解决合同纠纷的方式、机构等。

2.1.2.2　合同示范文本

合同示范文本是指将各类合同的主要条款、式样等制定出规范的、指导性的文本，在全国范围内积极宣传和推广，引导当事人采用示范文本签订合同，以实现合同签订的规范化。《民法典》第四百七十条规定：当事人可以参照各类合同的示范文本订立合同。

合同的示范文本不属于法律、法规，是推荐使用的文本，这是因为合同示范文本考虑到了在订立和履行合同中可能涉及的各种问题，并给出了较为公正的解决方法，能够有效减少合同争议。推行合同示范文本的实践证明示范文本使当事人订立合同更加规范，对于当事人在订立合同时明确各自的权利和义务，减少合同约定缺款少项和防止合同纠纷，起到了积极的作用。

我国建设工程合同示范文本制度始于 20 世纪 90 年代，建设部和国家工商行政管理总局先后制订了《建设工程施工合同（示范文本）》（GF—1991、1999、2013—0201），现行《建设工程施工合同（示范文本）》（GF—2017—0201）由住建部、国家工商行政管理总局于 2017 年联合发布使用。另外，陆续发布了行业内相关合同示范文本，与已颁发的《建设工程施工合同（示范文本）》配套使用。我国已建立了较为完善的建设工程合同示范文本体系，见表 2-1。

表 2-1　我国现行的工程合同示范文本

序号	示范文本名称	本版号
1	《建设工程施工合同（示范文本）》	GF—2017—0201
2	《建设工程监理合同（示范文本）》	GF—2012—0202
3	《建设工程勘察合同（示范文本）》	GF—2016—0203
4	《建设工程设计合同（示范文本）（专业建设工程）》	GF—2015—0210
5	《建设工程设计合同（示范文本）（房屋建筑工程）》	GF—2015—0209
6	《建设项目工程总承包合同（示范文本）》	GF—2020—0216
7	《建设工程施工专业分包合同（示范文本）》	GF—2003—0213
8	《建设工程施工劳务分包合同（示范文本）》	GF—2003—0214
9	《建设工程造价咨询合同（示范文本）》	GF—2015—0212
10	《标准施工招标资格预审文件》	2013 年版

表2-1（续）

序号	示范文本名称	本版号
11	《标准施工招标文件》	2013年版
12	《中华人民共和国房屋建筑和市政工程标准施工招标资格预审文件》	2010年版
13	《简明标准施工招标文件》	2012年版
14	《标准设计施工总承包招标文件》	2012年版

此外,已经发布施行与建设工程相关的示范文本还包括《工程担保合同示范文本》《工程咨询服务合同范本》《总承包/交钥匙工程合同试行本》等。

推行合同示范文本制度,是贯彻执行《民法典》《建筑法》、加强建设工程合同监督、提高合同履约率、维护建筑市场秩序的一项重要措施。一方面,有助于当事人了解、掌握有关法律和法规,使具体实施项目的建设工程合同符合法律和法规的要求,避免缺款少项,防止出现显失公平的条款,也有助于当事人熟悉合同的运行。另一方面,有利于行政主管部门对合同的监督,有助于合同仲裁机构或者人民法院及时解决合同纠纷,保护当事人的合法权益,保障国家和社会公共利益不受侵害。使用标准化的示范文本签订合同,对完善建设工程合同管理制度起到了极大的推动作用。

2.1.2.3 格式条款

格式条款是当事人为了重复使用而预先拟定且在订立合同时未与对方协商的条款,如果全部条款都不能商量,也称为格式合同。从维护合同公平的原则出发,法律对格式条款作出了下列限制性规定:

(1)采用格式条款订立合同的,提供格式条款的一方应遵循公平原则确定当事人之间的权利和义务,并采取合理的方式提示对方注意免除或者减轻其责任等与对方有重大利害关系的条款,按照对方的要求,对该条款予以说明。提供格式条款的一方未履行提示或者说明义务,致使对方没有注意或者理解与其有重大利害关系的条款的,对方可以主张该条款不能成为合同内容。

(2)对格式条款的理解发生争议的,应当按照通常理解予以解释。对格式条款有两种以上解释的,应当作出不利于提供格式条款一方的解释。格式条款和非格式条款不一致的,应当采用非格式条款。

(3)格式条款的无效情形:① 提供格式条款一方不合理地免除或者减轻其责任、加重对方责任、限制对方主要权利;② 提供格式条款一方排除对方主要权利。

2.1.3 合同订立的程序

要约与承诺,是合同当事人订立合同必经程序,也是当事人双方就合同的一般条款经过协商一致并达成协议的过程。订立合同的过程一般先由当事人一方提出要约,再由另一方作出承诺。书面合同经签字、盖章后即告成立。在法律程序中,将订立合同的过程划分为要约与承诺两个阶段。

2.1.3.1 要约

(1)要约的概念和方式

要约是一方当事人以缔结合同为目的,向对方当事人所做的意思表示。提出要约的一方为要约人,接受要约的一方为受要约人。要约应当具有以下条件:① 要约是由具有订约能力的特定人作出的意思表示;② 要约必须具有订立合同的意图;③ 要约必须向要约人希望与其缔结合同的受要约人发出;④ 要约的内容必须具体确定。

(2)要约的生效

要约的生效是指要约开始发生法律效力。要约属于一种意思表达,《民法典》第一百三十七条规定:以对话方式作出的意思表示,相对人知道其内容时生效。以非对话方式作出的意思表示,到达相对人时生效。要约生效的具体情形如下:

① 书面形式的要约自到达受要约人时发生效力。采用数据电文形式订立合同,收件人指定特定系统接收数据电文的,该数据电文进入该特定系统的时间视为到达时间;未指定特定系统的,该数据电文进入收件人的任何系统的首次时间视为到达时间。

② 口头、行为形式的要约自受要约人了解要约内容时发生效力。

(3)要约的撤回和撤销

要约的撤回是指要约生效前要约人使其不发生法律效力的意思表示。要约可以撤回,但撤回要约的通知应当在要约到达受要约人之前或者与要约同时到达受要约人。

要约的撤销是指在要约发生法律效力之后,要约人使其丧失法律效力而取消要约的行为。要约可以撤销,但是撤销要约的通知应当在受要约人发出承诺通知之前到达受要约人。有下列情形之一的要约不得撤销:① 要约人确定了承诺期限或者以其他形式明示要约不可以撤销;② 受要约人有理由认为要约是不可以撤销的,并已经为履行合同做了准备工作。

要约的撤回与撤销本质一致,都是否定已经发出去的要约。不同点在于:要约撤回发生在要约生效之前,而要约撤销发生在要约生效之后。

(4)要约的失效

要约失效是指要约丧失了法律上的拘束力,因而不再对要约人和受要约人具有拘束作用。在合同订立过程中,有下列情形之一的要约失效:

① 拒绝要约的通知到达要约人。

② 要约人依法撤销要约。

③ 承诺期限届满,受要约人未作出承诺。

④ 受要约人对要约的内容作出实质性变更。

【知识拓展 2-3】　　　　　　何为实质性变更?

《民法典》第四百八十八条规定:承诺的内容应当与要约的内容一致。受要约人对要约的内容作出实质性变更的,为新要约。有关合同标的、数量、质量、价款或者报酬、履行期限、履行地点和方式、违约责任和解决争议方法等的变更,是对要约内容的实质性变更。

(5)要约邀请

要约邀请是指希望他人向自己发出要约的意思表示。例如,寄送的价目表、拍卖公告、招标说明书、商业广告等均为要约邀请;在建设工程招投标活动中,招标公告也是要约邀请。

【案例 2-1】　　　　　　　　合同成立的判定

背景:甲厂向乙单位去函表示:"本厂生产的 W 型电话机,每台单价 190 元。如果贵单位需要,请与我厂联系。"乙单位回函:"我部门愿向贵厂订购 W 型电话机 500 台,每台单价

180元。"2个月后,乙单位收到甲厂发来的500台电话机,但货单上填写的每台价格仍为190元,于是拒收货物。为此,甲厂以乙单位违约为由向法院起诉。

问题:乙单位是否违约?为什么?

分析:乙单位不违约。因为合同还未成立。乙单位对甲厂的回函是一个附条件的新要约,因其对甲厂的要约作出了实质性变更,这一行为并不是承诺,而是一个新要约。合同法律规定"承诺的内容应当与要约的内容一致。受要约人对要约的内容作出实质性变更的,为新要约。"乙单位的回函对甲厂电话机的报价提出异议,属于实质性变更,故为新要约。因此,该合同没有成立,乙单位并不承担任何违约责任。

【案例 2-2】   **要约撤销的效力**

背景:百货商场通过电视、广播、报纸等媒体发布招租广告:将商场内部装修后分摊位出租,需要支付投资装修费30 000元,每月租金8 000元。孙女士得知此消息后,决定租赁两个柜台,于是到银行将还未到期的定期存款提前取出,损失利息几千元。可是就在孙女士准备租赁摊位时,百货商场又宣布:因未得到有关主管部门的批准,摊位不再招租,请已办理租赁手续的租户到百货商场双方协商处理;未办理手续的,百货商场不再接待。孙女士认为百货商场的这种做法太不负责任,所以要求百货商场赔偿自己的几千元利息损失以及预期收入数万元,百货商场拒绝赔偿。随后,孙女士向法院提起了诉讼,要求百货商场向其赔偿利息损失及预期的收入损失。

问题:案例中,百货商场的招租广告是否是要约?百货商场宣布不再招租的行为是否有效?

分析:根据《民法典》第四百七十三条规定:一般的商业广告不是要约,而是要约邀请,但是广告内容符合要约条件的,应视为要约。案例中,百货商场发布的招租广告符合要约的规定,属于要约,且此要约已通过新闻媒体发布,发布之日就应视为到达受要约人,要约生效,已不存在要约撤回的问题。

《民法典》规定:要约可以撤销,但是对撤销要约有限制,有两种情形的要约不得撤销。本案中,一方面,百货商场通过新闻媒体这种特殊媒介发布要约广告,已经能够使人确信该要约是不可撤销的;另一方面,孙女士已经为履行合同做了相当多的准备工作,并付出了一定的经济支出,因此,就孙女士而言,该要约也是不可撤销的。所以,商场应赔偿其利息损失。

2.1.3.2 承诺

(1) 承诺的概念与成立条件

承诺是受要约人同意要约的意思表示。

承诺的有效成立应具备以下条件:

① 承诺必须由受要约人向要约人作出。受要约人或者其授权代理人可以作出承诺,除此之外的第三人即使知道要约的内容并作出同意的意思表示,也不是承诺。

② 承诺的内容应当与要约的内容一致。内容一致,并不是说承诺的内容对要约内容不得做丝毫变更。此处的一致是指受要约人必须同意要约的实质性内容。

③ 承诺对要约的内容作出实质性变更的,除要约人及时表示反对或者要约表明承诺不得对要约的内容作出任何变更的以外,该承诺有效,合同的内容以承诺的内容为准。

受要约人对要约的实质性内容做变更,则不是承诺,而是受要约人向要约人发出的新要约。

④ 承诺必须在要约规定的期限内作出。承诺应该以明示的方式在要约规定的期限内作出。要约没有规定承诺期限的,视要约的方式而定:要约以对话方式作出的,应当即时作出承诺,但是当事人另有约定的除外;要约以非对话方式作出的,承诺应当在合理期限内到达。

[案例 2-3]　　　　　　　　　　实际履行方式的承诺

背景:2 月 21 日,某市大山建筑原料厂(以下简称大山)向某市飞龙建筑材料厂(以下简称飞龙)发出一份报价单,在报价单中称:大山愿意向飞龙提供 10 万吨石灰石,价格为 15 元/吨,价格包括运费,在合同成立后一年内运送完。3 月 1 日,飞龙向大山发出一份购买石灰石的订单:飞龙要求大山从 3 月 11 日开始提供石灰石,每天提供 1 000 吨,10 万吨石灰石要在同年 6 月运完。随后,大山收到订单后开始运送,但是由于自身原因未能在约定的时间内运完,而是到 10 月才全部交完货。为此,飞龙以大山未能按照合同的约定履行给付义务为由向法院起诉,要求大山赔偿其因此而遭受的损失。

问题:大山与飞龙之间的合同关系成立吗? 大山是否应该赔偿飞龙的损失?

分析:大山向飞龙发出的报价单属于要约,但随后飞龙向大山发出的订单在履行期限方面不同于报价单,可见飞龙作出的是新要约而非承诺。虽然大山未直接以通知的方式表示接受飞龙的要约而承诺,但其实际已履行了合同,所以应当认为合同已经成立。

基于上述分析,合同内容应以订单为准。大山未能按照合同的约定履行给付义务,已经构成违约,应当承担违约责任,赔偿飞龙因此遭受的损失。

(2) 承诺生效

承诺生效,即承诺发生法律效力,承诺对承诺人和要约人产生法律约束力,目前世界上大部分国家和《联合国国际货物销售合同公约》都采用到达主义。我国《民法典》规定:承诺应当以通知的方式作出,根据交易习惯或者要约表明可以通过行为作出承诺的除外。承诺通知到达要约人时生效。承诺不需要通知的,根据交易习惯或者要约的要求作出承诺的行为时生效。

《民法典》第四百八十三条规定:承诺生效时合同成立。

(3) 承诺的撤回

承诺的撤回是指在承诺没有发生法律效力前,承诺人宣告取消承诺的意思表示。鉴于承诺一经送达要约人即发生法律效力,合同也随之成立,所以撤回承诺的通知应当在承诺通知到达要约人之前或者与承诺通知同时到达要约人。若撤回承诺的通知晚于承诺通知到达要约人,此时承诺已然发生法律效力,合同已经成立,则承诺人就不得撤回其承诺,因此,承诺只能撤回不能撤销。

(4) 承诺超期

承诺超期,即承诺的迟到,是指超过承诺期限到达要约人的承诺。按照迟到的原因不同,《民法典》对承诺的有效性作出了不同的区分。

① 受要约人超过承诺期限发出承诺。除非要约人及时通知受要约人该承诺有效,否则该超过期限的承诺视为新要约,对要约人不具有法律效力。

② 非受要约人的责任原因延误到达的承诺。受要约人在承诺期限内发出承诺,按照通常情形能够及时到达要约人,但是因其他原因承诺到达要约人时超过承诺期限的,除要约人及时通知受要约人因承诺超过期限不接受该承诺的以外,该承诺有效。

【知识拓展 2-4】　　　　　工程招投标中的合同订立

招标行为的法律性质属于要约邀请。招标人发布招标公告或投标邀请书的直接目的是邀请投标人投标,而不是直接与受邀请人签订合同,投标人投标后不一定能够中标从而得到签订合同的资格。虽然招标文件对招标项目有详细介绍,也提出了一系列条件,但是它缺少合同成立的主要条件,比如价格,这些有待投标者提出。

投标行为的法律性质属于要约。投标符合要约的所有条件:具有缔结合同的主观目的,投标人投标就是为了与招标人签订合同;投标文件中包含将来订立合同的具体条款,投标人根据招标人的条件提出自己订立合同的具体条件,只要招标人承诺(发出中标通知书)就可以签订合同。

招标人向中标的投标人发出中标通知书的行为属于承诺。采购机构一旦宣布确定中标人并向其发出中标通知书,就是招标人接受该投标人要约的意思表示,属于承诺。中标通知书发出以后采购机构和中标人各自都有权利要求对方签订合同,也有义务与对方签订合同。

2.1.4　合同成立

合同成立是指当事人完成了签订合同的过程,并就合同内容协商一致,代表合同订立完成,是合同当事人合意的结果。

2.1.4.1　合同成立的要件

(1)存在订约当事人。合同成立首先应具备双方或者多方订约当事人,只有一方当事人不可能成立合同。例如,某人以某公司的名义与某团体订立合同,若该公司根本不存在,则可以认为只有一方当事人,合同不能成立。

(2)当事人就合同的主要条款协商一致,即合同必须是经过双方当事人协商一致的。协商一致是指经过谈判、讨价还价后达成的相同的没有分歧的看法。

(3)经历要约和承诺两个阶段。要约和承诺是合同成立的基本规则,也是合同成立必须经过的两个阶段。如果合同没有经过承诺,而只是停留在要约阶段,则合同未成立。

2.1.4.2　合同成立的时间

承诺在何时生效,当事人就应当从何时开始受这份合同关系的约束,因此承诺生效时间一般就是合同成立时间。

我国《民法典》采取到达主义,因此承诺生效的时间以承诺到达要约人的时间为准,具体情形包括:

(1)以直接对话方式作出承诺,以收到承诺通知的时间为承诺生效时间。

(2)合同以书面形式订立,以双方在合同书上签字或盖章的时间作为承诺生效时间。在签字、盖章或按指印之前,当事人一方已经履行主要义务的,对方接受时,该合同成立。

(3)采用数据电文形式订立合同的,受要约人承诺的信息电文进入要约人特定系统的时间,视为到达时间。

(4)当事人采用信件、数据电文等形式订立合同的,可以在合同成立之前要求签订确认书,签订确认书时合同成立。

（5）如果合同必须经批准或登记才能成立,则应以批准或登记的时间作为合同成立的时间。

2.1.4.3 合同成立的地点

由于合同成立的地点有可能成为确定法院管辖权及选择法律的适用等问题的重要因素,因此,明确合同成立的地点十分重要。《民法典》第四百九十二条规定:承诺生效的地点为合同成立的地点。

要式合同应以完成法定或约定行为的地点为合同成立的地点。当事人采用合同书形式订立合同的,双方当事人签字或者盖章的地点为合同成立的地点;而采用数据电文形式订立合同的,收件人的主营业地为合同成立的地点;没有主营业地的,其经常居住地为合同成立的地点。

2.1.5 缔约过失责任

2.1.5.1 缔约过失责任的构成要件

缔约过失责任是指合同订立过程中一方当事人违反诚实信用原则的要求,因自己的行为引起合同不成立、无效或者被撤销,而导致对方当事人受到损失,应承担的损害赔偿责任,属于一种合同前责任。其构成要件如下:

（1）合同未生效。合同未生效是缔约过失责任和违约责任之间最重要的区别。缔约过失责任发生在合同订立过程中,适用于没有法律效力的合同;合同一旦生效,当事人应当承担违约责任。

（2）一方当事人违反了诚实信用原则所要求的义务。由于合同未生效,因此当事人并不承担合同义务。但是在缔约阶段,当事人为缔结契约而接触协商之际,已由原来的普通关系进入一种信赖关系,双方均应依诚实信用原则互负一定的义务,称为附随义务或先合同义务,即互相协助、互相照顾、互相告知、互相诚实等义务。若当事人违背了其所负的这些义务就构成了缔约过失,有可能承担责任。

（3）另一方当事人的信赖利益遭受损失。信赖利益损失是指相对人因信赖合同会有效成立却由于合同最终不成立或无效而受到的利益损失。这种信赖利益必须是基于合理的信赖而产生的利益。

（4）缔约当事人的过错行为与该损失之间有因果关系。也就是说,该损失是违反先合同义务引起的。

2.1.5.2 缔约过失责任的表现形式

（1）假借订立合同,恶意进行磋商。

（2）故意隐瞒与订立合同有关的重要事实或者提供虚假情报。

（3）违反缔约中的保密义务。

（4）有其他违背诚信信用原则的行为。

2.1.5.3 缔约过失责任的类型

（1）擅自撤回要约的缔约过失责任。

（2）缔约之时未尽通知等义务给对方造成损失的缔约过失责任。

（3）缔约之时未尽保护（包括保密）义务侵害了对方权利的缔约责任。

（4）合同不成立的缔约过失责任。

（5）合同无效的缔约过失责任。

（6）合同被撤销的缔约过失责任。

（7）无权代理情况下的缔约过失责任。

【知识拓展 2-5】　　　　　建筑工程招投标中常见的缔约过失责任

（1）招标方缔约过失责任的主要表现

① 招标人更改或者修改招标文件后未履行通知义务。

② 招标人与投标人恶意串通。

③ 招标人泄露或者不正当使用非中标人的技术成果和经营信息。

④ 招标人违反附随义务。

⑤ 招标人违反公平、公正和诚实信用原则拒绝所有投标。

⑥ 招标人采用不公平合理的方式进行招标。

（2）投标方缔约过失责任的主要表现

① 中标人借故拒绝签订合同。

② 投标人串通投标。

③ 投标人以虚假手段骗取中标。

【案例 2-4】　　　　　　　　缔约过失责任

背景：见案例 2-2。

问题：百货商场是否应当对已签约商户和孙女士的损失承担赔偿责任？

分析：从案例 2-2 的分析可以看出百货商场在媒体公告中已确定了明确的承诺期限，此要约属于不得撤销的要约，宣布撤销要约的行为无效。

对于已办理租赁手续的租户，合同已经成立且生效，商场应根据合同约定或法律规定承担相应的违约责任，赔偿损失有可能包括预期可得利益。

对于孙女士，虽然撤销要约不生效，但合同尚未成立，百货商场应当对孙女士基于信赖准备订立合同而实际损失的利息进行赔偿。也就是说，百货商场不应承担违约责任，而应承担缔约过失责任。

2.2　合同的效力

合同生效是指合同产生法律上的约束力，强调合同内容的合法性。合同生效与合同成立是两个关联但又有区别的概念，合同成立体现当事人的意志，合同生效体现法律许可。合同成立是合同生效的前提条件，但是合同成立并不意味着合同一定就生效。

2.2.1　合同生效

2.2.1.1　合同生效条件

合同生效的条件有：

（1）当事人具有相应的民事行为能力。在建设工程合同中，合同当事人一般都具有法人资格，并且承包人还应具有相应的资质等级，否则订立的建设工程合同无效。

（2）意思表示真实。双方签订合同时必须出于自身真实的意思在合同上签字,没有重大误解,没有欺诈、胁迫等情况。

（3）内容合法。合同内容不违反法律、行政法规的强制性规定,不违背公序良俗。

（4）合同形式合法。这里的形式包括订立合同的程序与合同的表现形式两层意思,两方面都必须符合法律的规定,否则不能发生法律效力。

【案例 2-5】　　　　　　　　　**合同生效的判定**

背景:A 建筑公司施工期紧迫,而事先未能订好供货合同,施工过程中水泥短缺,急需 100 t 水泥。该建筑公司同时向 B 水泥厂和 C 水泥厂发函,函件中称:"如贵厂有 300 号水泥现货(袋装),吨价不超过 1 500 元,请求接到信函 10 天内发货 100 t。货到付款,运费由供货方自行承担。"

B 水泥厂接信当天回信,表示愿以每吨 1 600 元发货 100 t,并于第三天发货 100 t 至 A 建筑公司,A 建筑公司于当天验收并接收了货物。

C 水泥厂接到要货的信件后,积极准备货源,于接信后第 7 天将 100 t 袋装 300 号水泥直接送至 A 建筑公司,结果遭到 A 建筑公司的拒收。理由是:本建筑工程仅需要 100 t 水泥,至于给 C 水泥厂发函,只是进行询问,不具有法律约束力。C 水泥厂因此遭受损失,遂向人民法院提起了诉讼。

问题:B 水泥厂的发货行为属于什么法律性质? B 水泥厂与 A 建筑公司之间的合同何时成立? 合同内容如何确定? C 水泥厂与 A 建筑公司之间是否存在生效的合同关系? A 建筑公司的拒收行为是否构成缔约过失责任?

分析:B 水泥厂的发货行为属于要约行为。B 水泥厂回信及随后的发货行为,应是对建筑公司发出的新要约,因为其内容构成了对建筑公司发出的要约的实质性变更。

B 水泥厂与 A 建筑公司之间的合同于后者接收货物时成立。合同内容除价款为吨价 1 600 元外,其余以 A 建筑公司的第一份函件内容为准。面对 B 水泥厂 1 600 元/t 的单价意思表示,A 建筑公司未表示异议,验收并接收了货物。A 建筑公司的验货与接货行为应视为承诺,故此时二者之间的合同即告成立,合同的内容当然以 B 水泥厂的回信为准。

C 水泥厂与 A 建筑公司之间存在生效的合同关系。本案例中,A 建筑公司发给 C 水泥厂的函电中,对标的、数量、规格、价款、履行期、履行地点等有明确规定,应认为内容确定。而且从其内容中可以看出,一经 C 水泥厂承诺,A 建筑公司即受该意思表示约束,所以构成有效的要约。且要约人 A 建筑公司未行使撤销权,则在其要约有效期内 A 建筑公司应受其要约的约束。

承诺的表示应当以通知的方式作出,但是根据交易习惯或者要约表明可以通过行为作出承诺的除外。由于 A 建筑公司在其函件中要求受要约人在 10 天内直接发货,所以 C 水泥厂在接到信件 7 天后发货的行为是以实际履行行为而对要约的承诺,因此可以认定当事人之间存在生效的合同关系,A 建筑公司拒收行为构成违约责任而非缔约过失责任。

2.2.1.2　合同生效时间

在通常情况下,合同依法成立之时就是合同生效之时。有些合同在成立后,需要其他条件成就之后,才开始生效。当事人可以对合同生效约定附条件或者约定附期限。附条件合同,包括附生效条件的合同和附解除条件的合同两类。附生效条件的合同,自条件成就时生效;附解除条件的合同,自条件成就时失效。当事人为了自己的利益不正当阻止条件成就的,视为条件已经成就;不正当促进条件成就的,视为条件不成立。附生效期限的合同,自期限届至时生效;附终止期限的合同,自期限届满时失效。

附条件合同的成立与生效不是同一时间,合同成立后虽然并未开始履行,但是任何一方不得撤销要约和承诺,否则应承担缔约过失责任,赔偿对方因此而受到的损失;合同生效后,当事人双方必须忠实履行合同约定的义务,如果不履行或未正确履行义务,应按违约责任条款的约定追究责任。一方不正当阻止条件成就,视为合同已生效,同样要追究其违约责任。

[案例 2-6]　　　　　　　　　　附条件生效合同

背景:甲公司经乙公司介绍,在丙砖厂购买红砖,欠砖款 120 000 元。因甲公司分包乙公司部分工程,后经甲、乙、丙三方协商签订"抹账协议":甲公司欠丙砖厂砖款 120 000 元由乙公司支付,同时冲减乙公司欠甲公司的工程款。乙公司在协议签字时写明:此款待工程结束后开发公司将工程保修金汇到我方账户即可支付。后丙砖厂经查认为,保修金乙方已无法得到,便向法院起诉,要求实际欠款人甲公司偿还欠款,乙公司承担连带责任。

分析:在审理本案过程中,对"抹账协议"是否是附条件生效合同存在两种观点。

第一种观点认为,乙公司在协议中写明"此款待工程保修期满后,开发公司将工程保修金汇到我方账户即可支付",是附条件生效的合同,其条件是用保修金偿还,保修金虽然是存在的,但必须是在保修金被支付条件的情况下才能履行协议,在条件没有成就的情况下,即保修金没有汇到乙方账户前,该协议没有生效,仍由原债务人甲公司承担债务。

第二种观点认为,乙公司在协议中写明"此款待保修期满后,开发公司将工程保修金汇到我方账户即可支付",不属于附条件生效的合同,实为一种给付方式。附条件生效的合同,是指合同双方当事人在合同中约定某种事实,并以其将来发生或不发生作为合同生效或不生效的限制条件的合同。从本案来看,乙方虽然对接受债务设定了条件,即待工程结束后开发公司将工程保修金汇到我方账户即可支付,但是对该条件成就与否的法律后果没有说明,即没有约定所附条件如果成就或不成就对协议效力有何影响,在乙公司没有证据证明其意思表示是附条件生效的合同,并得到甲、丙公司认可的情况下,不能认定是附条件生效的合同。从协议内容整体进行评判,可以说是乙方接受债务的条件,即在保修金没有汇到乙方账户前,丙公司不得主张权利。这里的主张权利是指丙公司只能向乙公司主张而不能向甲公司主张,因为该协议是免责的债务承担,甲公司已完全从原债务中撤出。

2.2.2　无效合同

无效合同是指合同虽然已经成立,但是因违反了法律、行政法规的强制性规定或者损害了国家利益、集体利益、第三人利益和社会公共利益,而不为法律所承认和保护,不具有法律效力的合同。无效合同的法律特征:

(1)合同已经成立,这是无效合同产生的前提。

(2)合同不能产生法律约束力,即当事人不受合同条款的约束。

(3)合同自始无效。

2.2.2.1　合同无效的情形

具有下列情形之一的,合同无效:

① 一方以欺诈、胁迫的手段订立合同,损害国家利益。

② 恶意串通,损害国家、集体或者第三人利益。

③ 以合法形式掩盖非法目的。

④ 损害社会公共利益。

⑤ 违反法律、行政法规的强制性规定。

【知识拓展 2-6】　　　　　　建设工程施工合同无效的情形

《最高人民法院关于审理建设工程施工合同纠纷案件适用法律问题的解释》(一、二)规定建设工程施工无效合同的情况如下:

(1) 承包人未取得建筑施工企业资质或者超越资质等级的。

(2) 没有资质的实际施工人借用有资质的建筑施工企业名义的。

(3) 建设工程必须进行招标而未招标或者中标无效的。

(4) 承包人非法转包、违法分包建设工程的。

(5) 招标人和中标人在中标合同之外就明显高于市场价格购买承建房产、无偿建设住房配套设施、让利、向建设单位捐赠财物等变相降低工程价款,另行签订合同。

(6) 发包人未取得建设工程规划许可证等规划审批手续,但是发包人在起诉前取得的除外。

【案例 2-7】　　　　　　　　无效合同

背景:某建筑公司在施工过程中发现所使用的水泥混凝土的配合比无法满足强度要求,于是将该情况报告给建设单位,请求改变配合比。建设单位经过与施工单位负责人协商,认为可以将水泥混凝土的配合比进行调整。于是双方就改变水泥混凝土配合比重新签订了一个协议,作为原合同的补充部分。

问题:该项新协议有效吗?

分析:新协议无效。尽管该新协议是建设单位与施工单位协商一致达成的,但是由于违反法律强制性规定而无效。《建设工程勘察设计管理条例》规定:"建设单位、施工单位、监理单位不得修改建设工程勘察、设计文件;确需修改建设工程勘察、设计文件的,应当由原建设工程勘察、设计单位修改。经原建设工程勘察、设计单位书面同意,建设单位也可以委托其他具有相应资质的建设工程勘察、设计单位修改。修改单位对修改的勘察、设计文件承担相应责任。"所以,没有设计单位的参与,仅仅是建设单位与施工单位达成的修改设计的协议是无效的。

2.2.2.2　无效的免责条款

免责条款是指合同当事人在合同中约定免除或者限制其未来责任的合同条款。合同中的下列免责条款无效:

(1) 造成对方人身伤害的。生命健康是不可转让、不可放弃的权利,因此,不允许当事人以免责条款的方式事先约定免除这种责任。

(2) 因故意或者重大过失造成对方财产损失的。财产权是一种重要的民事权利,不允许当事人预先约定免除一方故意或重大过失而给对方造成损失的免责条款,否则会给当事人提供滥用权力的机会。

2.2.2.3　合同无效的法律后果

无效合同的确认权归属人民法院或者仲裁机构,合同当事人或者其他任何机构无权认定合同无效。无效合同自始没有法律约束力,无论效力的确认是在合同履行前还是履行完毕,该合同一律从合同成立之时就不具备法律效力。合同部分无效,不影响其他部分效力的,其他部分仍然有效。

合同无效,不影响合同中独立存在的有关解决争议方法条款的法律效力。例如,合同成立后,合同中的仲裁条款是独立存在的,合同无效、解除、终止,不影响仲裁协议的效力。如果当事人在施工合同中约定通过仲裁解决争议,不能认为合同无效导致仲裁条款无效。若因一方的违约行为,另一方按约定的程序终止合同而发生争议,仍然应当由双方选定的仲裁委员会裁定施工合同效力及对争议的处理。

对无效合同的处理遵循制裁过错方原则,具体表现为:

(1) 返还财产。过错人因该合同取得的财产,应当予以返还。

(2) 折价补偿。不能返还或者没有必要返还的财产,应当折价补偿。例如,建设工程施工合同无效,但是工程已经竣工验收合格,如果采用返还财产、恢复原状处理原则,就要将工程拆除使之恢复到缔约之前,这样既不利于当事人,也会损害社会利益。

(3) 赔偿损失。有过错的一方应当赔偿对方因此所受到的损失,双方都有过错的,应当各自承担相应的责任。

(4) 收归国家所有。当事人恶意串通损害国家利益的,取得的财产收归国家所有。

[知识拓展 2-7]　　　　　建设工程合同无效的处理

无效合同法律后果的原则性规定当然适用于建设工程无效合同的处理,但是,基于建设工程合同的特殊性,最高人民法院对建设工程合同无效的处理还做了专门性的规定。

《最高人民法院关于审理建设工程施工合同纠纷案件适用法律问题的解释》(以下简称《解释》)对无效合同如何处理做了如下规定:

(1) 建设工程施工合同无效,但建设工程经竣工验收合格,承包人请求参照合同约定支付工程价款的,应予支持。

(2) 建设工程施工合同无效且建设工程经竣工验收不合格的,按照以下情形分别处理:

① 修复后的建设工程经竣工验收合格,发包人请求承包人承担修复费用的,应予支持。

② 修复后的建设工程经竣工验收不合格,承包人请求支付工程价款的,不予支持。

③ 因建设工程不合格造成的损失,发包人有过错的,也应承担相应的民事责任。

前述《解释》是对建设工程无效合同的原则性处理办法,可以归结为"工程质量优于合同效力"。也就是说,只要工程质量合格,承包方请求参照合同约定主张工程款的,人民法院应当支持。

2.2.3　效力待定合同

效力待定合同是指合同已经成立,但合同效力能否产生尚不能确定的合同。效力待定合同有以下两种情况。

2.2.3.1　限制民事行为能力人签订的合同

限制民事行为能力人未经其法定代理人事先同意,独立签订了依法不能独立签订的合同,则构成效力待定合同。

限制民事行为能力人订立的合同,经法定代理人追认后,该合同有效,但是纯获利益的合同或者与其年龄、智力、精神健康状况相适应而订立的合同,不必经法定代理人追认。相对人可以催告法定代理人在一个月内予以追认。法定代理人未做表示的,视为拒绝追认。合同被追认之前,善意相对人有撤销的权利。撤销应当以通知的方式作出。

2.2.3.2　无权代理人订立的合同

行为人没有代理权、超越代理权或者代理权终止后以被代理人名义订立的合同,经代理人追认为有效合同。未经被代理人追认,合同对被代理人不发生效力,由行为人承担责任。相对人可以催告被代理人在一个月内予以追认。被代理人未做表示的,视为拒绝追认。合同被追认之前,善意相对人有撤销的权利。撤销应当以通知的方式作出。

法人或者其他组织的法定代表人、负责人超越权限订立的合同,除相对人知道或应当知道其超越权限外,该代表行为有效。

【案例 2-8】　　　　　　　　　**效力待定合同的后果**

背景:中学生鲁振华,现年 17 岁。为买一部学习机,擅自将其祖母给他的价值 4 000 元的玉器作价 400 元卖给星星玉店。后至百货公司以 350 元买得学习机一部,其余 50 元在该百货商店买得文具若干。其父母发现后,要求星星玉店返还玉器,并要求百货公司返还 400 元。星星玉店和百货公司均不同意。双方争执不下,其父母遂分别将星星玉店和百货公司诉至法院。

分析:鲁振华年龄只有 17 岁,且不是以自己的劳动收入为主要生活来源的,因此他是限制民事行为能力人,只能订立纯获利益的合同和与其年龄、智力相适应的合同。他订立的其他合同为效力待定合同。这些合同是否能生效,取决于其法定代理人——其父母是否同意。未成年人订立的非纯获利益的合同和与其年龄、智力相适应的合同为效力待定的合同,是由法律直接规定的,并不因相对人是否知情或是否有过错而改变。相对人不能据此主张这些合同有效,而且相对人也不能以合同已经得到履行而主张合同已经生效。

本案中鲁振华与星星玉店和百货公司订立的合同是否为效力待定的合同? 显然这些合同均不是纯获利益的合同,但是否为与其年龄、智力相适应的合同就值得进一步分析。首先,鲁振华与星星玉店之间买卖玉器的合同为效力待定合同,这是因为玉器作为特殊的商品,鲁振华作为未成年人对其并没有判断能力。鲁振华也因此不能对合同本身的性质、内容和结果作出判断,这些都超出了其意识能力范围。对于鲁振华与星星玉店的合同,是否生效取决于其法定代理人是否同意。鲁振华父母在合同成立前没有表示同意,在合同成立后也没有追认,合同不能生效。因此,星星玉店应当返还玉器,鲁振华父母退还 400 元。

鲁振华与百货公司之间买卖学习机和其他文具的合同是有效力的。这是因为鲁振华作为中学生,对学习机和文具应当有基本的认识,对合同的性质、内容、结果也应当有判断力,这些并没有超出其意识能力范围。鲁振华的父母不能因为他们没有同意鲁振华购买学习机和文具而认为合同不能生效。因此,鲁振华与百货公司之间购买学习机和文具的合同为有效合同,百货公司不必返还 400 元。

2.2.4　可撤销合同

可撤销合同是指合同已经成立,当事人在订立合同的过程中意思表示不真实,经过撤销人请求,允许当事人申请撤销全部合同或部分条款的合同。

可撤销合同具有以下特点:

(1) 可撤销合同是当事人意思表达不真实的合同。

(2) 在未撤销之前,可撤销合同仍然是有效合同。

(3) 撤销必须由撤销权人向人民法院或仲裁机构提出。

(4) 当事人可以撤销合同,也可以变更合同内容,甚至可以维持原合同不变。

对下列合同,当事人一方有权请求人民法院或者仲裁机构撤销:

(1) 因重大误解订立的。

(2) 在订立合同时显失公平的。

(3) 一方以欺诈、胁迫的手段或者乘人之危,使对方在违背真实意愿的情况下订立的。

对于可变更、可撤销合同,当事人有权诉请法院或者仲裁机构予以变更、撤销,当事人请求变更的,人民法院或者仲裁机构不得撤销。

有下列情形之一的,撤销权消灭:具有撤销权的当事人自知道或者应当知道撤销事由之日起一年内没有行使撤销权;具有撤销权的当事人自知道撤销事由后明确表示或者以自己的行为放弃撤销权。

可撤销合同被撤销后,其法律后果与无效合同相同:返还财产、折价补偿、赔偿损失、收归国家所有。

【案例 2-9】　　　　　　　　　　可撤销合同

背景:从事家电销售业务的甲到 A 商场购物,将一套售价 7 200 元的音响看成 1 200 元。该柜台售货员乙参加工作不久,也将售价看成 1 200 元。于是,甲以 1 200 元的价格购买了两套音响。A 商场发现后找到甲,要求甲支付差价或者退货。

分析:由于乙的销售行为是职务行为,可以代表商场,因此可以理解为甲与该商场都对这一买卖行为存在重大误解,故这一买卖合同是可变更或可撤销合同。因此,如果音响尚在甲处且完好无损,甲应当支付差价或者退货。

如果音响又由甲销售给丙,且无法找到丙,这意味着这一可变更或可撤销合同已经给当事人造成损失。有过错一方应当承担赔偿责任,如果是双方共同过错,则应当共同承担赔偿责任。当然,在买卖合同中,对价格的重大误解,卖方(A 商场)应当承担主要甚至全部过错。如果考虑甲是从事家电销售业务的,可以认为其有丰富的经验,也可以要求其承担一定的责任。

【知识拓展 2-8】　　　　　无效合同与可撤销合同的区别

无效合同与可撤销合同的相同之处是合同都会因被确认无效或者被撤销后而使合同自始不具备法律效力。二者的区别在于:

(1) 合同内容的不法程度不同。可撤销合同是当事人意思表示不真实造成的,法律将合同的处置权交给受损害方,由受损害方行使撤销权;而无效合同的内容明显违法,不能由合同当事人决定合同的效力,而应当由法院或者仲裁机构作出,即使合同当事人未主张合同无效,法院也可以主动干预,认定合同无效。

(2) 当事人权限不同。可撤销合同在合同未被撤销之前仍然有效,撤销权人享有撤销权和变更权,当事人可以向法院或者仲裁机构申请行使撤销权和变更权,也可以放弃该权利。法律把决定这些合同的权利给了当事人。而无效合同始终不能产生法律效力,合同当事人无权选择处置合同的方式。

(3)期限不同。对于可撤销合同,撤销权人必须在法定期限内行使撤销权。超过法定期限未行使撤销权的,合同即有效合同,当事人不得再主张撤销合同。无效合同属于法定无效,不会因为超过期限而使合同变为有效合同。

【知识拓展 2-9】　　　　　合同的公证与鉴证

合同公证是公证机构根据当事人双方的申请,依照法定程序对合同的真实性与合法性予以证明的活动。为了规范公证活动,保障公证机构和公证员依法履行职责,预防纠纷,保障当事人的合法权益。合同公证一般实行自愿公正的原则。公证机构是依法设立,不以营利为目的,依法独立行使公证职能、承担民事责任的证明机构。合同鉴证是合同管理机关根据当事人双方的申请对其所签订的合同进行审查,以证明其真实性与合法性,并督促当事人双方认真履行的法律制度。

合同公证与合同鉴证的相同之处:都实行自愿申请原则,目的都是证明合同的合法性与真实性。二者不同之处:

(1)性质不同。合同鉴证是工商行政管理机关依据《合同鉴证办法》(国家工商行政管理局令第 80 号)行使的行政管理行为;而合同公证是司法行政管理机关领导下的公证机关依据《中华人民共和国公证暂行条例》行使公证权所作出的司法行政行为。

(2)效力不同。按照《中华人民共和国民事诉讼法》的规定,经过法定程序公证证明的法律行为、法律事实和文书,人民法院应当作为认定事实的根据。但是有相反证据足以推翻公证证明的除外。对于追偿债款、物品的债权文书,经过公证后,文书还有强制执行的效力。而经过鉴证的合同则没有这样的效力,在诉讼中仍需要对合同进行质证,人民法院应当辨别真伪,审查确定其效力。经过公证的合同,其法律效力高于经过鉴证的合同。

(3)适应范围不同。公证作为司法行政行为,按照国际惯例,在我国域内和域外都有法律效力;而鉴证作为行政管理行为,其效力仅限于我国国内。

2.3　合同的履行与转让

2.3.1　合同履行概念及原则

合同的履行是指合同当事人双方依据合同条款的规定,实现各自享有的权利,并承担各自负有的义务。合同的履行,就其实质来说,是合同当事人在合同生效后全面、适当地完成合同义务的行为。

2.3.1.1　合同履行的一般原则

(1)全面履行原则。全面、适当履行是指合同当事人双方应当按照合同约定全面履行自己的义务,包括履行义务的主体、标的、数量、质量、价款或者报酬以及履行方式、地点、期限等,都应当按照合同的约定全面履行,不能以单方面的意思改变合同内容。

(2)诚实信用原则。诚实信用原则是指在合同履行过程中,合同当事人恪守信用,以善意的方式履行其合同义务,不得滥用权力和规避法律或合同规定的义务。

(3)协作履行原则。协作履行原则是指当事人不仅适当履行自己的合同债务,还应根据合同的性质、目的和交易习惯,善意地履行通知、协助和保密等附随义务。债务人实施给付行为也需要债权人的积极配合,否则合同的内容也难以实现。

(4)情势变更原则。情势变更是指在合同有效成立后、履行前,因不可归责于双方当事人的原因而使合同成立的基础发生变化,如继续履行合同将会造成显失公平的后果。在这种情况下,法律允许当事人变更合同的内容或者解除合同,以消除不公平的后果。

(5)避免浪费资源、污染环境和破坏生态原则。合同履行过程中,履行方式和技术方法要尽可能减少对环境的影响和破坏。

2.3.1.2 合同履行中约定不明的法律适用

合同约定不明是指合同生效后,合同中约定的条款存在缺陷或者空白,使得当事人无法按照所签订的合同履行的法律事实。

当事人订立合同时,合同条款的约定应当明确、具体,以便于履行。由于有些当事人合同法律知识欠缺以及疏忽大意等,而出现某些条款欠缺或者约定不明确,致使合同难以履行,为了维护合同当事人的正当权益,法律允许当事人之间可以约定采取措施,补救合同条款空缺的问题。

合同生效后,当事人就质量、价款或者报酬、履行地点等内容没有约定或者约定不明确的,首先可以签订补充协议。不能达成补充协议的,按照合同相关条款或者交易习惯确定。《民法典》五百一十一条规定:当事人就有关合同内容约定不明确,依据前述规定仍不能确定的,适用下列规定:

(1)质量要求不明确的,按照强制性国家标准履行;没有强制性国家标准的,按照推荐性国家标准,没有推荐性国家标准的,按照行业标准履行;没有国家标准、行业标准的,按照通常标准或者符合合同目的的特定标准履行。例如,建筑工程合同中的质量标准,大多数是强制性的国家标准,这就要求当事人的约定不能低于国家标准。

(2)价款或者报酬不明确的,按照订立合同时履行地的市场价格履行;依法应当执行政府定价或者政府指导价的,按照规定履行。例如,建筑工程施工合同中,合同的履行地点是不变的,始终是工程所在地。因此,当合同没有明确约定价款或者报酬时,应当执行工程所在地的市场定价。

(3)履行地点不明确,给付货币的,在接受货币一方的所在地履行;交付不动产的,在不动产所在地履行;其他标的,在履行义务一方所在地履行。

(4)履行期限不明确的,债务人可以随时履行,债权人也可以随时要求履行,但是应当给对方必要的准备时间。

(5)履行方式不明确的,按照有利于实现合同目的的方式履行。

(6)履行费用的负担不明确的,由履行义务一方负担;因债权人原因增加的履行费用,由债权人负担。

2.3.1.3 合同中执行政府定价或政府指导价的法律规定

《民法典》第五百一十三条规定:执行政府定价或者政府指导价的,在合同约定的交付期限内政府价格调整时,按照交付时的价格计价。逾期交付标的物的,遇价格上涨时,按照原价格执行,价格下降时,按照新价格执行。逾期提取标的物或者逾期付款的,遇价格上涨时,按照新价格执行,价格下降时,按照原价格执行。

从法律规定可以看出:执行国家定价的合同当事人,逾期不履行合同遇到政府调整物价时,执行对违约方不利的价格原则,这是从价格结算上给予的一种惩罚。需要注意的是,这种价格制裁只适用于当事人主观过错而违约,不适用于不可抗力所造成的合同后果。

2.3.1.4 提前履行、部分履行与中止履行

债权人可以拒绝债务人提前履行债务,但是提前履行不损害债权人利益的除外。债务人提前履行债务给债权人增加的费用,由债务人负担。

债权人可以拒绝债务人部分履行债务,但是部分履行不损害债权人利益的除外。部分履行规则是针对可分标的的履行而言,如果部分履行并不损害债权人的利益,债权人有义务接受债务人的部分履行。债务人部分履行必须遵循诚实信用原则,不能增加债权人的负担,如果因部分履行而增加了债权人的费用,应当由债务人承担。

债权人分立、合并或者变更住所没有通知债务人,致使履行发生困难的,债务人可以中止履行或者将标的物提存。

2.3.2 合同履行中的抗辩权

抗辩权是指在双务合同中,债务人对债权人的履行请求权依法拒绝或反驳对方主张的权利。抗辩权是为了维护合同当事人双方在合同履行过程中的利益平衡而设立的权利,作为对债务人的一种有效保护手段,要求对方承担及时履行和提供担保的义务。包括同时履行抗辩权、后履行抗辩权和不安抗辩权三种。

2.3.2.1 同时履行抗辩权

同时履行抗辩权是指合同当事人互负债务,没有先后履行顺序的,应当同时履行。一方在对方履行之前有权拒绝其履行要求;一方在对方履行债务不符合规定时,有权拒绝其相应的履行要求。因此,同时履行抗辩权的成立要件为:① 双方基于同一双务合同且互负债务;② 在合同中未约定履行顺序;③ 当事人另一方未履行债务;④ 对方的债务是可能履行的。倘若对方所负债务已经没有履行的可能性,即同时履行的目的已不可能实现时,则不发生同时履行抗辩权问题,当事人可依照法律规定解除合同。

例如,施工合同中期付款时,对施工质量不合格部分,发包人有权拒绝支付该部分的工程款;反之,如果建设单位拖欠工程款,则承包人也放慢施工进度,甚至可以停工,产生的后果由违约方承担。

2.3.2.2 后履行抗辩权

后履行抗辩权是指合同的当事人互负债务,有先后履行顺序,先履行的一方未履行的,或者应当先履行的一方履行债务不符合规定的,后履行的一方有权拒绝其相应履行要求。因此,先履行抗辩权的成立要件为:① 双方基于同一双务合同且互负债务;② 履行债务有先后顺序;③ 有义务先履行债务的一方未履行或者履行不符合约定。

例如,材料供应合同约定应由供货方先行交付合格的材料后,采购方再行付款结算,若合同履行过程中供货方支付的材料质量不符合约定的标准,采购方有权拒付货款。

2.3.2.3 不安抗辩权

不安抗辩权也称为先履行抗辩权,是指合同中约定了履行的顺序,应当后履行合同的一方在合同成立后发生了财务状况恶化的情况,应当先履行合同的一方在对方未履行或者提

供担保前有权拒绝先履行。因此,不安抗辩权的成立条件为:① 双方基于同一双务合同且互负债务;② 履行债务有先后顺序且履行顺序在先的当事人行使;③ 履行顺序在后的一方履行能力明显下降,有丧失或者可能丧失履行债务能力的情形。

先履行合同的一方有确切证据证明对方有下列情形之一的,可以中止履行:① 经营状况严重恶化;② 转移财产、抽逃资金以逃避债务;③ 丧失商业信誉;④ 有丧失或者可能丧失履行债务能力的其他情形。当事人依照上述规定中止履行的,应当及时通知对方,对方提供适当担保时,应当恢复履行。中止履行后,对方在合理期限内未恢复履行能力并且未提供适当担保的,中止履行的一方可以解除合同。当事人没有确切证据中止履行的,应当承担违约责任。

【案例 2-10】　　　　　　　　　　　**抗辩权的行使**

背景:2015 年 8 月 20 日,甲公司和乙公司订立承揽合同一份。合同约定,甲公司按乙公司要求为乙公司加工 300 套桌椅,交货时间为 10 月 1 日,乙公司应在合同成立之日起 10 日内支付加工费 10 万元。合同成立后,甲公司积极组织加工,但乙公司没有按约定期限支付加工费。同年 9 月 5 日,当地消防部门认为甲公司生产车间存在严重的安全隐患,要求其停工整顿,甲公司因此将无法按合同约定时间交付货物。乙公司在得知这一消息后,遂于同年 9 月 20 日向人民法院提起诉讼,要求甲公司赔偿其损失。甲公司辩称,合同尚未到履行期限,不能交货也不是其责任,而是因为消防部门要求其停工。乙公司至今未按合同约定支付加工费,其行为已构成违约,因此提起反诉,要求乙公司履行合同义务并承担违约责任。

分析:本案中,乙公司作为先履行合同的一方当事人未按合同约定支付加工费,其行为应属违约,但是甲公司在乙公司未能按合同约定期限支付加工费时,并没有提出解除合同,因此加工合同仍然对双方存在法律拘束力,乙公司仍应先行支付加工费,而甲公司也有义务交付货物。但是由于当地消防部门认为甲公司生产车间存在严重的安全隐患,要求其停工整顿,因此可明知甲公司将无法按合同约定期限交货,乙公司有权主张不安抗辩,中止履行其义务。反之,如果要求乙公司先行支付加工费,由于甲公司已明显不能履行合同,乙公司利益将受到严重损害。

但是,乙公司并不能请求甲公司承担违约责任。因为根据法律规定,当事人一方在丧失履行债务能力的时候,另一方当事人只能中止履行其义务,并且在中止履行后还应当立即通知对方,在对方提供适当担保时恢复履行。在中止履行后,对方在合同期限内未恢复履行能力且不能提供担保时,中止履行的一方才可以解除合同。因此,乙公司在得知甲公司将不能履行合同时,只能中止履行其支付加工费的义务,而不能直接请求乙公司承担违约责任。

2.3.3　合同履行过程中的保全措施

保全措施是指为了防止因债务人的财产不当减少而给债权人带来危害时允许债权人为确保其债权的实现而采取的法律措施。保全措施包括代位权和撤销权两种。

2.3.3.1　代位权

代位权是指债权人为了保障其权利不受损害而以自己的名义代替债务人行使债权的权利。《民法典》第五百三十五条规定:因债务人怠于行使其债权或者与该债权有关的权利影响债权人的到期债权实现的,债权人可以向人民法院请求以自己的名义代位行使债务人的对相对人的权利,但该债权专属于债务人自身的除外。

代位权的行使范围以债权人的债权为限。债权人行使代位权的必要费用由债务人负担。例如,建设单位拖欠施工单位的工程款,施工单位拖欠施工人员工资,因施工单位不向建设单位追讨,同时也不给施工人员发放工资,则施工人员有权向人民法院请求以自己的名义直接向建设单位追讨。

2.3.3.2　撤销权

撤销权是指债权人对债务人危害其债权实现的不当行为,有请求人民法院予以撤销的权利。《民法典》五百三十八、五百三十九规定:债务人以放弃其债权、放弃债权担保、无偿转让财产等方式无偿处分财产权益,或者恶意延长其到期债权的履行期限,影响债权人的债权实现的,债权人可以请求人民法院撤销债务人的行为。债务人以明显不合理的低价转让财产、以明显不合理的高价受让他人财产或者为他人的债务提供担保,影响债权人的债权实现,债务人的相对人知道或者应当知道该情形的,债权人可以请求人民法院撤销债务人的行为。

撤销权的行使范围以债权人的债权为限。债权人行使撤销权的必要费用由债务人承担。撤销权自债权人知道或者应当知道撤销事由之日起一年内行使。自债务人的行为发生之日起五年内没有行使撤销权的,该撤销权消灭。

【案例 2-11】　　　　　　　　　　代位权的行使

背景:某信托投资公司与神丰公司于 2018 年 1 月订立一份借款合同,约定该投资公司借款 300 万元给神丰公司,约定借款期为合同订立起到 2018 年 10 月底,但是直到 2019 年 1 月,神丰公司仍然未归还此笔款项。经查账,神丰公司账上仅有 80 万元,不足以清偿借款。又获悉,神丰公司曾借款 300 万元给宏发公司,约定 2018 年 7 月还款,迟迟未还,也未见神丰公司催讨。于是投资公司向法院起诉,请求以自己名义行使神丰公司对宏发公司的债权。法院审理过程中,又有申泰公司向法院主张神丰公司尚欠自己 100 万元,要求对方偿还。

分析:信托投资公司诉请法院行使神丰公司对宏发公司债权的行为,符合债权人代位权,法院支持信托投资公司保全其债权的行为。但信托投资公司并不享有优先受偿权,只能与其他债权人处于同等地位受偿,申泰公司可以要求和投资公司按比例受偿。

2.3.4　合同的变更

2.3.4.1　合同变更的概念与类别

合同的变更是指合同依法成立后尚未履行或者尚未完全履行时,由于客观情况发生了变化,使原合同已不能履行或者不应履行,经双方当事人同意,依照法律规定的条件和程序,对原合同条款进行的修改和补充。

合同变更有两层含义:广义的合同变更是指合同三要素(主体、客体和内容)至少有一项发生变化,但不能三个要素同时变化,否则会导致一个新合同的成立;狭义的合同变更是指合同内容和客体发生变化,不涉及合同主体的改变。根据上述合同变更的定义,本节内容是指狭义的合同变更。合同变更分为约定变更和法定变更。

(1) 约定变更。《民法典》第五百四十三条规定:当事人协商一致,可以变更合同。

(2) 法定变更。法律也规定了在特定条件下,当事人可以不必经过协商而变更合同。例如,《民法典》第八百二十九条规定:在承运人将货物交付收货人之前,托运人可以要求承运人中止运输、返还货物、变更到达地或者将货物交给其他收货人,但是应当赔偿承运人因此受到的损失。

2.3.4.2 合同变更的效力

双方当事人应当按照变更后的合同履行。合同变更后有下列效力：

(1) 变更后的合同部分,原有的合同失去效力,当事人应当按照变更后的合同履行。合同的变更就是在保持原合同统一性的前提下使合同有所变化。合同变更的实质是以变更后的合同取代原有的合同。

(2) 合同的变更只对合同未履行部分有效,不对合同中已经履行部分产生效力,除了当事人约定以外,已经履行部分不因合同的变更而失去法律依据。即合同的变更不产生追溯力,合同当事人不得以合同发生变更而要求已经履行的部分归于无效。

(3) 合同的变更不影响当事人请求损害赔偿的权利。合同变更以前,一方因可归责于自己的原因而给对方造成损害的,另一方有权要求责任方承担赔偿责任,并不因合同变更而受到影响。但是合同的变更协议已经对受害人的损害给予处理的除外。合同的变更本身给一方当事人造成损害的,另一方当事人也应当对此承担赔偿责任,不得以合同的变更是双方当事人协商一致的结果为由而不承担赔偿责任。

(4) 当事人对合同变更的内容约定不明确的,推定为未变更。

2.3.5 合同的转让

合同的转让是指在合同依法成立后改变合同主体的法律行为,即合同当事人一方依法将其合同债权和债务全部或部分转让给第三方的行为。合同的转让主要包括债权转让、债务转让、债权债务一并转让三种类型。合同转让是合同变更的一种特殊形式,不是变更合同中规定的权利义务内容,而是变更合同主体,属于广义的合同变更。

2.3.5.1 债权转让

债权转让,也称为债权让与,是指在不改变合同权利和义务内容的基础上,享有权利的当事人将其权利转让给第三人享有。债权人可以将合同的权利全部或者部分转让给第三人。债权让与是合同债权人的变更。但是有下列情形之一的除外:① 根据合同性质不得转让;② 按照当事人约定不得转让;③ 依照法律规定不得转让。

若债权人转让权利,债权人应当通知债务人。未经通知,该转让对债务人不发生效力。除非经受让人同意,债权人转让权利的通知不得撤销。债权让与后,该债权由原债权人转移给受让人,受让人取代让与人(原债权人)成为新债权人,依附于主债权的从债权也一并转移给受让人,如抵押权、留置权等。

2.3.5.2 债务转让

债务转让,也称为债务转移,是指合同债务人与第三人之间达成协议,并经债权人同意,将其义务全部或部分转移给第三人的法律行为,是债务人的变更。有效的债务转让将使转让人(原债务人)脱离原合同,受让人取代其法律地位而成为新的债务人。但是,在债务部分转让时,只发生部分取代,而由转让人和受让人共同享有合同债权。

债务人将合同的义务全部或者部分转移给第三人的,应当经过债权人同意。债权人同意是债务转移的重要生效条件。债务人转移债务后,原债务人享有的对债权人的抗辩权也随债务转移而由新债务人享有,新债务人可以主张原债务人对债权人的抗辩权。与主债务有关的从债务,如附随于主债务的利息债务,也随债务转移而由新债务人承担。

2.3.5.3　债权债务一并转让

债权债务一并转让,也称为概括性转让,是指合同当事人一方经对方同意,将其合同权利和义务一起转让给第三方,由第三方继受这些权利和义务。经对方同意是债权债务概括性转让的必要条件,因为债权债务一并转让包含债务的转让,而债务转移要征得债权人的同意。

企业的合并与分立涉及债权债务一并转移。企业的合并是指合同当事人与其他民事主体合成一个民事主体,有新设合并和吸收合并两种形式。企业的分立是指当事人由一个民事主体分成两个及以上的民事主体,也分为两种情况:一是由原来的主体分出一个新的民事主体而原主体并不消灭,二是消灭原主体形成两个新的民事主体。

《民法典》第六十七条规定:法人合并的,其权利和义务由合并后的法人享有和承担。法人分立的,其权利和义务由分立后的法人享有连带债权,承担连带债务,但是债权人和债务人另有约定的除外。企业合并或者分立,原企业的合同权利和义务将全部转移给新企业,这属于法定的债权债务一并转移,因此,不需要取得合同相对人的同意。

【案例 2-12】 　　　　　　　　　　**债权让与**

背景:甲公司为某住宅小区的建设单位,乙公司是该项目的施工单位,某采石场是为乙公司提供建筑石料的材料供应商。2015 年 10 月 18 日,住宅小区竣工。按照施工合同约定,甲公司应于 2015 年 10 月 31 日之前向乙公司支付工程款。按照材料供应合同约定,乙公司应向采石场支付材料款。

2015 年 10 月 28 日,乙公司负责人与采石场负责人协议达成一致意见,由甲公司代替乙公司向采石场支付材料款。乙公司将协议的内容通知了甲公司。2015 年 10 月 31 日,采石场请求甲公司支付材料款,但是甲公司却以未经同意为由拒绝支付。

问题:甲公司的拒绝应该予以支持吗?

分析:不应该支持。债权转让的时候无须征得债务人的同意,只要通知债务人即可。该案例中,乙公司已经将债权转让事宜通知了债务人甲公司,所以该转让行为是有效的,甲公司必须支付材料款。

【知识拓展 2-10】 　　　　**合同履行中的债权转让和债务转移**

合同内可以约定,履行过程中由债务人向第三人履行债务或由第三人向债权人履行债务,但合同当事人之间的债权和债务关系并不会因此而改变。

(1)债务人向第三人履行债务

合同内可以约定由债务人向第三人履行部分义务。例如,发包方与空调供应商签订 10 台空调的采购合同。合同约定空调供应商向施工现场总监办公室交付 3 台,向发包人总部办公室交付 7 台。这种情况的法律特征表现为:

① 第三人不是合同的当事人。合同的主体不变,仍然是原合同中的债权人和债务人,第三人只是作为接受债权的人,合同内约定第三人,但不改变当事人之间的权利和义务关系。

② 债务人必须向债权人指定的第三人履行合同义务,否则,不能产生履行的效力。一般是基于债权人方面的各种原因,经过债务人同意后,向第三人履行成为合同义务。

③ 在合同履行期限内,第三人可以向债务人请求履行,债务人不得拒绝,但是第三人不

能通过法律途径主张请求权。

④ 向第三人履行原则上不能增加履行难度和履行费用,如果增加履行费用,可以由双方当事人协商确定,若协商不成,则应当由债权人承担增加的费用。

(2) 由第三人向债权人履行债务

合同内可以约定由第三人向债权人履行部分义务,如施工合同的分包,这种情况的法律特征表现为:

① 部分义务由第三人履行属于合同内的约定,但是当事人之间的权利和义务关系并不因此而改变,即合同主体不变。

② 在合同履行期限内,债权人可以要求第三人履行债务,但不能通过法律途径强迫第三人履行债务。

③ 第三人不履行债务或履行债务不符合约定,仍由合同的债务方承担违约责任,即债权人不能直接追究第三人的违约责任。

2.4 合同的终止

2.4.1 合同终止的概念和情形

2.4.1.1 合同终止的概念

合同的终止是指合同权利和合同义务归于消灭,合同关系不复存在。合同终止使合同的担保等附属于合同的权利和义务也归于消灭。合同终止不影响合同中结算、清理条款和独立存在的解决争议方法的条款(如仲裁条款)的效力。

2.4.1.2 合同终止的情形

根据《民法典》第五百五十七条的规定,有下列情形之一的,合同的权利和义务终止:

① 债务已经按照约定履行。

② 合同解除。

③ 债务相互抵销。

④ 债务人依法将标的物提存。

⑤ 债权人免除债务。

⑥ 债权和债务同归于一人。

⑦ 法律规定或者当事人约定终止的其他情形。

2.4.2 合同的解除

2.4.2.1 合同解除的概念和分类

合同的解除是指合同有效成立后,因当事人一方或双方的意思表示,使合同不再对双方当事人具有法律约束力,使合同终止的行为。合同解除分为两种方式,一种是约定解除,是双方当事人通过达成协议使原有的合同不再对双方当事人产生约束力;另一种是法定解除,由于产生了法定事由,一方当事人依据法律规定行使解除权而解除合同。

2.4.2.2 合同解除的情形

按照达成协议的时间不同,约定解除可以分为两种情形:

（1）在合同订立时，当事人在合同中约定合同解除的条件，在合同生效后履行完毕之前，一旦这些条件成立，当事人则享有合同解除权，可以以自己的意思表示通知对方而终止合同关系。

（2）在合同订立之后，且在合同未履行或者尚未完全履行之前，合同双方当事人在原合同之外又订立了一个以解除原合同为内容的协议，使原合同被解除。

法定解除有以下情形：

（1）因不可抗力致使不能实现合同目的；

（2）在履行期届满之前，当事人一方明确表示或者以自己的行为表明不履行主要债务；

（3）当事人一方延迟履行主要债务，经催告后在合理期限内仍未履行；

（4）当事人一方延迟履行债务或者有其他违约行为致使不能实现合同目的。

2.4.2.3　合同解除的方式和后果

主张解除合同的，应当通知对方。合同自通知到达对方时解除，通知载明债务人在一定期限内不履行债务则合同自动解除，债务人在该期限内未履行债务的，合同自通知载明的期限届满时解除。对方有异议的，可以请求人民法院或者仲裁机构确认解除合同的效力。当事人一方未通知对方，直接以提起诉讼或者申请仲裁的方式依法主张解除合同，人民法院或者仲裁机构确认该主张的，合同自起诉状副本或者仲裁申请书副本送达对方时解除。

合同解除后，尚未履行的，终止履行；已经履行的，根据履行情况和合同性质，当事人可以要求恢复原状和采取其他补救措施，并有权要求赔偿损失。

合同因违约解除的，解除权人可以请求违约方承担违约责任，但是当事人另有约定的除外。主合同解除后，担保人对债务人应当承担的民事责任仍应当承担担保责任，但是担保合同另有约定的除外。

【知识拓展 2-11】　　　　　合同终止和合同解除的区别

合同解除与合同终止的最大区别在于：合同终止包含其他合同当事人约定以及法定的情形，而合同解除只是合同终止的其中一种情形。换句话说，合同终止是上位概念，包含其他特殊情形；而合同解除只是下位概念。当事人可以通过解除合同的方式来终止合同，也可以通过其他方式来终止合同。例如，合同当事人在合同中明确约定了合同的终止期限，期限到来之后合同就宣告终止。这时候合同当事人不需要另外履行解除合同的行为，合同的权利和义务关系也会就此终止。另外，当事人最好是通过履行合同义务的方式来实现订立合同的目的，从而终止合同的权利和义务关系。

【案例 2-13】　　　　　建设工程施工合同的解除

背景：2017 年 11 月 9 日，某实业公司（甲公司）与某工程施工企业（乙公司）签订了一份建设工程施工合同，约定：乙公司根据甲公司提供的施工图为其建造一栋厂房，承包方式为包工包料，工程价款依照工程进度支付。工程进行中，甲公司多次拖延给付工程进度款。后经协商双方达成协议，由乙公司先行垫付一部分资金，利息按同期银行贷款利率计算，甲公司应于两个月后将欠付工程款和乙公司垫资的利息返还。但是两个月后，甲公司并未返还相应款项。乙公司多次以书面的形式催要均没有结果，于是向法院提起诉讼，以甲公司未能如约支付工程款而导致自己不能正常履行合同为由，请求法院判定解除双方的建设工程施工合同，并要求甲方赔偿损失，返还乙公司的垫资及利息。

问题:乙公司的请求能否得到法院支持?

分析:根据《最高人民法院关于审理建设工程施工合同纠纷适用法律问题的解释》(以下简称《解释》)第九条规定,发包人具有下列情形之一的致使承包人无法施工且在催告的合理期限内仍未履行相应义务,承包人请求解除建设工程施工合同的,应予支持:① 未按约定支付工程价款的;② 提供的主要建筑材料、建筑构配件和设备不符合强制性标准的;③ 不履行合同约定的协助义务的。由此可见,只有发包人延迟支付价款,致使承包人无法继续履行合同义务,关系合同目的不能实现的,承包人履行催告义务后,发包人在合理期限内仍拒不支付工程价款,承包人就可以行使合同解除权,解除建筑施工合同。

同样,《解释》第八条还规定:承包人具有下列情形之一,发包人请求解除建设工程施工合同的,应当予以支持:① 明确表示或者以行为表明不履行合同主要义务的;② 合同约定的期限内没有完工,且在发包人催告的合理期限内仍未完工的;③ 已经完成的建设工程质量不合格,并拒绝修复的;④ 将承包的建设工程非法转包、违法分包的。

本案例中,因甲公司未按合同约定支付工程款,致使乙公司无法继续履行合同义务,并导致合同目的不能实现,而且在施工企业履行催告义务后,甲公司在合理期限内仍拒不支付工程价款。在这种情况下,乙公司行使合同解除权,申请解除施工合同的做法是符合我国法律的规定的,并且依据《民法典》"因一方违约导致合同解除的,违约方应当赔偿因此给对方造成的损失"的有关规定,乙公司的诉讼请求应当予以支持。

2.4.3　债务抵销

债务抵销是指当事人互为债权人和债务人时,按照法律规定,各自以自己的债权充抵对方债权的清偿,而在对方的债权范围内相互消灭的行为。

抵销分为:

(1) 法定抵销。当事人互负债务,该债务的标的物种类、品质相同的任何一方可以将自己的债务与对方的到期债务抵销,但是根据债务性质、按照当事人约定或者依照法律规定不得抵销的除外。

(2) 约定抵销。当事人互负债务,债务的标的物种类、品质不相同的,经双方协商一致,可以抵销债务。

当事人主张抵销的应当通知对方。通知自到达对方时生效。抵销不得附条件或者附期限。

[案例 2-14]　　　　　　　　　　　**债务抵消**

背景:乙向甲定购钢材,但未依约向甲支付款项。甲多次催款,乙无力支付。其间,甲要求乙为其加工,甲也未支付乙加工费。后甲主张以其部分债权抵销其对乙的债务。

问题:甲的做法合法吗?

分析:我国《民法典》规定了两种抵销方式:一是法定抵销,二是约定抵销。二者适用条件不同,生效方式也不同。只有在债务标的物种类相同、品质相同的情况下才适用法定抵销,否则只能适用约定抵销。本案例中,甲乙互负的债务均为金钱,故可以适用法定抵销。但是还应注意法定抵销的生效时间为通知到达对方时。也就是说,无论是债权人还是债务人主张抵销的,都要通知对方,当通知到达对方时,抵销才发生效力,否则抵销不能生效。故单方主张抵销的负有通知的义务。在本案例中,甲虽然主张抵销其对乙的债务,但是若其未通知乙,则该抵销主张不生效。

2.4.4 标的物提存

提存是指由于债权人的原因而使得债务人无法向其交付合同的标的物时,债务人将该标的物提交提存机关而消灭债务的制度。

在合同履行中,提存的原因包括:债权人无正当理由的拒领、债权人下落不明、债权人死亡未确定继承人或遗产管理人、债权人丧失民事行为能力未确定监护人等。这些原因导致债务人难以履行债务,这时债务人可以采取提存的方法履行合同义务。

标的物提存后合同终止。无论债权人是否领受提存物,提存都将消灭债务,解除担保人的责任,债权人只能向提存机关收取提存物,不能再向债务人请求清偿。标的物提存后,毁损、灭失的风险由债权人承担。提存期间,标的物的孳息归债权人所有。提存费用由债权人承担。

标的物不适于提存或者提存费用过高的,债务人依法可以拍卖或者变卖标的物,提存所得的价款。债务人将标的物或者将标的物依法拍卖、变卖所得价款交付提存部门时,提存成立,视为债务人在其提存范围内已经交付标的物。

债权人领取提存物的权利,自提存之日起五年内不行使则消灭,提存物扣除提存费用后归国家所有。

2.4.5 合同终止的法律后果

合同终止后,虽然合同当事人的权利和义务关系不复存在了,但是并不完全消灭相互之间的债务关系,具体如下:

(1)合同终止不影响合同中结算和清理条款的效力。如果当事人在事前对合同中所涉及的金钱或者其他财产约定了清理或结算的方法,则应当以此方法作为合同终止后的处理依据,以彻底解决当事人之间的债务关系。

(2)合同终止不影响合同中独立存在的有关解决争议方法的条款的效力。这表明争议条款的相对独立性,即使合同的其他条款因无效、被撤销或者终止而失去法律效力,但是争议条款的效力仍然存在。这充分尊重了当事人在争议解决问题上的自主权,有利于争议的解决。

(3)在合同关系终止后,出于对当事人利益保护的需要,合同双方当事人依据诚实信用原则负有通知、协助、保密等后合同义务。

2.5 违约责任

2.5.1 违约责任的概念和特点

违约责任是当事人一方不履行合同义务或者履行合同义务不符合合同约定的,应当承担继续履行、采取补救措施或者赔偿损失等民事责任。如果当事人一方明确表示或者以自己的行为表明不履行合同义务的,对方可以在履行期限届满前请求其承担违约责任,这种情况也称为预期违约。

违约责任的特点包括：

（1）属于民事责任。尽管违约行为可能导致当事人承担一定的行政责任或刑事责任，但是违约责任仅限于民事责任。

（2）以合同有效为前提。违约责任针对成立且生效的合同而言，对于不成立、无效合同、被撤销合同都不适用于违约责任。

（3）相对性。违约责任仅产生于合同当事人之间，一方违约的，由违约方向另一方承担违约责任；双方都违约，各自就违约部分向对方承担违约责任。因第三人的原因造成债务人发生违约行为的情况，债务人仍然应当向债权人承担违约责任，而不是由第三人直接承担违约责任。

（4）法定性。合同履行过程中，如果当事人不履行或者履行不符合约定时，违约方不能因为合同中没有违约责任条款而要求免除其违约责任。

（5）补偿性。违约责任的主要目的是弥补或者补偿非违约方因对方违约行为而遭受的损失，违约方通过承担损失的赔偿责任，弥补违约行为给对方当事人造成的损害后果。

（6）惩罚性。如果合同中约定了违约金或者法律直接规定了违约金的，当合同当事人一方违约时，即使并没有给相对方造成实际损失，或者造成的损失没有超过违约金的，违约方也应当按照约定或者法律规定支付违约金，这完全体现了违约金的惩罚性。如果造成的损失超过违约金的，违约方还应当对超过的部分进行补偿，这也同时体现了补偿性。

2.5.2　违约责任的承担方式

2.5.2.1　继续履行

继续履行是指合同当事人一方明确表示或者以自己的行为表明不履行合同义务的，对方有权要求其在合同履行期限满后继续按照原合同约定的主要条件履行合同义务的行为。继续履行是合同当事人一方违约时其承担违约责任的首选方式。

继续履行有金钱债务和非金钱债务两种情况。对价款、报酬、租金等金钱债务，如果一方不支付价款或报酬的，另一方有权要求对方支付价款和报酬。而对于非金钱债务，非违约方原则上虽然可以请求继续履行，但是有下列情形之一的除外：

（1）法律或事实上不能履行。

（2）债务的标的不适于强制履行或履行费用过高。

（3）债权人在合理期限内未要求履行。

继续履行可以与违约金、赔偿损失和定金罚责并用。如施工合同中约定了延期竣工的违约金，由于承包人的原因没有按时完成施工任务，承包人应当支付延期竣工的违约金，但是发包人仍然有权利要求承包人继续施工。

2.5.2.2　采取补救措施

采取补救措施是指合同当事人违反合同的事实发生后，为了防止损失发生或者扩大，由违反合同一方依照法律规定或者约定采取的修理、更换、重新制作、退货、减少价格或者报酬等措施，以给非违约方弥补或者挽回损失的责任形式。采取补救措施的责任形式主要发生在质量不符合约定的情况下。建设工程合同中采取补救措施是施工单位承担违约责任的常用方式。

2.5.2.3　赔偿损失

当事人一方不履行合同义务或者履行合同义务不符合约定的,在履行义务或者采取补救措施后对方还有其他损失的,应当赔偿损失。赔偿损失额应当相当于因违约所造成的损失,包括合同履行后可以获得的利益,但不得超过违反合同一方订立合同时预见到或者应当预见到的因违反合同可能造成的损失。合同的变更和解除,不影响当事人要求赔偿损失的权利。

当事人一方违约后,对方应当采取适当措施防止损失的扩大。没有采取适当措施致使损失扩大的,不得就扩大的损失要求赔偿。当事人因防止损失扩大而支出的合理费用由违约方承担。

2.5.2.4　违约金

违约金是指当事人通过协商预先约定的,在特定违约行为发生后作出的独立于履行行为以外的一笔给付,用以承担违约责任。当事人可以在合同中约定违约金,未约定则不产生违约金责任。

当事人可以约定一方违约时应当根据违约情况向对方支付一定数额的违约金,也可以约定因违约产生的损失赔偿额的计算方法。

约定的违约金低于造成的损失的,人民法院或者仲裁机构可以根据当事人的请求予以增加;约定的违约金过分高于造成的损失的,人民法院或者仲裁机构可以根据当事人的请求予以适当减少。

当事人就迟延履行约定违约金的,违约方支付违约金后还应当履行债务。

2.5.2.5　定金

定金是指合同当事人约定的一方向另一方交付一定数额的金钱作为合同的担保,当一方不履行合同时,应当承受"定金罚则"的合同制度。

定金的数额由当事人约定。但是不得超过主合同标的额的百分之二十,超过部分不产生定金的效力。实际交付的定金数额多于或者少于约定数额的,视为变更约定的定金数额。

定金罚则的内容:债务人履行债务的,定金应当抵作价款或者收回。给付定金的一方不履行债务或者履行债务不符合约定,致使不能实现合同目的的,无权请求返还定金;收受定金的一方不履行债务或者履行债务不符合约定,致使不能实现合同目的的,应当双倍返还定金。

合同当事人在同时约定违约金和定金的情形下,一方当事人违反合同约定构成违约时,只能选择适用违约金条款或定金条款,不能同时适用。而且,就违约金与定金的选择,其权利在于守约方,作为违约方不具有选择权。定金不足以弥补一方违约造成的损失的,对方可以请求赔偿超过定金数额的损失。

除了以上五种主要形式外,视具体情况还可以采取其他一些补救措施,包括防止损失扩大、暂时中止合同、要求适当履行、解除合同以及行使担保等。

【案例 2-15】　　　　　　　　　　违约责任的承担

背景:2019 年 10 月,某施工单位(以下简称甲公司)与某材料供应商(以下简称乙公司)签订了一份砂石料的购买合同,合同总价为 120 万元。合同中约定了不履行合同的违约金为合同总价的 5%。为了确保合同的履行,双方还签订了一份定金合同,甲公司交付了 5 万元定金。2020 年 4 月 5 日是双方合同中约定的交货日期。但是,乙公司却没能按时交货。甲公司要求其支付违约金并双倍返还定金。

问题:甲公司的要求合理吗?他主张对方承担违约责任的最优方案是什么?

分析:乙公司违约,甲公司可以选择定金条款,也可以选择违约金条款,但是二者不能同时使用,所以甲公司的要求不合理。甲公司选择了违约金条款,并不意味着定金不可以收回。定金无法收回的情况仅发生在支付定金的一方不履行约定债务的情况下。本案例中,甲公司如果选择适用违约金条款,可以主张违约金 6 万,并拿回定金 5 万,共计 11 万。如果选择适用定金条款的话,可以主张双倍返还定金为 10 万元。比较而言,甲公司选择适用违约金条款为最优方案。

2.5.3 不可抗力及违约责任的免除

2.5.3.1 不可抗力

不可抗力是指合同签订后,不是合同当事人的过失或疏忽,而是发生了合同当事人不可预见、不可预防、不可克服的事件,以致不能履行或不能如期履行合同,发生意外事件的一方可以免除履行合同的责任或者推迟履行合同的客观情况。

不可抗力包括:

(1) 自然事件,如地震、洪水、火山爆发、海啸等。

(2) 社会事件,如战争、暴乱、骚乱、特定的政府行为等。

某一情况是否属于不可抗力,应该从以下几个方面综合加以认定:

(1) 不可预见性。法律要求构成不可抗力的事件必须是有关当事人在订立合同时,这个事件是否会发生是不可能预见到的。

(2) 不可避免性。合同生效后,当事人对可能出现的意外情况尽管采取了及时合理的措施,但是客观上并不能阻止这一意外情况的发生。

(3) 不可克服性。不可克服性是指合同的当事人对于意外发生的某一个事件所造成的损失不能克服。如果某一事件造成的后果可以通过当事人的努力而得到克服,那么这个事件就不是不可抗力事件。

(4) 履行期间性。构成不可抗力的事件必须是在合同签订之后,约定履行期限以前,即合同的履行期间内发生的。当事人迟延履行后发生不可抗力的,则不能构成这个合同的不可抗力事件。

构成一项合同的不可抗力事件,必须同时具备上述四个要件,缺一不可。

当事人一方因不可抗力不能履行合同的,应当及时通知对方,以减轻可能给对方造成的损失,并应当在合理期限内提供证明。

2.5.3.2 违约责任的免除

违约责任的免除是指在履行合同的过程中,因出现法定的免责条件或者合同约定的免责事由导致合同不履行的,将免除合同债务人履行义务或承担违约责任。

(1) 约定的免责。合同中可以约定在一方违约的情况下免除其责任的条件,这个条款称为免责条款。免责条款并非全部有效,根据《民法典》第五百零六条规定,合同中的下列免责条款无效：① 造成对方人身伤害的。② 因故意或者重大过失造成对方财产损失的。

（2）法定的免责。法定的免责是指出现了法律规定的特定情形，即使当事人违约也可以免除违约责任。《民法典》第五百九十条规定：当事人一方"因不可抗力不能履行合同的，根据不可抗力的影响，部分或者全部免除责任，但法律另有规定的除外。当事人迟延履行后发生不可抗力的，不能免除责任。

2.6　合同争议的解决

合同争议也称为合同纠纷，是指合同当事人对合同规定的权利和义务产生不同的理解。合同争议的解决方式有和解、调解、仲裁、诉讼四种。

2.6.1　和解

和解是指合同纠纷当事人在自愿友好的基础上互相沟通、互相谅解，从而解决纠纷的一种方式。

合同发生纠纷时，当事人应首先考虑通过和解解决纠纷。

和解有如下优点：

（1）简便易行，能经济、及时地解决纠纷；

（2）有利于维护合同双方的合作关系，使合同能更好地履行；

（3）有利于和解协议的执行。

2.6.2　调解

调解是指合同当事人对合同所约定的权利、义务发生争议，经过和解后，不能达成和解协议时，在经济合同管理机关或有关机关、团体等的主持下，通过对当事人进行说服教育，促使双方互相作出适当的让步，平息争端，自愿达成协议，以求解决经济合同纠纷的方法。

2.6.3　仲裁

2.6.3.1　仲裁的概念和特点

仲裁是指争议双方当事人依照事先约定或者事后达成的书面仲裁协议，自愿将争议提交仲裁机构作出裁决，双方有义务履行裁决义务的一种解决争议的方式。

仲裁特点如下：

（1）意思自治性。仲裁的发生是以双方当事人自愿为前提。这种自愿体现在书面的仲裁协议中。在仲裁协议中，当事人应对仲裁事项的范围、仲裁机构等内容作出约定，因此具有一定的自治性。

（2）范围性。仲裁的客体是当事人之间发生的一定范围的争议。这些争议大体包括：经济纠纷、劳动纠纷、对外经贸纠纷、海事纠纷等，有些争议不能仲裁。

（3）裁决具有强制性。当事人一旦选择了仲裁解决争议，仲裁者所作的裁决对双方都有约束力，双方都要认真履行，否则权利人可以向人民法院申请强制执行。

（4）专业性。仲裁人员一般都是各个领域和行业的专家和知名人士，具有较高的专业水平，熟悉有关业务，能迅速查清事实，作出处理。

（5）一裁终局性。仲裁只进行一次，有利于及时解决争议，节省时间和费用。

（6）保密性。仲裁不公开进行，包括申请、受理仲裁的情况不公开报道，仲裁开庭不允许旁听,裁决不向社会公布等。

2.6.3.2 仲裁机构

仲裁委员会是我国的仲裁机构,由人民政府组织有关部门和商会统一组建,设在直辖市和省、自治区人民政府所在地市,也可以根据需要在其他设区的市设立,但是不按行政区划层层设立。仲裁员实行聘任制。

仲裁委员会独立于行政机关,各委员会之间也没有隶属关系。仲裁协会是仲裁委员会的自律性组织,社团法人。

2.6.3.3 仲裁的范围

《仲裁法》规定:平等主体的公民、法人和其他组织之间发生的合同纠纷和其他财产权益纠纷,可以仲裁。

不能仲裁的情形:

(1)婚姻、收养、监护、抚养、继承纠纷。

(2)依法应当由行政机关处理的行政争议,如劳动争议仲裁、土地承包合同仲裁。

2.6.3.4 仲裁协议

仲裁协议是指合同双方商定的通过仲裁方式解决纠纷的协议,其特点如下:

(1)仲裁协议应包括下列内容:请求仲裁的意思表示、仲裁事项、选定的仲裁委员会。

(2)仲裁协议必须以书面形式存在,形式有两种:一种是在订立的合同中规定的仲裁条款,另一种是双方另行达成的独立于合同之外的仲裁协议。不论哪一种形式,都具有同样的法律效力。

(3)仲裁协议订立的时间可以在合同纠纷发生之前,也可以在合同纠纷发生之后。协议订立时间不影响仲裁协议的效力。

(4)有效的仲裁协议是双方当事人申请仲裁的前提条件。有仲裁协议就排除了法院对纠纷的管辖权。

2.6.3.5 仲裁程序

仲裁程序主要有申请、受理、组成仲裁庭、开庭和裁决。

(1)申请

当事人申请仲裁应符合下列条件:① 有仲裁协议。② 有具体的仲裁请求和事实、理由。③ 属于仲裁委员会的受理范围。

(2)受理

仲裁委员会收到仲裁申请书之日起 5 日内认为符合受理条件的,应当受理,并通知当事人;认为不符合受理条件的,应书面通知当事人不予受理,并说明理由。

(3)组成仲裁庭

仲裁庭的组成有两种:① 合议仲裁庭:3 名仲裁员,一方选一名,第 3 名共同指定或共同委托,为首席仲裁员。② 独任仲裁庭:1 名仲裁员,共同指定或共同委托。

(4)开庭

仲裁应当开庭进行,但不公开进行。如果当事人自行和解达成协议的,当事人既可以请求仲裁庭根据和解协议作出裁决书,也可以撤回仲裁申请。

仲裁庭在作出裁决前应先行调解。如果调解达成协议的,仲裁庭应制作调解书。调解书应当写明仲裁请求和当事人协议的结果。调解书与裁决书具有同等法律效力。调解不成的,应当及时作出裁决。

（5）裁决

裁决应当按照仲裁庭的意见作出,仲裁庭不能形成多数意见时,裁决应当按照首席仲裁员的意见作出。裁决书应当写明仲裁请求、争议事实、裁决理由、裁决结果、仲裁费用的负担和裁决的日期。裁决书由仲裁员签字,加盖仲裁委员会印章。裁决书自作出 3 日起发生法律效力。

如果一方当事人不履行裁决,另一方当事人可以依照民事诉讼法的有关规定向人民法院申请执行,受申请的人民法院应当执行。

【案例 2-16】 　　　　　　　　　　　　　**仲裁程序分析**

背景:甲公司与乙公司签订了一份买卖节能灯的合同。双方在合同中约定:如果发生纠纷,应提交某市仲裁委员会仲裁。后来,乙公司作为买方提货时发现甲公司提供的货物有严重的质量问题,于是向甲公司提出赔偿损失的要求,甲公司不允,双方协商未果。乙公司遂向仲裁委员会申请仲裁,提出申请的时间为 8 月 18 日,仲裁委员会于 8 月 28 日受理此案,并决定由 3 名仲裁员组成仲裁庭。甲、乙公司分别选定一名仲裁员。乙公司作为申请方又委托仲裁委员会主任指定首席仲裁员。乙公司所选的仲裁员恰好是乙公司的常年法律顾问。此三名仲裁员公开对此案进行了审理。当事人当庭达成了和解协议,仲裁庭根据和解协议制作了仲裁调解书,此案圆满结束。

问题:仲裁委员会在程序上有无不当之处,请指出并说明理由。

分析:不当之处有:① 仲裁委员会受理时间超过了法律规定时间;② 乙公司指定首席仲裁员不合适,应双方共同指定;③ 乙公司的法律顾问不能作为此案的仲裁员,应主动回避;④ 在审理过程中,当事人达成的是调解协议。

2.6.4 　诉讼

2.6.4.1 　诉讼的概念和特点

诉讼是指当事人相互间发生合同争议后请求人民法院行使审判权,通过审判程序解决纠纷的活动。其特点如下:

（1）不必以当事人的相互同意为依据,只要不存在有效的仲裁协议,任何一方都可以向有管辖权的法院起诉。

（2）我国人民法院实行两审终审制。当事人不服一审判决的在法定期限内上诉,进入二审程序。二审为终审,从二审判决、裁定作出之日起,即发生法律效力。当事人对生效的判决、裁定不服的,可在两年内申请再审,但不影响判决、裁定的执行。

（3）执行的强制性。当事人应当履行发生法律效力的判决、仲裁裁决、调解书,拒不履行的,对方可以请求人民法院强制执行。

2.6.4.2 　诉讼管辖

管辖是指各级人民法院以及同级人民法院之间在受理第一审案件方面的权限和分工。

（1）级别管辖

级别管辖是不同级别人民法院在受理第一审案件方面的权限分工。我国的法院有四级。一般情况下基层人民法院管辖第一审民事案件。中级人民法院管辖重大涉外案件以及本辖区内有重大影响的案件。

（2）地域管辖

地域管辖是指同级人民法院在审判第一审案件时的职责分工。民事案件的地域管辖分为普通地域管辖和特殊地域管辖两类。

① 普通地域管辖。普通的民事案件采取"原告就被告"的原则确定管辖，即由被告所在地法院管辖。

② 特殊地域管辖。关于合同纠纷案件的特殊地域管辖：

a．因合同纠纷提起的诉讼由被告住所地或者合同履行地法院管辖。

b．因保险合同纠纷提起的诉讼，由被告住所地或者保险标的物所在地法院管辖。

c．因票据纠纷提起的诉讼，由票据支付地法院管辖。

d．因运输合同纠纷提起的诉讼，由运输的始发地、目的地和被告人所在地法院管辖。

（3）专属管辖

专属管辖是指法律规定的某些案件必须由特定的法院管辖，其他法院无权管辖，当事人也不得协议变更专属管辖。例如，因不动产纠纷提起的诉讼，由不动产纠纷所在地法院管辖。

2.6.4.3 起诉与答辩

（1）起诉

起诉是指原告向人民法院提起诉讼，请求司法保护的诉讼行为。起诉应具备的条件：① 原告是与本案有直接利害关系的公民、法人和其他组织。② 有明确的被告。③ 有具体的诉讼请求、事实和理由。④ 属于人民法院受理民事诉讼的范围和受诉人民法院管辖。

（2）答辩

人民法院对原告的起诉情况进行审查后，认为符合条件的，即立案，并于立案之日起5日内将起诉状副本发送至被告，被告在收到之日起15日内提出答辩状。被告不提出答辩状的，不影响人民法院的审理。答辩状应针对原告、上诉人诉状中的主张和理由进行辩解，并阐明自己对案件的主张和理由。

2.6.4.4 审理的一般程序

（1）审理前的准备

① 向当事人发送起诉状、答辩状副本。人民法院应于收到答辩状之日起5日内将答辩状副本发送原告。

② 告知当事人的诉讼权利和义务。当事人享有的诉讼权利有：委托诉讼代理人，申请回避，收集提出证据，进行辩论，请求调解，提起上诉，申请执行。

③ 审阅诉讼材料，调查收集证据。

④ 更换和追加当事人。人民法院如发现起诉人或应诉人不合格，应进行更换。如发现必须共同进行诉讼的当事人没有参加诉讼，应通知其参加诉讼。当事人也可以向人民法院申请追加。

（2）开庭审理

开庭审理是指人民法院在当事人和其他诉讼参与人参加情况下，对案件进行实体审理

的诉讼活动过程,主要有以下几个步骤:

① 准备开庭。验明当事人,宣布法庭纪律,公布法庭组成人员。

② 法庭调查阶段。当事人陈述、证人出庭、出示证物及勘验笔录、鉴定结论等。

③ 法庭辩论。辩论按照原告、被告、第三人的顺序进行。

④ 法庭调解。判决前争取能够调解。

⑤ 合议庭评议。退庭秘密进行。

⑥ 宣判。并告知上诉的权利、时间、法院。

(3) 上诉与终审

民事诉讼当事人不服法院未生效的第一审裁判,在法定期限内向上级人民法院提起上诉,上一级人民法院对案件进行二审,也就是终审。

① 当事人提起上诉

对判决不服,提起上诉的时间为 15 天;对裁定不服,提起上诉的期限为 10 天。上级人民法院接到上诉状后,认为符合法定条件的,应当立案审理。

② 上诉的撤回

上诉人在二审人民法院受理上诉后,到第二审作出终审判决以前,认为上诉理由不充分,或接受了第一审人民法院的裁判,可向第二审人民法院申请,要求撤回上诉。如在宣判以后,终审裁判发生法律效力,上诉人的撤回权利消失,不再允许撤回上诉。

③ 对上诉案件的裁判

a. 事实清楚,适用法律正确,驳回上诉,维持原判。

b. 原判决适用法律错误的,依法改判。

c. 原判决违反法定程序,影响案件正确判决的,裁定撤销原判决,发回原审人民法院重审。

d. 原判决认定事实错误或原判决认定事实不清,证据不足,裁定撤销原判,发回原审人民法院重审,或查清事实后改判。

2.6.4.5　诉讼时效

诉讼时效是指权利人在法定期间内不行使权利就丧失请求人民法院保护其民事权益的权利的法律制度。

(1) 诉讼时效期间的计算

诉讼时效期间从权利人知道或者应当知道权利被侵害时起开始计算,即从权利人能够行使请求权之日开始算起。

当事人约定同一债务分期履行的,诉讼时效期间自最后一期履行期限届满之日起计算。无民事行为能力人或者限制民事行为能力人对其法定代理人的请求权的诉讼时效期间,自该法定代理终止之日起计算。

诉讼时效期间届满后,义务人可以提出不履行义务的抗辩;义务人同意履行的,不得以诉讼时效期间届满为由抗辩;义务人已经自愿履行的,不得请求返还。

(2) 诉讼时效期限

一般诉讼时效是指在一般情况下普遍适用的时效。该类时效不是针对某一特殊情况规定的,而是普遍适用的。《民法典》第一百八十八条规定:向人民法院请求保护民事权利的诉讼时效期间为三年,法律另有规定的除外。

特殊诉讼时效优于一般诉讼时效,凡有特殊时效规定的,适用特殊时效。《民法典》第五百九十四条规定:因国际货物买卖合同和技术进出口合同争议提起诉讼或者申请仲裁的时效期间为四年。

诉讼时效期限自权利人知道或者应当知道权利受到损害之日起计算。但是,自权利受到损害之日起超过二十年的,人民法院不予保护,有特殊情况的,人民法院可以根据权利人的申请决定延长。

（3）诉讼时效的中断

诉讼时效因提起诉讼、当事人一方提出要求或者同意履行义务而中断,从中断时起,诉讼时效重新计算,原来经过的时效期间统归无效。有下列情形之一的,诉讼时效中断,从中断或有关程序终结时起,诉讼时效期间重新计算。

① 权利人向义务人提出履行请求。

② 义务人同意履行义务。

③ 权利人提起诉讼或者申请仲裁。

④ 与提起诉讼或者申请仲裁具有同等效力的其他情形。

（4）诉讼时效的中止

在诉讼时效的最后 6 个月内,因不可抗力或者其他障碍不能行使请求权的,诉讼时效中止。从中止时效的原因消除之日起满 6 个月,诉讼时效期限届满。在诉讼时效期间的最后 6 个月内,因下列障碍不能行使请求权的,诉讼时效中止:

① 不可抗力。

② 无民事行为能力人或者限制民事行为能力人没有法定代理人,或者法定代理人死亡、丧失民事行为能力、丧失代理权。

③ 继承开始后未确定继承人或者遗产管理人。

④ 权利人被义务人或者其他人控制。

⑤ 其他导致权利人不能行使请求权的障碍。

【知识拓展 2-12】　　　　诉讼时效中止和中断的比较

中止和中断的共同之处:都发生在诉讼时效进行中。

二者的不同之处主要有两点:

（1）引起二者的法定事由不同。中止的法定事由为不可抗力和其他障碍,一般为不以当事人意志为转移的客观事由;中断的法定事由包括权利人提起诉讼,或者当事人一方提出要求或同意履行义务,通常为当事人主动的行为。

（2）发生后诉讼时效期限的计算方法不同。诉讼时效的中止事由发生后,并且是在诉讼时效期间的最后 6 个月内发生的,暂时停止计算诉讼时效期限,以前经过的时效期限仍然有效,待阻碍时效进行的事由消失后,时效继续累计计算;诉讼时效的中断事由发生后,致使以前经过的时效期间统归无效,待时效中断的法定事由消除后,诉讼时效期限重新计算。

【案例 2-17】　　　　诉讼时效的判定

背景:村民甲、乙二人一向不睦。2018 年 3 月 7 日,二人由于琐事进行扭打,乙被打成轻伤花去医药费 1 000 余元。几天后乙去找甲索要医药费,遭到甲的拒绝,甲兄弟众多,乙因惧怕就未再坚持。不料此后甲常常找碴欺侮乙,2018 年 12 月 30 日,二人再次扭打,致使乙右腿骨折,花去医药费 2 万余元,并卧床 3 个多月,造成误工损失 2 000 多元。2019 年 4 月 3 日,乙向法院提起诉讼,一并要求赔偿前次轻伤所花医药费 1 227 元。

问题:本案应当如何处理?

分析:依据《民法总则》的规定,身体受到损害要求赔偿的,诉讼时效期间为 1 年。乙 2018 年 12 月 30 日骨折,2019 年 4 月 3 日向法院起诉,没有超过 1 年的诉讼时效限制,应当依法获得支持。

就 2018 年 3 月 7 日的轻伤损失,虽然几天后其曾经向甲恳求过,依据《民法总则》发生诉讼时效中断的情形,但是至 2019 年 4 月 3 日,该赔偿恳求权明显已经超出 1 年的诉讼时效期间限制,依据人民法院《关于适用〈中华人民共和国民事诉讼法〉若干问题的意见》,就乙的该局部诉讼恳求,法院应予受理,但因“甲兄弟众多,乙由于惧怕就未再坚持”不属于中止、中断、延长事由,法院就乙的该局部诉讼请求应判决驳回。

【知识拓展 2-13】　　　　　　　　　诉讼与仲裁的区别

诉讼与仲裁都属于法律程序,双方当事人在诉讼或仲裁过程中都处于平等地位,二者作出的裁决都具有法律效力,诉讼或仲裁都独立进行。但是,二者仍有明显的区别:

(1)启动的前提不同

仲裁必须有双方达成将纠纷提交仲裁的一致的意思表示(通过专门的仲裁协议或者合同中的仲裁条款)。双方还必须一致选定具体的仲裁机构。只有满足上述条件,仲裁机构才予受理。

诉讼只要一方认为自己的合法权益受到侵害,即可以向法院提起诉讼,而无须征得对方同意。由此,诉讼的条件要宽泛得多。

(2)受案的范围不同

仲裁机构一般只受理民商、经济类案件(婚姻、收养、监护、抚养、继承纠纷不在此列),不受理刑事、行政案件。所有案件,当事人均可诉讼。

(3)管辖的规定不同

仲裁机构之间不存在上下级之间的隶属关系,仲裁不实行级别管辖和地域管辖。当事人可以在全国范围内任意选择裁决水平高、信誉好的仲裁机构,不论纠纷发生在何地、争议的标的有多大。

人民法院分为四级,上级法院对下级法院具有监督、指导的职能,诉讼实行级别管辖和地域管辖。根据当事人之间发生争议的具体情况来确定由哪一级法院及哪个地区的法院管辖。无管辖权的法院不得随意受理案件,当事人也不得随意选择。

(4)选择裁判员的权利不同

仲裁时,当事人约定由三名或一名仲裁员组成仲裁庭。

诉讼时,当事人无权选择审判员。但是,在法定的情况下,可以要求审判员回避,或者要求将审判由简易程序(只有一名审判员)转入普通程序(由三名审判员组成合议庭)。

(5)开庭的公开程度不同

仲裁一般不公开进行,但当事人可协议公开,涉及国家秘密的除外。

人民法院审理,一般应当公开进行,但涉及国家秘密、个人隐私或法律另有规定的,不公开审理。离婚案件、涉及商业秘密的案件,当事人申请不公开审理的,可以不公开审理。

(6)终局的程序不同

仲裁实行一裁终局制,仲裁庭开庭后作出的裁决是最终裁决,立即生效。但劳动争议仲裁是个例外,当事人不服仲裁裁决的,还可以向法院提起诉讼。

诉讼一般实行两审终审制,一个案件经过两级人民法院审理,即告终结,发生法律上的效力。当然也存在特例,如宣告失踪和宣告死亡案件、认定财产无主案件等实行一审制。

(7) 强制权力的不同

当事人拒不履行仲裁机构作出的裁决时,仲裁机构无权强制执行,只能由一方当事人持裁决书申请人民法院执行。

人民法院作出的生效判决,当事人拒不履行义务时,人民法院可以自行决定或者依当事人的申请,采取强制执行的措施。

【知识拓展 2-14】   合同中如何约定争议解决的方式

争议的解决方式是经济合同的必备条款之一。但是,很多经济合同在争议的解决方式的约定方面都不规范,这会给后来处理经济合同纠纷造成麻烦。签订某合同时,规范的约定可以是以下的一种:

(1) 在履行本合同过程中发生的纠纷由各方友好协商,协商不成提交××仲裁委员会仲裁。

(2) 在履行本合同过程中发生的纠纷由各方友好协商,协商不成依法向人民法院起诉。

有的合同约定不合理,例如"提交成都仲裁委员会仲裁,仲裁结果不满意再向人民法院起诉"。仲裁裁决书与法院判决书具有同等法律效力,如一方不自觉履行,另一方可申请人民法院强制执行。约定了仲裁就排除了人民法院的管辖,因此不允许"仲裁结果不满意再向人民法院起诉"的说法。

2.7 合同担保

担保是指当事人根据法律法规或者双方约定,为促使债务人履行债务,实现债权人权利的法律制度。担保通常是由当事人双方订立担保合同,担保合同是被担保合同的从合同,被担保合同是主合同,主合同无效,从合同无效,但担保合同另有约定的按照约定。担保合同被确认无效后,债务人、担保人、债权人有过错的,应当根据其过错各自承担相应的民事责任。

担保活动应当遵循平等、自愿、公平、诚实信用的原则。《民法典》规定的担保方式主要有保证、抵押、质押、留置和定金。

2.7.1 保证

2.7.1.1 保证的概念和方式

保证是指保证人和债权人约定,当债务人不履行债务时,保证人按照约定履行债务或者承担责任的行为。保证法律关系必须有三方参加,即保证人、被保证人(债务人)和债权人。

保证的方式有两种,即一般保证和连带责任保证。一般保证是指当事人在保证合同中约定,债务人不能履行债务时,由保证人承担责任的保证。一般保证的保证人在主合同纠纷未经审判或者仲裁,就债务人财产依法强制执行仍不能履行债务前,对债权人可以拒绝承担担保责任。连带责任保证是指当事人在保证合同中约定保证人与债务人对债务承担连带责任的保证。连带责任保证的债务人在主合同规定的债务履行期届满没有履行债务的,债权人可以要求债务人履行其债务,也可以要求保证人在其保证范围内承担保证责任。当事人对保证方式没有约定或者约定不明确的,按照一般保证承担保证责任。

2.7.1.2　保证人的资格

具有代为清偿债务能力的法人、其他组织或者公民,可以成为保证人。但是,以下组织不可以作为保证人:

(1) 国家机关,但经国务院批准为使用外国政府或者国际经济组织贷款进行转贷的除外。

(2) 企业法人的分支机构、职能部门。但企业法人的分支机构有法人书面授权的,可以在授权范围内提供保证。

(3) 学校、幼儿园、医院等以公益为目的的事业单位、社会团体。

同一债务有两个以上保证人的,保证人应当按照保证合同约定的保证份额,承担保证责任。没有约定保证份额的,多个保证人承担连带责任。已经承担保证责任的保证人,有权向债务人追偿,或者要求承担连带责任的其他保证人清偿其应当承担的份额。

2.7.1.3　保证合同的内容

保证合同应包括以下内容:

(1) 被保证的主债权种类、数额。

(2) 债务人履行债务的期限。

(3) 保证的方式。

(4) 保证担保的范围。

(5) 保证的期间。

(6) 双方认为需要约定的其他事项。

2.7.1.4　保证责任

保证合同生效后,保证人应当在合同规定的保证范围和保证期间承担保证责任。

保证担保的范围包括主债权及利息、违约金、损害赔偿金及实现债权的费用。保证合同另有约定的,按照约定。当事人对保证担保的范围没有约定或者约定不明确的,保证人应当承担全部债务责任。

一般保证的保证人与债权人未约定保证期间的,保证期间为主债务履行期届满之日起6个月。在合同约定的保证期间或主债务履行期届满之日起的 6 个月内,债权人未对债务人提起诉讼或者申请仲裁的,保证人免除保证责任。

保证期间债权人与债务人协议变更主合同或者债权人许可债务人转让债务的,应当取得保证人的书面同意,否则保证人不再承担保证责任。保证合同另有约定的按照约定。

【知识拓展 2-15】　　　　**建设工程中的保证情形**

建设工程中,保证是最为常见的一种担保方式。常见的建设工程保证担保有:投标保证,如投标保函、投标保证书;履约保证,如履约保函、履约保证书;预付款保证,如银行保函。银行出具的保证为保函;保险公司、信托公司、证券公司、实体公司或社会担保公司出具的保证为保证书。

【案例 2-18】 **保证人的主体资格**

背景:甲公司的市场部分别为 A 公司的 10 万元债务和 B 公司的 20 万元债务提供了连带责任保证,但 A 公司的债权人乙知道保证人是甲公司的职能部门,B 公司的债权人丙不知道保证人是甲公司的职能部门且无过错。后 A、B 两公司均不能履行债务,两公司的债权人乙、丙均要求甲公司承担保证责任。

问题:甲公司是否应该承担两项担保的法律责任?

分析:依据我国有关法律、司法解释的规定,企业法人的职能部门提供保证的,保证合同无效。债权人知道或应当知道保证人是企业法人的职能部门的,因此造成的损失由债权人自行承担。债权人不知道保证人为企业法人的职能部门的,因此造成的损失,企业法人承担过错责任。

在本案中,甲公司的市场部与 A 公司的债权人乙和 B 公司的债权人丙订立的保证合同均无效。A 公司的债权人乙明知甲公司的市场部为甲公司的职能部门,仍与之订立保证合同,因此对于由此而造成的损失,由 A 公司的债权人乙自行承担。B 公司的债权人丙要求甲公司承担保证责任的请求,因保证合同无效,不予支持。但是 B 公司的债权人丙可以变更诉讼请求,要求甲公司赔偿因其过错导致保证合同无效而造成的全部损失,包括直接损失和间接损失两个部分。直接损失是缔约费用、准备接受保证人承担保证责任所支出的合理费用以及因支出上述两项费用而失去的利息,间接损失是丧失合格保证人的机会所遭受的损失。而且由于甲公司的市场部与 B 公司的债权人丙订立的是连带保证责任合同,对于丙所遭受的损失赔偿,不以主合同经过审判或仲裁并就 B 公司的财产强制执行未果为前提。

2.7.2 抵押

2.7.2.1 抵押的概念

抵押是指债务人或者第三人向债权人以不转移占有的方式提供一定的财产作为抵押物,用以担保债务履行的担保方式。债务人不履行债务时,债权人有权依照法律规定以抵押物折价或者从拍卖、变卖抵押物的价款中优先受偿。其中债务人或者第三人称为抵押人,债权人称为抵押权人,提供担保的财产为抵押物。

2.7.2.2 抵押物

债务人或者第三人提供担保的财产为抵押物。由于抵押物是不转移占有的,因此能够成为抵押物的财产必须具备一定的条件。该类财产轻易不会灭失,且其所有权的转移应当经过一定的程序。债务人或者第三人有权处分的下列财产可以抵押:

(1) 建筑物和其他土地附着。

(2) 建设用地使用权。

(3) 海域使用权。

(4) 生产设备、原材料、半成品、产品。

(5) 正在建造的建筑物、船舶、航空器。

(6) 交通运输工具。

(7) 法律、行政法规未禁止抵押的其他财产。

以建筑物抵押的,该建筑物占用范围内的建设用地使用权一并抵押。以建设用地使用

权抵押的,该土地上的建筑物一并抵押。抵押人未一并抵押的,未抵押财产视为一并抵押。但是下列财产不得抵押:

(1)土地所有权。

(2)耕地、宅基地、自留地、自留山等集体所有的土地使用权,但是法律规定可以抵押的除外。

(3)学校、幼儿园、医院等以公益为目的的事业单位、社会团体的教育设施、医疗卫生设施和其他社会公益设施。

(4)所有权、使用权不明或者其他有争议的财产。

(5)依法被查封、扣押、监管的财产。

(6)依法不得抵押的其他财产。

常见的建设工程抵押担保有:以在建工程为抵押物向银行贷款;以建设单位其他房产作为抵押向金融机构融资。

2.7.2.3　抵押的效力

抵押担保的范围包括主债权及利息、违约金、损害赔偿金和实现抵押权的费用。抵押合同另有约定的,按照约定。

抵押人有义务妥善保管抵押物并保证其价值。抵押期间,抵押人转让已办理登记的抵押物,应当通知抵押权人并告知受让人转让物已经抵押的情况,否则该转让行为无效。如果转让抵押物的价款明显低于其价值的,抵押权人可以要求抵押人提供相应的担保,否则不得转让抵押物。抵押权与其担保的债权同时存在,债权消灭的,抵押权也消灭。抵押权不得与债权分离而单独转让或者作为其他债权的担保。

2.7.2.4　抵押权的实现

债务履行期届满抵押权人未受清偿的,可以与抵押人协议以抵押物折价或者以拍卖、变卖该抵押物所得的价款受偿。抵押财产折价或者变卖的,应当参照市场价格。抵押物折价或者拍卖、变卖后,其价款超过债权数额的部分归抵押人所有,不足部分由债务人清偿。抵押权因抵押物灭失而消灭,因灭失所得的赔偿金应当作为抵押财产。

同一财产向两个以上债权人抵押的,拍卖、变卖抵押财产所得的价款依照下列规定清偿:

(1)抵押权已登记的,按照登记的先后顺序清偿;顺序相同,按债权比例清偿。

(2)抵押权已登记的先于未登记的受偿。

(3)抵押权未登记的,按照债权比例清偿。

【案例 2-19】　　　　　　　　　抵押合同的效力

背景:2017 年 12 月,周某准备开设一家影楼,因资金短缺,便以自有的价值 66 万元的住房作为抵押,向生意伙伴杨女士借款 50 万元。当时在借款协议上约定,周某 3 年后归还借款本息,到期若不能归还,就将周某的房产变卖后优先偿还。周某在拿到借款后,就将其房屋的产权证交给了杨女士,但杨女士没有及时办理抵押物登记手续,以为自己拿到房产证就实现了抵押权。

时隔两年之后,周某便以自己的原房产证遗失为由补办了房产证,还将其房屋、影楼设备等全部卖给了刘某,并同刘某及时办理了房屋过户手续,而当时刘某也并不知道该房屋已被抵押。周某在收到房款后于 2020 年 2 月因涉嫌诈骗潜逃。杨女士获悉后,以该房屋已抵押为由要求刘某退房,并将周某和刘某起诉到法院。

问题:法院该如何判决?

分析:依照我国法律规定,房屋抵押应当办理抵押物登记,抵押合同自登记之日起才开始生效。由于该房屋没办理抵押登记,抵押合同还未生效,也就不能对抗第三人,即刘某善意取得该房屋的所有权应予保护,杨女士要求刘某退房的请求被依法驳回,只能主张周某偿还借款和利息。

2.7.3 质押

2.7.3.1 质押的概念

质押是指债务人或者第三人将其动产或者权力移交债权人占有,用以保证债务履行的担保。质押后,当债务人不能履行债务时,债权人依法有权将该不动产和权利优先清偿。债务人或第三人为出质人,债权人为质权人,移交的动产和权利为质物。质权是一种约定的担保物权,以转移占有为特征。出质人和质权人应当以书面形式订立质押合同。质押合同自质物移交质权人占有时生效。质押担保的范围包括主债权及利息、违约金、损害赔偿金、质物保管费用和实现质权的费用。质押合同另有约定的,按照约定。

【知识拓展 2-16】 **抵押与质押的区别**

(1)抵押标的为动产与不动产;质押标的为动产与权利。

(2)抵押物不移转占有;质物移转占有。抵押只有单纯的担保效力;质押中质权人既支配质物,又能体现留置效力。

(3)抵押物不必办理抵押登记的,抵押合同自签订之日起生效;质物不必办理质押登记的,质押合同自质物或权利凭证交付之日起生效。

(4)抵押权的实现主要通过拍卖;质押则多直接变卖。

2.7.3.2 质押的分类

质押可以分为动产质押和权利质押。

(1)动产质押。动产质押是指债务人或者第三人将其动产移交债权人占有,将该动产作为债权的担保。能够用作质押的动产没有限制。出质人和质权人在合同中不得约定在债务履行期届满质权人未受清偿时,质物的所有权转移为质权人所有。质权与其担保的债权同时存在,债权消灭的,质权也消灭。

(2)权利质押。权利质押一般是将权利凭证交付质权人的担保。下列权利可以质押:

① 汇票、支票、本票、债券、存款单、仓单、提单。

② 依法可以转让的股份、股票。

③ 依法可以转让的商标专用权、专利权、著作权中的财产权。

④ 依法可以质押的其他权利。

常见的建设工程质押担保有:投标担保,如保兑支票、银行汇票或现金支票;履约担保,如保兑支票、银行汇票或现金支票。

【知识拓展 2-17】　　　　　动产质押与权利质押的区别

（1）权利客体不同。动产质权的客体是有形的动产，而权利质权的客体是无形的财产，即权利。

（2）公示方法不同。动产质权的公示方法是移转占有，此种占有的移转是外在的、有形的，可导致权利人对质物的直接占有，但权利质押的公示主要采用移转权利凭证的占有、办理出质登记的方式，其公示方法是一种观念的、抽象的方法。因此，质权人对权利的"占有"也成为准占有。

（3）权利的实现方式不同。动产质权主要是通过拍卖、变卖、折价的方式实现质权，而权利质权除了上述的传统方式外，还包括质权人代位向出质权利的义务人行使该出质权利的方式。

2.7.4　留置

留置是指债权人按照合同约定占有债务人的财产，当债务人不能按合同约定期限履行债务时，债权人有权依法留置该财产并享有处置该财产得到优先受偿的权利。留置担保的范围包括主债权及利息、违约金、损害赔偿金、留置物保管费用和实现留置权的费用。留置权人负有妥善保管留置物的义务。因保管不善致使留置物灭失或者毁损的，留置权人应当承担民事责任。

债权人留置债务人财产后，应当确定 2 个月以上的期限，通知债务人在该期限内履行债务。债务人逾期仍不履行的，债权人可以与债务人协议以留置物折价，也可以依法拍卖、变卖留置物。留置物处置后，其价款超过债权数额的部分归债务人所有，不足部分由债务人清偿。

【案例 2-20】　　　　　建设工程的优先受偿权

背景：甲公司与乙公司签订合同，由甲承包乙的工程项目，项目完工后，双方经过验收通过了质量检验，并对工程价款达成一致。此后，乙一直没有付款，甲几经催要，也未达到目的。甲遂对工程进行留置，拒绝向乙进行交付，于是乙向法院提起诉讼，要求依合同交付工程。

问题：甲的行为合法吗？

分析：留置只适用于动产，不动产是不能进行留置的。甲与乙之间即使有工程款纠纷，也应通过其他法律途径依法催讨，而不应采取留置工程的错误方式。《民法典》规定了建设工程的优先受偿权，它比普通留置权更能保护施工单位利益。发包人未按照约定支付价款的，承包人可以催告发包人在合理期限内支付价款。发包人逾期不支付的，除按照建设工程的性质不宜折价、拍卖的以外，承包人可以与发包人协议将该工程折价，也可以申请人民法院将该工程依法拍卖。建设工程的价款就该工程折价或者拍卖的价款优先受偿。

优先受偿权与留置权在范围、行使方式、行使期限都有很大不同，而且留置权只适用于动产，而建设工程为不动产，因此优先受偿权并非留置权。

2.7.5　定金

定金既是一种违约责任的承担方式，也是一种担保方式。定金合同采用书面形式，并在合同中约定交付定金的期限，定金合同从实际交付定金之日起生效。

建设工程领域，若投标担保和履约担保采用保证金方式，则属于定金，适用"定金罚则"。

【法院判例】 　　　　　　　一起商品房买卖合同纠纷案

原告李某诉称:2007年6月7日,其与被告JL置业公司签订商品房买卖契约,约定由其购买JL置业公司开发的位于南京市江宁区将军大道8号别墅街区58幢01室房屋,因该房屋存在质量问题,其诉至法院要求JL置业公司赔偿损失,但当时仅主张了2010年4月20日前的租金损失,现再次诉至法院,要求JL置业公司赔偿其损失357 000元(自2010年4月21日至2011年9月21日止,按21 000元/月计算),并赔偿其向物业公司支付的2008年7月22日至2011年9月21日期间发生的所有费用29 638元。

被告JL置业公司辩称:原告李某主张租金损失计算到2011年9月21日没有依据,其在对李某房屋加固后,李某不配合其进行检测,导致检测报告出具迟延,从检测结果来看,其完成加固后房屋完全可以使用,且即使租金损失继续存在,也应当以前一判决确定的租金标准为依据;本案与物业公司向李某主张物业管理费用不属于同一合同关系,且该房屋不具备安全居住条件并不表示李某不需要支付物业管理费用,该诉讼请求应当驳回。

南京市江宁区人民法院一审认为:原告李某与被告JL置业公司签订的商品房买卖合同合法有效。JL置业公司交付的房屋存在质量问题导致李某不能居住使用,故李某有权向JL置业公司主张由此给其造成的损失,因李某在2011年7月22日已经知道该房屋可以安全居住,故该租金损失计算截止时间应当为2011年7月22日,关于李某提出的还应当再给其一定的合理准备时间的主张,无正当依据,不予支持。即李某可主张2010年4月22日至2011年7月22日期间的租金损失。关于租金计算标准,法院根据此前南京市江宁区物价局价格认证中心给出的意见确定,其中2010年5月至2010年12月为72 000元(9 000元/月×8个月),2011年1月1日至2011年7月22日为66 660元(9 900元/月×6个月零22天),合计138 660元。对于李某提出的第二项诉讼请求,虽然JL置业公司已于2007年6月将房屋交付给李某,但因为JL置业公司的房屋质量存在问题,导致李某无法正常居住使用该房屋,故2008年7月至11月以及2009年4月至2011年7月22日发生的物业服务费,李某可视为因JL置业公司违约给其造成的损失,现李某仅提供2009年1月1日开始的物业费发票。故2009年4月之前部分,李某未提供证据,不予支持,之后的部分,费用共计18 181.2元,应当由JL置业公司赔偿,至于李某主张的逾期付款违约金以及诉讼费,不应当由JL置业公司负担。

据此,南京市江宁区人民法院依据《中华人民共和国合同法》第一百零七条、第一百一十三条第一款以及《中华人民共和国民事诉讼法》第六十四条第一款之规定,于2013年6月13日作出判决:被告JL置业公司赔偿原告李某损失138 660元及物业费18 181.2元,合计156 841.2元。

李某与JL置业公司均不服,向南京市中级人民法院提出上诉:(1)原审判决租金计算标准没有事实和法律依据,所谓"江宁区物价局价格论证中心给出的意见"完全是工作人员的个人意见,没有任何数据支撑该工作人员的观点。上诉人已经提供同地段房屋租赁合同和发票,足以证明当前其房屋市场租赁价格不应低于21 000元。(2)损失计算到2011年7月22日不符合损失发生的实际情况。上诉人在2011年7月22日拿到鉴定报告,不可能当天就可以住进去,还需要进行装修整理,这段时间也是和房屋质量有问题有因果关系的。(3)2009年4月之前的上诉人物业费用,有证据可以支持。

JL置业公司上诉称:(1)原一审法院以JL置业公司未举证证明向李某寄送鉴定报告

的情况为由,认定租金损失计算截止时间应当为 2011 年 7 月 22 日不当。房屋经加固后就已经完全可以使用,被上诉人没有积极配合房屋的检测,造成不必要的损失扩大应由其个人承担。(2)原一审判决认定 JL 置业公司应赔偿李某支付的物业损失不当。

南京市中级人民法院经二审,确认了一审查明的事实。二审中,上诉人李某提交 2013 年 7 月 10 日出具的付款方为辣椒 58-1 李某的物业公司代收公共电费 561 元发票存根联复印件一份,2013 年 7 月 11 日编制的 2008 年 9 月至 2013 年 4 月辣椒 58-1 公摊电费明细表一份,2008 年 11 月 28 日物业公司出具的付款方为辣椒 58-1 的 2008 年 1 月至 12 月物业管理费 4 612 元发票复印件一份,欲证明其缴纳了相关费用及费用标准,上诉人 JL 置业公司对该证据的真实性予以认可。

南京市中级人民法院二审认为:上诉人李某与上诉人 JL 置业公司的商品房预售合同合法有效,双方均应按约履行。因房屋质量问题导致李某无法对涉案房屋使用、收益,JL 置业公司应该赔偿李某的相关损失。关于租金损失的计算标准问题,原审法院根据此前南京市江宁区物价局价格认证中心给出的意见确定租金损失,较为合理。李某要求按其 2011 年 12 月以后出租的价格计算 2010 年 5 月至 2011 年 7 月的租金损失,对此不予支持。关于损失计算截止时间问题,根据原审查明的事实,双方曾于 2011 年 7 月 22 日对鉴定报告进行质证,此时李某才看到 JL 置业公司的鉴定报告,原审法院认定的损失截止时间为 7 月 22 日,较为合乎情理,故 JL 置业公司对此的上诉意见法院不予支持。因鉴定报告表明房屋已可居住,故李某对此的上诉意见法院不予采纳。关于物业费是否应当作为损失进行赔偿问题,因 JL 置业公司交付的房屋质量不符合合同约定,JL 置业公司应当赔偿李某物业费的损失。故对 JL 置业公司的上诉意见,法院不予采纳。李某在二审中提交的新证据可以证明 2008 年 7 月至 11 月期间其缴纳的物管费为 1 922 元(4 612 元÷12×5),该费用在其原审主张的时间范围内(扣除 2008 年 12 月至 2009 年 3 月的装修期),法院予以支持。对于超出其原审诉讼请求主张时间范围的物管费用,法院不予理涉。对于公共电费损失的上诉主张,因其在原审诉讼请求中并未提出,对该部分不予理涉。

综上,因上诉人李某在二审中提供了新证据,原审判决赔偿的物业费数额应变更为 20 103.2 元,与租金损失 138 660 元合计应为 158 763.2 元。南京市中级人民法院于 2013 年 11 月 8 日作出判决:一、撤销南京市江宁区人民法院(2012)江宁开民初字第 808 号民事判决;二、JL 置业公司于本判决发生法律效力之日起 10 日内一次性赔偿李某损失共 158 763.2 元。

本章习题

一、单项选择题

1. 要约人在要约发生法律效力之前,而取消要约的意思表示是(　　)。

A. 新要约　　　　　B. 撤销要约　　　　　C. 撤回要约　　　　　D. 承诺

2. 在实际经济活动中,订立合同的程序为(　　)。

A. 承诺—要约　　　　　　　　　　　B. 要约—承诺—新要约—新承诺

C. 要约—新要约—再要约—承诺　　　　D. 要约—新要约—承诺—再承诺

3. 合同一方当事人通过资产重组分立为两个独立法人,原法人签订的合同将(　　)。

A. 因当事人原法人消灭合同自然终止

B. 因当事人原法人消灭合同归于无效

C. 因当事人原法人消灭属于可撤销合同

D. 合同仍然有效,由分立的法人享受连带债权,承担连带债务

4. 债权人决定将合同中的权利转让给第三人时,(　　)。

A. 须征得对方同意

B. 无须征得对方同意,但应办理公证手续

C. 无须征得对方同意,也不必通知对方

D. 无须征得对方同意,但需通知对方

5. 一个合同被法院裁定为被撤销合同。甲、乙双方约定的违约金为 4 万元,合同履行阶段双方各受到 2 万元的经济损失。法院判定双方都有过错,但甲方是主要过错方,应承担 75% 的过错责任。则损失的承担应为(　　)。

A. 各自承担自己的损失　　　　　　　B. 甲方赔偿乙方 1 万元损失

C. 甲方赔偿乙方 2 万元损失　　　　　D. 甲方赔偿乙方 4 万元损失

6. 我国对合同争议的处理实行(　　)。

A. 一裁两审制　　　B. 或裁或审制　　　C. 只能仲裁　　　D. 只能诉讼

7. 下列财产中,(　　)可作为抵押物进行抵押。

A. 抵押人所有的房屋

B. 抵押人有权使用的集体土地所有权

C. 依法被查封的财产

D. 抵押人所有的支票

8. 甲与乙订立合同,由丙作为乙的保证人,则保证合同的主体是(　　)。

A. 甲、乙　　　　B. 甲、丙　　　　C. 乙、丙　　　　D. 甲与乙、丙

9. (　　)担保方式必须依法行使,不能通过合同约定产生。

A. 保证　　　　B. 抵押　　　　C. 留置　　　　D. 定金

10. 我国法律规定,工程施工合同发生纠纷时,当事人应向(　　)法院起诉。

A. 原告所在地　　B. 被告所在地　　C. 合同签订地　　D. 工程项目所在地

二、多项选择题

1. 若要约的相对人收到要约后,下列哪种行为不是合法承诺(　　)。

A. 在规定期限内作出承诺

B. 超过规定期限后作出承诺

C. 第三人在规定期限内作出答复

D. 第三人超过规定期限作出的答复

E. 要约相对人提出的新条件

2. 下列情况中,(　　)的合同是可撤销合同。

A. 以欺诈、胁迫的手段订立,损害国家利益

B. 因重大误解而订立

C. 在订立合同时显失公平

D. 以欺诈、胁迫等手段,使对方在违背真实意思的情况下订立

E. 违反法律、行政法规的强制性规定

3. 甲公司与乙公司签订的供货合同内约定,部分货物由乙公司直接供给丙公司,此合同的特点表现为(　　)。

A. 合同主体不变仍为甲乙两公司

B. 合同主体改变加入了丙公司

C. 由乙公司向丙公司履行合同义务

D. 丙公司对乙公司供货质量不满意时,可直接追究乙公司的违约责任

E. 丙公司认为乙公司供应的货物质量不符合约定时,由甲公司按合同追究乙公司的违约责任

4. 当事人订立合同采用格式条款时,(　　)。

A. 提供格式条款一方应当遵循公平原则

B. 提供格式条款一方应与对方充分协商

C. 提供格式条款一方应当提请对方注意免责条款

D. 提供格式条款一方不得加重对方责任

E. 格式条款的效力优于非格式条款

5. 合同当事人签订的"抵押合同",其法律性质是(　　)。

A. 主合同　　　　　B. 从合同　　　　　C. 要式合同　　　　　D. 非要式合同

E. 无偿合同

三、思考题

1. 简述合同的分类。

2. 哪些情形下订立的合同为效力待定合同?

3. 建设工程中哪些情况下签订的合同为无效合同?无效后如何处理?

4. 合同当事人在什么条件下可以行使不安抗辩权?

5. 在什么情况下合同可以终止履行?

6. 什么是违约责任?承担违约责任的方式有哪些?

7. 比较合同争议的解决方式诉讼与仲裁的不同之处。

8. 要约失效的情形有哪些情况?

9. 抵押与质押的区别有哪些?

10. 简述诉讼时效的概念与期限的有关规定。

四、案例分析

2015 年 3 月 5 日,A 房地产开发公司(以下简称 A 公司)与 B 银行签订借款合同。该借款合同约定:借款总额为 2 亿元;借款期限为 2 年 6 个月;借款利率为年利率 5.8%,2 年 6 个月应付利息在发放借款之日预先一次从借款本金中扣除;借款期满时一次全额归还所借款项;借款用途为用于 S 房地产项目(以下简称 S 项目)开发建设;A 公司应按季向 B 银行

提供有关财务会计报表和借款资金使用情况;任何一方违约,违约方应当向守约方按借款总额支付1%的违约金。

在A公司与B银行签订上述借款合同的同时,B银行与A公司和C公司分别签订了抵押合同和保证合同。B银行与A公司签订的抵押合同约定:A公司以正在建造的S项目作为抵押,如果A公司不能按时偿还借款或者不能承担违约责任,B银行有权用抵押的S项目变现受偿。B银行与C公司签订的保证合同约定:如果A公司不能按时偿还借款或者不能承担违约责任,而用A公司抵押的S项目变现受偿后仍不足以补偿B银行遭受的损失时,C公司保证承担相应的补偿责任。

B银行依照约定于2015年3月6日向A公司发放借款,并从发放的借款本金中扣除了2年6个月的借款利息。2016年4月5日,B银行从A公司提供的相关财务会计资料中发现A公司将借款资金挪作他用,遂要求A公司予以纠正,A公司以借款资金应当由自己自行支配为由未予纠正。同年5月,B银行通知A公司,要求A公司提前偿还借款,A公司以借款尚未到期为由拒绝偿还借款。同年8月,B银行向人民法院提起诉讼,要求解除借款合同,并要求A公司提前偿还借款,将用于抵押的S项目变现受偿,同时要求C公司承担保证责任。经查:A公司实际投入S项目的资金为3 800万元,挪用资金15 000万元;S项目经评估后的可变现价值为3 500万元;S项目建设取得了一切合法的批准手续,但在抵押时未办理抵押登记;C公司是A公司控股的子公司,C公司与B银行签订保证合同时未获除A公司之外的其他股东认可,并隐瞒了与A公司的关联关系。

根据上述事实,回答下列问题:

1. 借款合同约定借款利息预先从借款本金中扣除是否符合有关规定? 如何处理?

2. 根据上述提示内容,A公司应当如何向B银行支付利息?

3. B银行与A公司签订的抵押合同是否有效? 并说明理由。

4. B银行与C公司签订的保证合同是否有效? 并说明理由。

5. B银行可否要求解除借款合同? 并说明理由。

6. B银行可否要求C公司承担民事责任? 为什么?

第 3 章　建设工程招标与投标

学习内容：本章主要介绍建设工程招投标的相关知识。通过学习，掌握招标投标主要程序、招标投标文件的编制等内容；熟悉建设工程项目强制招标的范围、建设工程招标的方式、建设工程项目的招标条件；了解投标报价策略与技巧及招标投标过程中各方的法律责任。

思政目标：树立责任意识，培养公平公正及诚实守信原则。

3.1　建设工程招标

3.1.1　建设工程招标概述

3.1.1.1　建设工程招标的概念

建设工程招标是指招标单位（建设单位）将拟建工程项目及所需设备、器材和管理要求（工期、质量、规格、品种等）通过公告或邀请书等形式发布，吸引多家承包企业前来投标，最后由建设单位从中择优选定一个承包单位的一种市场交易行为。建设工程招标包括建设项目招标、设计招标、工程施工招标、设备购置招标等。工程招标要按一定的程序进行。

3.1.1.2　建设工程招标的原则

《招标投标法》第五条规定：招标投标活动应当遵循公开、公平、公正和诚实信用的原则。

（1）公开原则

首先，招标信息公开。依法必须进行招标的项目，招标公告应当通过国家指定的报刊、信息网络或者其他媒介发布。其次，开标程序公开。开标应当在招标文件确定的提交投标文件截止时间的同一时间公开进行，开标地点应当为招标文件中预先确定的地点。开标时招标人应当邀请所有投标人参加，招标人在招标文件要求提交截止时间前收到的所有投标文件，开标时都应当当众予以拆封、宣读。再次，评标的标准和程序公开。评标的标准和方法应当在招标文件中载明，严格按照招标文件确定的评标标准和方法进行。最后，中标结果公开。中标人确定后，招标人应当在向中标人发出中标通知书的同时，将中标结果通知所有未中标的投标人。

（2）公平原则

要求招标人在招标投标各程序环节中一视同仁地给予潜在投标人或者投标人平等竞争的机会，并使其享有同等的权利和义务。招标人不得以任何理由排斥或歧视任何投标人。依法必须进行招标的项目，其招投标活动不受地区或部门的限制，任何单位和个人不得违法限制或排斥本地区、本系统以外的法人或其他组织参加投标，不得以任何方式非法干预招投标活动。

【知识拓展 3-1】 **不合理限制、排斥投标人的行为**

招标人有下列行为之一的,属于以不合理条件限制、排斥潜在投标人或者投标人:

① 就同一招标项目向潜在投标人或者投标人提供有差别的项目信息;

② 设定的资格、技术、商务条件与招标项目的具体特点和实际需要不相适应或者与合同履行无关;

③ 依法必须进行招标的项目以特定行政区域或者特定行业的业绩、奖项作为加分条件或者中标条件;

④ 对潜在投标人或者投标人采取不同的资格审查或者评标标准;

⑤ 限定或者指定特定的专利、商标、品牌、原产地或者供应商;

⑥ 依法必须进行招标的项目非法限定潜在投标人或者投标人的所有制形式或者组织形式;

⑦ 以其他不合理条件限制、排斥潜在投标人或者投标人。

（3）公正原则

要求招标人必须依法设定科学、合理和统一的程序、方法和标准,并严格据此客观评审投标文件,真正择优确定中标人,不倾向、不歧视、不排斥,保证各投标人的合法平等权益。进行资格审查时,招标人应当按照资格预审文件或招标文件中载明的资格审查的条件、标准和方法对潜在投标人或投标人进行资格审查,不得改变载明的条件或以没有载明的资格条件进行资格审查。评标时,评标标准应当明确、程序应当严格,对所有在投标截止日期以后送达的投标书都应拒收。招标投标双方在招标投标过程中的地位平等,任何一方不得向另一方提出不合理的要求。

（4）诚实信用原则

诚实信用是市场经济的基石和民事活动的基本原则。要求招标投标各方当事人在招标投标活动和履行合同中应当以守法、诚实、守信、善意的意识和态度行使权利和履行义务。不得故意隐瞒真相或者弄虚作假,不得串标、围标和恶意竞争,不能言而无信甚至背信弃义,在追求自己合法利益的同时不得损害他人的合法利益和社会利益,依法维护双方利益以及与社会利益的平衡。

3.1.1.3 建设工程强制招标范围及规模

对建设工程项目的招标范围,《招标投标法》第三条规定:在中华人民共和国境内进行下列工程建设项目包括项目的勘察、设计、施工、监理以及与工程建设有关的重要设备、材料等的采购,必须进行招标:

（1）大型基础设施、公用事业等关系社会公共利益、公众安全的项目;

（2）全部或者部分使用国有资金投资或者国家融资的项目;

（3）使用国际组织或者外国政府贷款、援助资金的项目。

为了确定必须招标的工程项目,规范招标投标活动,提高工作效率、降低企业成本、预防腐败,《必须招标的工程项目规定》(2018)对必须招标的工程项目范围作出了进一步的细化。

（1）全部或者部分使用国有资金投资或者国家融资的项目包括:

① 使用预算资金 200 万元人民币以上,并且该资金占投资额 10% 以上的项目;

② 使用国有企业事业单位资金,并且该资金占控股或者主导地位的项目。

（2）使用国际组织或者外国政府贷款、援助资金的项目包括：

① 使用世界银行、亚洲开发银行等国际组织贷款、援助资金的项目；

② 使用外国政府及其机构贷款、援助资金的项目。

（3）不属于《必须招标的工程项目规定》（2018）前两条规定情形的大型基础设施、公用事业等关系社会公共利益、公众安全的项目，必须招标的具体范围包括：

① 煤炭、石油、天然气、电力、新能源等能源基础设施项目；

② 铁路、公路、管道、水运，以及公共航空和 A1 级通用机场等交通运输基础设施项目；

③ 电信枢纽、通信信息网络等通信基础设施项目；

④ 防洪、灌溉、排涝、引（供）水等水利基础设施项目；

⑤ 城市轨道交通等城建项目。

对建设工程项目的招标规模，以上第（1）、（2）、（3）条规定范围内的项目，其勘察、设计、施工、监理以及与工程建设有关的重要设备、材料等的采购达到下列标准之一的，必须招标：

① 施工单项合同估算价在 400 万元人民币以上；

② 重要设备、材料等货物的采购，单项合同估算价在 200 万元人民币以上；

③ 勘察、设计、监理等服务的采购，单项合同估算价在 100 万元人民币以上。

同一项目中可以合并进行的勘察、设计、施工、监理以及与工程建设有关的重要设备、材料等的采购，合同估算价合计达到前款规定标准的，必须招标。

工程建设项目符合以上规定的范围和标准的，必须通过招标选择施工单位。任何单位和个人不得将依法必须进行招标的项目化整为零或者以其他任何方式规避招标。

3.1.1.4 可不招标的建设工程范围

依据《招标投标法》、《中华人民共和国招标投标法实施条例》（以下简称《招标投标法实施条例》）、《工程建设项目施工招标投标办法》等相关规定，有以下情形之一的，可以不进行招标：

（1）涉及国家安全、国家秘密；

（2）涉及抢险救灾；

（3）属于利用扶贫资金实行以工代赈、需要使用农民工等特殊情况，不适宜进行招标的项目，按照国家有关规定可以不进行招标；

（4）施工主要技术采用不可替代的专利或者专有技术，或者其建筑艺术造型有特殊要求；

（5）采购人依法能够自行建设、生产或者提供；

（6）已通过招标方式选定的特许经营项目投资人依法能够自行建设、生产或者提供；

（7）需要向原中标人采购工程、货物或者服务，否则将影响施工或者功能配套要求；

（8）在建工程追加的附属小型工程或者主体加层工程，原中标人仍具备承包能力，并且其他人承担将影响施工或者功能配套要求；

（9）技术复杂或专业性强，能够满足条件的勘察设计单位少于 3 家，不能形成有效竞争；

（10）国家规定的其他特殊情形。

3.1.1.5 建设工程招标的方式

我国《招标投标法》第十条规定：招标分为公开招标和邀请招标。

（1）公开招标

公开招标，是指招标人以招标公告的方式邀请不特定的法人或者其他组织投标。公开招标的方式体现了市场机制公开信息、规范程序、公平竞争、客观评价、公正选择以及优胜劣汰的本质要求。

公开招标方式的优点：公开招标因为投标人较多、竞争充分，且不容易串标、围标，有利于招标人从广泛的竞争者中选择合适的中标人并获得最佳的竞争效益。

公开招标方式的缺点：参加竞争的投标者较多，招标工作量大，工作程序复杂，招标时间长。

（2）邀请招标

邀请招标，是指招标人以投标邀请书的方式邀请特定的法人或者其他组织投标。《招标投标法》第十七条规定：招标人采用邀请招标方式的，应当向三个以上具备承担招标项目的能力、资信良好的特定的法人或者其他组织发出投标邀请书。

邀请招标方式的优点：限制了竞争范围，招标组织工作容易，工作量较小；不需要发布招标公告和设置资格预审程序，缩短了招标时间，节约了招标费用；因招标人了解投标人以往的业绩和履约能力，也减少了合同履行过程中承包人违约的风险。

邀请招标方式的缺点：邀请范围较小，选择面窄，可能会将真正有能力有竞争力的潜在投标人排除在外，达不到预期的效果；投标竞争激烈程度较低，可能会提高中标合同价。

（3）邀请招标的范围

《招标投标法》《招标投标法实施条例》《工程建设项目施工招标投标办法》等多个相关法律对需采用邀请招标方式的情况作出了以下规定：国有资金占控股或者主导地位的依法必须进行招标的项目，应当公开招标。但有下列情形之一的，可以实行邀请招标：

① 技术复杂、有特殊要求或者受自然环境限制，只有少量潜在投标人可供选择；

② 采用公开招标方式的费用占项目合同金额的比例过大。

③ 涉及国家安全、国家秘密或者抢险救灾，适宜招标但不宜公开招标；

强制招标的建设项目，若不在上述邀请招标范围内，则必须公开招标。

[知识拓展 3-2] 公开招标与邀请招标的区别

① 发布信息的方式不同。公开招标采用公告的形式发布，邀请招标采用投标邀请书的形式发布。

② 选择的范围不同。公开招标使用招标公告的形式，针对的是一切潜在的对招标项目感兴趣的法人或其他组织，招标人事先不知道投标人的数量；邀请招标针对已经了解的法人或其他组织，而且事先已经知道投标人的数量。

③ 竞争的范围不同。由于公开招标使所有符合条件的法人或其他组织都有机会参加投标，竞争的范围较广，竞争性体现得也比较充分；邀请招标中投标人的数量有限，竞争的范围有限，招标人拥有的选择余地相对较小。

④ 公开的程度不同。公开招标中，所有的活动都必须严格按照预先指定并为大家所知的程序标准公开进行，大幅度降低了作弊的可能性；邀请招标的公开程度较低，产生不法行为的机会也就多一些。

⑤ 时间和费用不同。邀请招标不发布公告，招标书只送几家，缩短了整个招投标时间，

其费用也相对减少;公开招标的程序比较复杂,从发布公告、投标人作出反应、评标,到签订合同,因而耗时较多,费用也比较高。

【知识拓展 3-3】　　　　　　　**其他招标方式**

(1) 议标

议标,其实就是谈判性采购,是采购方和供货方之间通过谈判而最终达到采购目的的一种采购方式。《招标投标法》招标形式中并无议标的概念。议标仅是以前招标领域存在的一些并不规范的采购行为,将谈判采购以"议标"的名义纳入招标范畴。

从实践上看,公开招标和邀请招标的采购方式要求对报价及技术性条款不得谈判,议标则允许就报价等进行一对一的谈判。因此,有些项目,比如一些小型建设项目,采用议标方式目标明确,省时省力,比较灵活;对服务招标而言,由于服务价格难以公开确定,服务质量也需要通过谈判解决,此时议标就是更好的方式。议标不具有公开性和竞争性,采用时容易产生幕后交易,暗箱操作,滋生腐败,难以保障采购质量。议标对不宜公开招标或邀请招标的特殊工程,应报县级以上地方人民政府建设行政主管部门或其授权的招标投标办事机构,经批准后可以议标。参加议标的单位一般不得少于 2 家。

(2) 两阶段招标

对技术复杂或者无法精确拟定技术规格的项目,招标人可以分两阶段进行招标。

第一阶段,投标人按照招标公告或者投标邀请书的要求提交不带报价的技术建议,招标人根据投标人提交的技术建议确定技术标准和要求,编制招标文件。

第二阶段,招标人向在第一阶段提交技术建议的投标人提供招标文件,投标人按照招标文件的要求提交包括最终技术方案和投标报价的投标文件。招标人要求投标人提交投标保证金的,应当在第二阶段提出。

3.1.1.6　建设工程招标的组织方式

招标组织形式分为自行招标和委托招标。

(1) 自行招标

招标人具有编制招标文件和组织评标能力的,可以自行办理招标事宜。任何单位和个人不得强制其委托招标代理机构办理招标事宜。《工程建设项目自行招标试行办法》(2013)第四条规定:招标人自行办理招标事宜,应当具有编制招标文件和组织评标的能力,具体包括:

① 具有项目法人资格(或者法人资格);

② 具有与招标项目规模和复杂程度相适应的工程技术、概预算、财物和工程管理等方面专业技术力量;

③ 有从事同类工程建设项目招标的经验;

④ 拥有 3 名以上取得招标职业资格的专职招标业务人员;

⑤ 熟悉和掌握招标投标法及有关法律规章。

(2) 委托招标

招标人不具备自行招标条件时可以委托招标代理机构进行招标。招标代理机构是依法设立、从事招标代理业务并提供相关服务的社会中介组织,其组织形式多样化,如有限责任公司、合伙企业等。《招标投标法》第十三条规定:招标代理机构应当具备下列条件:① 有从事招标代理业务的营业场所和相应资金;② 有能够编制招标文件和组织评标的相应专业力量。

招标代理机构在招标人委托的范围内开展招标代理业务,任何单位和个人不得非法干涉。招标代理机构代理招标业务,应当遵守《招标投标法》和《招标投标法实施条例》关于招标人的规定。招标代理机构不得无权代理、越权代理,不得明知委托事项违法而进行代理。招标代理机构不得在所代理的招标项目中投标或者代理投标,也不得为所代理的招标项目的投标人提供咨询。

3.1.1.7　建设工程项目招标条件

为了保证工程项目的建设符合国家或地方的总体发展规划,以及能使招标后工作顺利进行,相关法律对建设工程项目的招标条件作出了规定。《工程建设项目施工招标投标办法》第八条规定:依法必须招标的工程建设项目,应当具备下列条件才能进行施工招标:

(1) 招标人已经依法成立;

(2) 初步设计及概算应当履行审批手续的,已经批准;

(3) 有相应资金或资金来源已经落实;

(4) 有招标所需的设计图纸及技术资料。

《工程建设项目施工招标投标办法》第十条规定:按照国家有关规定需要履行项目审批、核准手续的依法必须进行施工招标的工程建设项目,其招标范围、招标方式、招标组织形式应当报项目审批部门审批、核准。项目审批、核准部门应当及时将审批、核准确定的招标内容通报有关行政监督部门。

【案例 3-1】　　　　　　　　　项目是否满足招标条件?

背景:某房地产公司计划在北京市昌平区开发 60 000 平方米的住宅项目,可行性研究报告已经通过发改委批准,资金为自筹式,资金尚未完全落实,仅有初步设计图纸,因急于开工,组织销售,在此情况下决定采用邀请招标的方式,随后向 7 家施工单位发出了投标邀请书。

问题:(1) 本项目在上述条件下是否可以进行工程施工招标?

(2) 本项目是否适宜采用邀请招标的方式进行招标?

分析:

(1) 本工程不完全具备招标条件,未满足条件为:资金来源已经落实;初步设计及概算应当履行审批手续,因此不应进行施工招标。

(2) 本项目属于强制招标的建设项目,但不属于邀请招标范围,应该采用公开招标。

3.1.2　工程施工招标程序及主要工作

建设工程招标的基本程序主要分为三个阶段:准备阶段、招投标阶段、决标成交阶段。具体相关环节如图 3-1 所示。

3.1.2.1　工程建设项目报建

工程建设项目由建设单位或其代理机构在工程项目可行性研究报告或其他立项文件被批准后,必须向当地建设行政主管部门或其授权机构进行报建备案,建设单位填写工程建设项目报建登记表(表 3-1)。

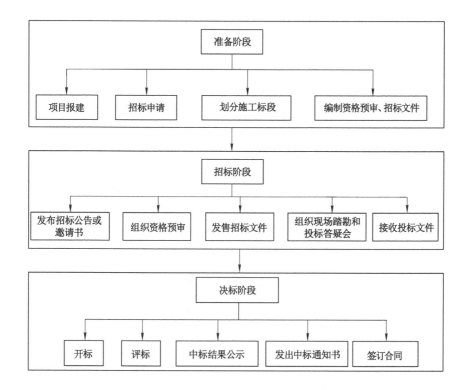

图 3-1　工程施工招标主要程序

表 3-1　工程建设项目报建登记表

建设单位	
工程名称	
工程地点	
工程规模 （结构、层数、面积）	
项目总投资	
资金来源	政府投资 ％；自筹 ％；贷款 ％；外资 ％
批准文件名称	
批准立项机关	
发包方式	

工程筹建情况（城建手续、施工图、资金、现场情况）：

城建手续已办理；施工图已审查；资金已到位；现场"三通一平"，具备开工条件

法定代表人： 经办人： 电话：	建设单位： （章） 　　　年　月　日
报建管理机构 审核意见	年　月　日

工程建设项目报建备案后,具备招标条件的即可开始办理招标事宜。凡未报建的工程建设项目,不得办理招标手续和发放施工许可证。

3.1.2.2　招标申请

按照法律法规和规章确定公开招标还是邀请招标,并向政府的招标投标管理机构提出招标申请,取得相应的招标许可。对于招标人自行办理招标事宜的,必须满足一定的条件,并向其行政监督机关备案,行政监督机关对招标人是否具备自行招标的条件进行监督。

招标单位填写建设工程施工招标申请表,连同工程建设项目报建登记表报招标管理机构审批。招标申请表包括以下内容:工程名称、建设地点、招标建设规模、结构类型、招标范围、招标方式、要求施工企业等级、施工前期准备情况(土地征用、拆迁情况、勘察设计情况、施工现场条件等)、招标机构组织情况等。

3.1.2.3　施工标段划分

(1)划分施工标段

一些招标项目,特别是大型、复杂的建设工程项目通常需要划分不同的标段,由不同的承包人进行承包。招标项目需要划分标段、确定工期的,招标人应当合理划分标段、确定工期,并在招标文件中载明。

① 划分标段的相关法律

《招标投标法实施条例》第二十四条规定:招标人对招标项目划分标段的,应当遵守招标投标法的有关规定,不得利用划分标段限制或者排斥潜在投标人。依法必须进行招标的项目的招标人不得利用划分标段规避招标。

《工程建设项目施工招标投标办法》第二十七条规定:施工招标项目需要划分标段、确定工期的,招标人应当合理划分标段、确定工期,并在招标文件中载明。对工程技术上紧密相连、不可分割的单位工程不得分割标段。招标人不得以不合理的标段或工期限制或者排斥潜在投标人或者投标人。依法必须进行施工招标的项目的招标人不得利用划分标段规避招标。

(2)划分标段的影响因素

① 招标项目的专业要求。如果招标项目的各部分内容专业要求接近,则该项目可以考虑作为一个整体进行招标。如果该项目的各部分内容专业要求相距甚远,则应当考虑划分为不同的标段分别招标。

② 对工程投资的影响。通常情况下,一项工程由一家施工单位总承包易于管理,同时便于对劳动力、材料、设备的调配,因而可得到较低造价。但是对于大型、复杂的工程项目,对承包单位的施工能力、施工经验、施工设备等有较高要求。在这种情况下,如果不划分标段,就可能使有资格参加投标的承包单位大幅度减少。竞争对手的减少,必然会导致工程报价的上涨,反而得不到较为合理的报价。

③ 工程各项工作的衔接。在划分标段时,既要考虑不会产生各承包单位施工的交叉干扰,又要注意各承包单位之间在空间和时间上的衔接。应当避免产生平面或者立面交接工作责任的不清楚。

④ 招标项目的管理要求。从工地现场管理的角度来看,分标时应考虑两个方面问题:一是工程进度的衔接,二是工地现场的布置和干扰。工程网络计划中关键线路上的项目,一

定要选择施工水平高、能力强、信誉好的承包单位,以防止影响其他承包单位的进度。从现场布置的角度来看,承包单位越少越好布置。

⑤ 其他因素。除上述因素外,还有许多其他因素影响施工标段的划分,如建设资金、设计图供应等。资金不足,设计图分期供应时可将先施工部分招标。

(3) 多标段招标的优缺点

① 多标段招标的优点

a. 多标段招标施工可以缩短工期。由于分标段实施时选择不同的施工承包单位同时进行施工,可投入足够的人力、物力、财力,为缩短工期提供了保证。

b. 多标段施工有利于竞争。由于施工现场有多个施工承包单位进行施工,建设单位对各标段的工程质量、施工进度、安全文明及总包的组织管理水平、协调组织能力等有较直观的比较,也为各施工承包单位创造了公平竞争的机会。

c. 分期多标段招标可以缓解企业的资金压力。

② 分标段招标的缺点

a. 多标段招标施工过程中,由于现场有多个独立的施工企业,会增加临时生产生活设施、材料堆场,容易造成对现场场地使用产生交叉干扰。

b. 多标段招标施工会增添建设单位在管理上的工作量,且招标的工作量也增大。由于管理对象的增多,现场各标段间的组织协调工作也会随之增加。

c. 多标段招标施工会造成投资的相应增加。由于有多个施工企业分标段施工,所以会造成进场费、临时设施费、措施费的增加。

3.1.2.4　编制资格预审文件和招标文件

招标申请批准后即可编制资格预审文件和招标文件。

资格预审文件。公开招标对投标人的资格审查,有资格预审和资格后审两种。资格预审是指在发售招标文件前,招标人对潜在的投标人进行资质条件、业绩、技术、资金等方面的审查;资格后审是指在开标后评标前对投标人进行的资格审查。只有通过资格预(后)审的潜在投标人,才可以参加投标(评标)。我国通常采用资格预审的方法。资格预审文件包括资格预审公告、申请人须知、资格审查办法、资格预审申请文件格式、项目建设概况及招标人对资格预审文件的澄清和修改等。

招标文件是建设工程招标单位单方面阐述自己招标条件和具体要求的意思表示,是招标单位确定、修改和解释有关招标事项的书面表达形式的统称。

【知识拓展3-4】　　　　　　　资格预审与资格后审的区别

二者的区别见表3-2。

表 3-2　资格预审与资格后审的比区别

资格审查	审查时间	载明的文件	内容与标准
资格预审	投标前	资格预审文件	相同
资格后审	开标后评标前	招标文件	

3.1.2.5 发布招标公告或发出投标邀请

资格预审文件和招标文件必须报招标管理机构审查,经审查同意后可刊登资格预审公告和招标公告。

实行公开招标的,在国家或地方指定的报刊、信息网络或者其他媒介上发布公告,在不同媒介上发布的统一招标项目的资格预审公告或者招标公告的内容应一致,不得收取费用。招标公告应当载明招标人的名称和地址、招标项目的性质、数量、实施地点、投标截止日期以及获取招标文件的办法等事项。招标人采用招标预审办法对潜在投标人进行资格审查的,可以发布资格预审公告代替招标公告。

实行邀请招标的,应当向三个以上具备承担招标项目的能力、资信良好的特定的法人或者其他组织发出投标邀请书。投标邀请书也应当载明招标人的名称和地址,招标项目的性质、数量、实施地点和时间以及获取招标文件的办法等事项。

3.1.2.6 组织资格预审

由招标人对申请参加投标的潜在投标人进行资质条件、业绩、信誉、技术、资金等方面情况进行资格审查,只有被认定为合格的投标人才可以参加投标。招标人对投标人进行资格预审一般包括以下内容:

① 投标人签订合同的权利:营业执照、资质证书和安全生产许可证。

② 投标人履行合同的能力:人员情况、财务状况、技术装备情况、业绩等。

③ 投标人目前的状况:投标资格是否被取消、账户是否被冻结等。

④ 近三年情况:是否发生过重大安全事故和质量事故。

⑤ 法律、行政法规规定的其他内容。

《招标投标法实施条例》第十九条规定:资格预审结束后,招标人应当及时向资格预审申请人发出资格预审结果通知书。未通过资格预审的申请人不具有投标资格。通过资格预审的申请人少于 3 个的,应当重新招标。

3.1.2.7 发售招标文件及有关资料

招标人应当按照资格预审公告、招标公告或者投标邀请书规定的时间、地点发售资格预审文件或者招标文件。招标人发售资格预审文件、招标文件收取的费用应当限于补偿印刷、邮寄的成本支出,不得以营利为目的。招标文件一旦售出,不予退还。资格预审文件或者招标文件的发售期不得少于 5 日。招标文件从开始发出之日起至投标人提交投标文件截止之日止,最短不得少于 20 日,采用电子招标投标在线提交投标文件的,最短不得少于 10 日。投标人收到招标文件、图纸和有关技术资料后应认真核对,核对无误后应以书面形式向招标人予以确认。

招标文件发出后,招标人不得擅自变更其内容。确需进行必要的澄清、修改或补充,须报招标管理机构审查同意后,在招标文件要求提交投标文件截止时间至少 15 日前,以书面形式通知所有获取招标文件的潜在投标人,投标单位应以书面形式予以确认。不足 15 日的,招标人应当顺延提交投标文件的截止时间。该澄清、修改或补充的内容是招标文件的组成部分,对招标人和投标人都有约束力。

【知识拓展 3-5】　　　　　　　　**对资格预审文件和招标文件的异议**

《招标投标法实施条例》第二十二条规定:潜在投标人或者其他利害关系人对资格预审文件有异议的,应当在提交资格预审申请文件截止时间 2 日前提出;对招标文件有异议的,应当在投标截止时间 10 日前提出。招标人应当自收到异议之日起 3 日内作出答复;作出答复前,应当暂停招标投标活动。

3.1.2.8　组织现场踏勘,召开答疑会

招标文件规定组织踏勘现场的,招标人应按规定的时间、地点组织投标人自费进行现场考察。一方面使投标人了解工程项目的现场情况、自然条件、施工条件及周围环境条件,以便于投标人编制投标书;另一方面是要求投标人通过自己的实地考察确定投标的原则和策略,避免合同履行过程中其以不了解现场情况为理由推卸应承担的合同责任。还可以针对招标文件中的有关规定和数据,通过现场踏勘进行详细的核对,对现场实际情况与招标文件不符之处向招标人书面提出。

现场勘察一般安排在投标预备会的前 1~2 天。招标人不得组织单个或者部分潜在投标人踏勘项目现场。投标人踏勘现场发生的费用自理。除招标人的原因外,投标人自行负责在踏勘现场中所发生的人员伤亡和财产损失;除招标人在踏勘现场中介绍的工程场地和相关的周边环境情况,供投标人在编制投标文件时参考,招标人不对投标人据此作出的判断和决策负责。投标人依据招标人介绍情况作出的判断和决策,由投标人自行负责。

投标人研究招标文件和现场考察后会以书面形式提出某些质疑问题,招标人可以以书面形式或召开投标答疑会的方式解答,如果对某一投标人提出的问题给予书面解答时所回答的问题必须发送给每一位投标人,以保证招标的公开和公平,但不必说明问题的来源。

回答函件作为招标文件的组成部分,如果书面解答的问题与招标文件中的规定不一致,以函件的解答为准。

【案例 3-2】　　　　　　　　**现场踏勘的组织**

背景:某施工项目采用邀请招标,邀请三家建筑企业进行投标。招标代理机构分别于当年 6 月 10 日、11 日、12 日组织了三家建筑企业进行了现场踏勘,并在踏勘后发售了招标文件。

问题:上述做法是否合理?

分析:(1)分别组织三家建筑企业进行现场踏勘不合理。招标人应该组织投标人踏勘项目现场,不得单独或分别组织任何单个投标人进行现场踏勘。否则有违公平原则。

(2)在现场踏勘后发售招标文件不合理。应先发售招标文件,让投标人在熟悉招标文件内容的前提下,带着问题去踏勘现场。

3.1.2.9　接收投标文件

在投标截止时间前,招标单位做好投标文件的接收工作。在接收中应注意核对投标文件是否按规定进行密封和签字盖章,并做好接收时间的记录等。

【案例 3-3】　　　　　　　　**招标工作的主要程序**

背景:某工程项目,经过有关部门批准后,决定由业主自行组织施工公开招标。该工程

项目为政府的公共工程,已经列入地方的年度固定资产投资计划,概算已经被主管部门批准,但征地工作尚未完成,施工图及有关技术资料齐全。因估计除本市施工企业参加投标外,还可能有外省市施工企业参加投标,因此业主委托咨询公司编制了两个标底,准备分别用于对本市和外省市施工企业投标的评定。业主要求将技术标和商务标分别封装。某承包商在封口处加盖了本单位的公章,并由项目经理签字后,在投标截止日期的前1天将投标文件报送业主,当天下午,该承包商又递交了一份补充材料,声明将原报价降低5%,但是业主的有关人员认为,一个承包商不得递交2份投标文件,因而拒收承包商的补充材料。开标会议由市招投标管理机构主持,市公证处有关人员到会。开标前,市公证处人员对投标单位的资质进行了审查,确认所有投标文件均有效后正式开标。业主在评标之前组建了评标委员会,成员共8人,其中业主人员占5人。招标工作主要内容如下:

(1)发投标邀请函;(2)发放招标文件;(3)进行资格后审;(4)召开投标质疑会议;(5)组织现场勘察;(6)接收投标文件;(7)开标;(8)确定中标单位;(9)评标;(10)发出中标通知书;(11)签订施工合同;

问题:(1)该项目招标中有哪些不当之处?请逐一列举。

(2)招标工作的内容是否正确?如不正确请改正,并排出正确顺序。

分析:(1)招标中的不当之处:① 因征地工作尚未完成,因此不能进行施工招标;② 一个工程不能编制两个标底,只能编制一个标底;③ 在招标中,业主违反了招投标法的规定,以不合理的条件排斥了潜在的投标人;④ 承包商的投标文件若由项目经理签字,应由法定代表人签授权委托书;⑤ 在投标截止日期之前的任何一天,承包商都可以递交投标文件,也可以对投标文件作出补充与修正,业主不得拒收;⑥ 开标工作应由业主主持,而不应由招投标管理机构主持;⑦ 市公证处人员无权对投标单位的资质进行审查;⑧ 评标委员会必须是5人以上的单数,而且业主方面的专家最多1/3,本项目评标委员会不符合要求。

(2)招标工作内容中的不正确之处:① 不应发布投标邀请函,因为是公开招标,应发招标公告;② 应进行资格预审,而不能进行资格后审,施工招标的正确排序为:(1)—(3)—(2)—(5)— (4)—(6)—(7)—(9)—(8)—(10)—(11)。

3.1.3 工程施工招标文件与招标控制价

3.1.3.1 工程施工招标文件

(1)招标文件的概念与作用

招标文件是招标人向潜在投标人发出并告知项目需求、招标投标活动规则和合同条件等信息的要约邀请文件,是项目招标投标活动的主要依据,对招标投标活动各方均具有法律约束力。

招标文件通常由业主委托招标代理机构或由中介服务机构的专业人士负责编制,由建设招投标管理机构负责审定。未经审定的招标文件不得分发给投标人。

招标文件是整个工程招投标和施工过程中最重要的法律文件之一,不仅规定了完整的招标程序,还提出了各项具体的技术标准和交易条件,规定了拟订合同的主要内容,是投标人准备投标文件和参加投标的依据,是评审委员会评标的依据,也是拟订合同的基础,对参与招投标活动的各方均有法律效力。

为规范招标文件的内容和格式,节约招标文件编写的时间,提高招标文件的质量,国家有关部门分别编制了工程施工招标文件范本。

《房屋建筑和市政工程标准施工招标文件》(2010 年版):适用于一定规模以上,且设计和施工不是由同一承包商承担的工程施工招标。

《标准施工招标文件》(2013 年版):适用于依法必须招标的工程建设项目。

《简明标准施工招标文件》(2012 年版):适用于工期不超过 12 个月,技术相对简单且设计和施工不是由同一承包人承包的小型项目施工招标。

《标准设计施工总承包招标文件》(2012 年版):适用于设计施工一体化的总承包招标。

国务院有关行业主管部门可根据《标准施工招标文件》并结合本行业施工招标特点和管理需要,编制行业标准施工招标文件。

行业标准施工招标文件和招标人编制的施工招标文件,应不加修改地引用《标准施工招标文件》中的投标人须知(投标人须知前附表和其他附表除外)、评标办法(评标办法前附表除外)、通用合同条款。《标准施工招标文件》中的其他内容,供招标人参考。

(2) 招标文件的内容

一般情况下,各类工程施工招标文件的内容大致相同,以《标准施工招标文件》为例,主要内容包括:招标公告(投标邀请书)、投标人须知、评标办法、合同条款及格式、工程量清单、图纸、技术标准和要求、投标文件格式等。

① 招标公告与投标邀请书

对于未进行资格预审的公开招标项目,招标文件应包括招标公告;对于邀请招标项目,招标文件应包括投标邀请书;对于已经进行资格预审的项目,招标文件也应包括投标邀请书(代资格预审通过通知书)。

招标公告(未进行资格预审)包括项目名称、招标条件、项目概况与招标范围、投标人资格要求、招标文件的获取、投标文件的递交、发布公告的媒体和联系方式等内容。

投标邀请书(适用于邀请招标)一般包括项目名称、被邀请人名称、招标条件、项目概况与招标范围、投标人资格要求、招标文件的获取、投标文件的递交、确认时间和联系方式等内容,其中大部分内容与招标公告基本相同,唯一的区别是:投标邀请书无须说明发布公告的媒体,但是对投标人增加了在收到投标邀请书后的约定时间内,以传真或快递方式予以确认是否参加投标的要求。

② 投标人须知

投标人须知是招标人提供的,指导投标人投标的重要文件。投标人须知通常包括投标人须知前附表和正文部分。

投标人须知前附表是由招标人填写的专用表格,是投标人须知中重要的内容提示。投标人须知前附表必须与招标文件中的其他内容相衔接,并且不得与投标人须知正文内容相矛盾,否则内容无效。

正文包括总则、招标文件、投标文件、投标、开标、合同授予、重新招标和不再招标纪律和监督与需要补充的其他内容等。

③ 评标办法

《招标投标法》规定的评标方法有经评审的最低投标价法和综合评估法,具体的评标方法必须在招标文件中以独立的章节明示。

④ 合同条款及格式

合同条款是工程施工招标文件中非常重要的内容,是由协议书、通用合同条款、专用合同条款三个部分组成。

通用合同条款是要求各建设行业共同遵守的共性规则,专用合同条款则是由各行业根据其行业的特殊情况自行约定的行业规划,是对通用合同条款原则性约定的细化、完善、补充、修改或另行约定的条款。合同当事人可以根据不同建设工程的特点及具体情况,通过双方的谈判、协商对相应的专用合同条款进行修改补充。为了提高效率,招标人可以使用施工合同示范文本编制招标项目的合同条款。

合同格式主要包括合同协议书格式、履约担保格式、预付款担保格式等。

⑤ 工程量清单

招标工程量清单是招标人编制招标控制价、投标人投标报价和签订合同协议书的依据,也是支付工程进度款和竣工结算时调整工程量的依据。统一的工程量清单为投标人提供一个公开、公正、公平的竞争环境,也是评标可比性的基础,通常包括工程量清单说明、投标报价说明、其他说明和招标工程量清单。

⑥ 图纸

图纸是合同文件的重要组成部分,是编制工程量清单以及投标报价的重要依据,也是进行施工和验收的依据。通常招标时的图样并不是工程所需的全部图样,在投标人中标后还会陆续发布新的图样以及对招标时图样的修改。因此,在招标文件中,除了附上招标图样外,还应该列明图样目录。图样目录以及相应的图样对施工过程的合同管理以及争议解决发挥着重要作用。

⑦ 技术标准和要求

技术标准和要求也是合同文件的组成部分。技术规范的内容主要包括各项工艺指标、施工要求、材料检验标准,以及各分部、分项工程施工成型后的检验手段和验收标准等。有些项目根据所在行业的习惯,将工程子目的计量支付内容也写进技术标准和要求中。

⑧ 投标文件格式

投标文件的格式包括商务标部分的格式和技术标部分的格式。其主要作用是为投标人编制投标文件提供固定的格式和编排顺序,以规范投标文件的编制,同时便于评标委员会评标。

【知识拓展 3-6】　　　　　　工程量清单的组成

一个拟建项目的全部工程量清单包括分部分项工程量清单、措施项目清单、其他项目清单、规费项目清单、税金项目清单。

以分部分项工程量清单的编制为例,它们遵循"五要素四统一"的原则,五要素即项目编码、项目名称、项目特征、计量单位、工程量计算规则;四统一即统一项目编码、统一项目名称、统一计量单位、统一工程量计算规则。在四统一的前提下编制清单项目。

3.1.3.2　招标控制价

(1) 招标控制价的概念

招标控制价是指招标人根据国家或省级、行业建设主管部门颁发的有关计价依据和办法,以及拟定的招标文件和招标工程量清单,结合工程具体情况编制的招标工程的最高投标限价。招标控制价也可以称为拦标价或预算控制价。国有资金投资的建设工程应实行工程量清单招标,招标人必须编制招标控制价。

(2) 招标控制价的编制原则

① 统一工程项目划分,统一计量单位,统一计算规则。

② 以施工图纸、招标文件和国家规定的技术标准和工程造价定额为依据。

③ 招标控制价价格一般应控制在批准的总概算(或修正概算)及投资包干的限额内。当招标控制价超过批准的概算时,招标人应报原概算审批部门审核。因为我国对国有资金投资项目的投资控制实行的是投资概算控制制度,项目投资原则上不能超过批准的投资概算。

④ 一个工程只能编制一个招标控制价。

⑤ 招标控制价应由具有编制能力的招标人或受其委托具有相应资质的工程造价咨询人编制和复核。

⑥ 工程造价咨询人接受招标人委托编制招标控制价,不得再就同一工程接受投标人委托编制投标报价。

⑦ 招标控制价应按照规范及相关规定编制,不应上浮或下调。

⑧ 招标人应在发布招标文件时公布招标控制价,同时应将招标控制价及有关资料报送工程所在地或有该工程管辖权的行业管理部门工程造价管理机构备查。

⑨ 投标人经复核认为招标人公布的招标控制价未按照计价规范的规定进行编制的,应在招标控制价公布后 5 日内向招投标监督机构和工程造价管理机构投诉。投诉人投诉时,应当提交由单位盖章和法定代表人或其委托人签名或盖章的书面投诉书。投诉人不得进行虚假、恶意投诉,阻碍招投标活动的正常进行。

(3) 招标控制价的编制依据

①《建设工程工程量清单计价规范》。

② 国家或省级、行业建设主管部门颁发的计价定额和计价办法。

③ 建设工程设计文件及相关资料。

④ 招标文件中的工程量清单及有关要求。

⑤ 招标文件的商务条款。

⑥ 建设项目相关的标准、规范、技术资料。

⑦ 工程造价管理机构发布的工程造价信息;工程造价信息没有发布的参照市场价。

⑧ 其他相关资料。主要指施工现场情况、工程特点及常规施工方案等。

[知识拓展 3-7]　　　　　　**招标控制价与标底的比较**

概念比较:标底是招标项目的底价,是招标人购买工程、货物、服务的期望预算;招标控制价是招标人根据国家或省级、行业建设主管部门颁发的有关计价依据和办法,以及拟定的招标文件和招标工程量清单,结合工程具体情况编制的招标工程的最高投标限价。

作用比较:标底只能作为评标的参考,不得以投标报价是否接近标底作为中标条件,也不得以投标报价超过标底上下浮动范围作为否决投标的条件;投标报价高于招标控制价的,其投标应予以拒绝。

要求比较:招标项目设有标底的,开标前标底必须保密;国有资金投资的工程建设项目应编制招标控制价,在招标文件中公布,不应上调或下浮。

【案例3-4】　　　　　　　　资格预审与招标文件的合理性

背景:某沿海城市酒店项目进行施工招标,招标人编制了完整详细的招标文件,其招标文件的内容包括:① 招标公告;② 投标须知;③ 通用条款;④ 专用条款;⑤ 合同格式;⑥ 图纸;⑦ 工程量清单;⑧ 中标通知书;⑨ 评标委员会名单;⑩ 标底编制人员名单。

招标人通过资格预审对申请投标人进行审查,而且确定了资格预审表的内容,提出了对申请投标人资格必要合格条件的要求,要求包括:① 资质等级达到要求标准;② 投标人在开户银行的存款达工程造价的5%;③ 主体工程中的重点部位可分包给经验丰富的承包商来完成;④ 具有同类工程的施工经验和能力。

问题:(1)招标文件的内容中有哪些不应属于招标文件内容?

(2)资格预审主要侧重于对投标人的哪方面的审查?资格预审对投标人的必要合格条件主要包括哪几个方面?

(3)材料中的必要合格条件不妥之处有哪些?

分析:(1)不属于招标文件的内容是:中标通知书、评标委员会名单、标底编制人员名单。

(2)资格预审主要侧重于对承包人企业总体能力是否适合招标工程的要求进行审查。必要合格条件主要包括:营业执照、资质等级、资信情况、财务状况、履约能力、履约情况等。

(3)必要合格条件中的不妥之处

① 投标人在开户银行的存款达工程造价的5%;② 主体工程重点部位可分包给经验丰富的承包商。

3.2　建设工程投标

3.2.1　建设工程投标概述

3.2.1.1　建设工程投标的概念

建设工程投标是针对招标的工程项目,投标人依据自身能力和管理水平,根据招标文件的要求,编制并提交投标文件,响应招标、参加投标竞争企图中标的活动。投标既是建筑企业取得工程施工合同的主要途径,又是建筑企业经营决策的重要组成部分。

3.2.1.2　投标资格

投标人是响应招标、参加投标竞争的法人或者其他组织。投标人应当具备承担招标项目的能力;国家对投标人资格条件或者招标文件对投标人资格条件有规定的,投标人应具备规定的资格条件。

《工程建设项目施工招标投标办法》规定了投标人应具备以下五个方面的资格能力:

(1)具有独立订立合同的权利。

(2)具有履行合同的能力,包括专业、技术资格和能力、资金、设备和其他物质设施状况、管理能力、经验、信誉和相应的从业人员。

(3)没有处于被责令停业,投标资格被取消,财产被接管、冻结,破产状态。

(4)在最近三年内没有骗取中标和严重违约及重大工程质量问题。

（5）国家规定的其他资格条件。

3.2.1.3　联合体投标

（1）联合体投标概念

联合体投标是指两个以上法人或者其他组织可以组成一个联合体，以一个投标人的身份共同投标。当招标文件规定接受联合体投标的，投标人才可以形成联合体共同参与投标。

（2）联合体投标相关法律规定

《招标投标法》第三十一条规定：联合体各方均应当具备承担招标项目的相应能力；国家有关规定或者招标文件对投标人资格条件有规定的，联合体各方均应当具备规定的相应资格条件。由同一专业的单位组成的联合体，按照资质等级较低的单位确定资质等级。

《招标投标法实施条例》第三十七条规定：招标人应当在资格预审公告、招标公告或者投标邀请书中载明是否接受联合体投标。

联合体各方应当签订共同投标协议，明确约定各方拟承担的工作和责任，并将共同投标协议连同投标文件一并提交招标人。联合体中标的，联合体各方应当共同与招标人签订合同，就中标项目向招标人承担连带责任。

招标人接受联合体投标并进行资格预审的，联合体应当在提交资格预审申请文件前组成。资格预审后联合体增减、更换成员的，其投标无效。

联合体各方在同一招标项目中以自己名义单独投标或者参加其他联合体投标的，相关投标均无效。

（3）联合体协议书的格式

联合体协议书

_____（所有成员单位名称）自愿组成_____（联合体名称）联合体，共同参加_____（项目名称）_____标段施工投标。现就联合体投标事宜订立如下协议：

1. _____（某成员单位名称）为_____（联合体名称）牵头人。

2. 联合体牵头人合法代表联合体各成员负责本招标项目投标文件编制和合同谈判活动，并代表联合体提交和接收相关的资料、信息及指示，并处理与之有关的一切事务，负责合同实施阶段的主办、组织和协调工作。

3. 联合体将严格按照招标文件的各项要求，递交投标文件，履行合同，并对外承担连带责任。

4. 联合体各成员单位内部的职责分工如下：_____。

5. 本协议书自签署之日起生效，合同履行完毕自动失效。

6. 本协议书一式_____份，联合体成员和招标人各执一份。

牵头人名称：_____（盖单位章）_____
法定代表人或其委托代理人：_____（签字）
成员一名称：_____（盖单位章）_____
法定代表人或其委托代理人：_____（签字）
成员二名称：_____（盖单位章）_____
法定代表人或其委托代理人：_____（签字）
____年____月____日

注：本协议书由委托代理人签字的，应附法定代表人签字的授权委托书。

【知识拓展 3-8】　　　　　**联合体投标优势分析**

（1）融资能力增强。大型项目需要有巨额的履约保证金和周转资金，如果承包商资金不足，则无法承担这一类项目。即使某一投标承包商资金实力雄厚，承担一个项目后也很难再承担其他项目。采用联合体形式可以增强融资能力，减轻每一家投标承包商的资金负担，实现以较少资金参加大型项目的目的，或者并行承包多个项目。

（2）分散风险。大型项目建设周期长、占用资金多，因此其风险因素很多。如果风险由一家投标承包商承担，则是很危险的，所以采用联合体的形式可以分散风险。

（3）弥补技术力量的不足。大型项目需要很多专门技术，而技术力量单一或经验少的承包商是不能承担的。形成联合体后，各个承包商之间的技术专长可以互相取长补短，使联合体的整体技术水平提高、经验增加，从而能够解决这一类问题。

（4）报价互查。联合体报价有时是合伙人先各自单独制定，然后汇总构成总报价的。因此，要想算出正确和适当的价格，必须互查报价，以免漏报和错报。有时价格则是合伙人之间互相交流和研究后制定的。总之，联合体可以提高报价的可靠性，提高竞争力。

（5）确保按期完工。联合体通过对合同的共同承担，提高了项目完工的可靠性，也使得项目合同、各项保证、融资贷款等的安全度得到提高。

3.2.2　工程施工投标程序及主要工作

工程施工投标的程序包括进行投标决策、参加资格预审、编制投标文件、接受中标结果等，具体如图 3-2 所示。

3.2.2.1　投标决策

投标人通过投标取得项目，是市场经济条件下的必然。但是，作为投标人来讲，并不是每标必投，因为投标人要想在投标中获胜，既要中标得到承包工程，又要从承包工程中盈利，这就需要研究投标决策的问题。

投标决策可以分为两个阶段进行，投标的前期决策和投标的后期决策。

（1）投标的前期决策

投标的前期决策主要是投标人及其决策班子对是否参加投标进行研究，并作出是否投标的决策。如果项目采取的是资格预审，决策必须在投标人参加投标资格预审前完成。决策的主要依据是招标广告，对招标项目的跟踪调查情况，以及公司对招标工程、业主情况的调研和了解程度；如果是国际工程，还包括对工程所在国和工程所在地的调研和了解程度。前期阶段必须对是否投标作出论证。通常情况下，下列招标项目应放弃投标：

① 本施工企业主管和兼管能力之外的项目。

② 工程规模、技术要求超过本施工企业技术等级的项目。

③ 本施工企业生产任务饱满，无力承担的项目；招标工程的盈利水平较低或风险较大的项目。

④ 本施工企业技术等级、信誉、施工水平明显不如竞争对手的项目。

（2）投标的后期决策

经过前期决策，如果决定投标，即进入投标的后期决策阶段，它是指从申报投标资格预审资料至投标报价（封送投标书）期间完成的决策研究阶段。主要研究倘若去投标，是投什么性质的标，以及在投标中采取的策略问题。承包人应该根据自己的经济实力和管理水平

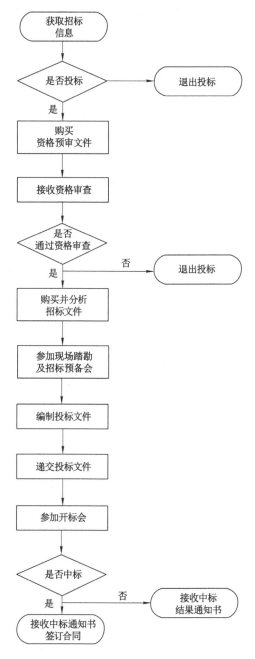

图 3-2　工程施工投标主要程序

作出选择。

① 风险标：投标人通过前期阶段的调查研究，明知工程承包难度大，风险大且技术、设备、资金上都有未解决的问题，但由于本企业任务不足，处于窝工状态，或因为工程盈利丰厚，或为了开拓市场而决定参加投标，同时设法解决存在的问题，即投风险标。投标后，如果问题解决得好，可取得较好的经济效益，也可以锻炼出一支好的施工队伍，使企业更上一层楼；如果问题解决得不好，企业的信誉就会受到损害，严重者可能导致企业亏损以致破产。

② 保险标：投标人对可以预见的情况从技术、设备、资金等重大问题都有了解决的对策之后再投标，称为投保险标。企业经济实力较弱，经不起失误的打击，则往往投保险标。

③ 盈利标：投标人如果认为招标工程既是本企业的强项，又是竞争对手的弱项，或建设单位意向明确，或本企业虽然任务饱满，但是利润丰厚，才考虑让企业超负荷运转时，此种情况下的投标称为投盈利标。

④ 保本标：当企业无后继工程或已经出现部分窝工时，必须争取中标，但招标的工程项目本企业又无优势可言，竞争对手又多，此时就该投保本标，最多投薄利标。

3.2.2.2　接受资格审查

潜在投标人应严格依据资格预审文件要求的格式和内容编制、签署、装订、密封、标识资格预审申请文件，并应按照资格预审公告中规定的时间和地点递交。招标人有权拒收延期递交的资格预审申请文件。

由招标人负责组织评审小组，对资格预审文件进行完整性、有效性、正确性的资格审查。审查结束后，招标人应向所有参加资格预审的申请人公布评审结果，包括通过的和未通过的。未通过资格预审的申请人不具有投标资格，不得参加投标。

3.2.2.3　购买并分析招标文件

（1）购买招标文件

投标人在进入正式的投标阶段之后购买招标文件。招标文件的购买可以通过两种方式展开，网上购买电子版与现场购买纸质版。无论哪种方式都要根据招标公告或投标邀请书的要求，在规定的时间内购买招标文件。

（2）研究招标文件

研究招标文件，重点应放在投标人须知、评标办法、合同条款、工程量清单、图纸以及技术标准和要求上，最好有专人或小组研究技术规范和图纸，弄清其特殊要求。

对于招标文件中的工程量清单，投标人一定要进行校核，工程量是投标报价的最直接依据，也是进行不平衡报价的主要依据。复核工程量的准确程度，将影响投标人的经营行为：一是根据复核后的工程量与招标清单工程量之间的差距，从而考虑相应的投标策略；二是根据工程量采取合适的施工方法，选择适用、经济的施工机具设备，投入相应的劳动力数量等。复核工程量应注意以下几个方面：

① 投标人应认真根据招标说明、图样、地勘资料等招标文件资料，主要核实招标工程量清单中造价比重大或工程量偏差大的子目。

② 不可修改招标工程量，即使有误，投标人也不能修改招标工程量清单中的工程量，因为修改了清单将导致在评标时认为投标文件未响应招标文件而被否决。

③ 针对招标工程量清单中工程量的遗漏或错误，是否向招标人提出修改意见取决于投标策略。投标人可以向招标人提出，由招标人统一修改并把修改情况通知所有投标人；也可以运用一些报价的技巧提高报价的质量，争取在中标后能获得更大的收益。

④ 可按大项分类汇总主要工程总量，据此研究采用合适的施工方法，选择适用的施工设备以便把握整个工程的施工规模，中标后还能准确地确定订货及采购物资的数量，防止由于超量或少购等带来的浪费、积压或停工待料。

3.2.2.4　参加现场踏勘及投标预备会

如果招标人组织现场踏勘,踏勘过程中应侧重以下五个方面:

(1) 工程的性质以及该工程与其他工程之间的关系。

(2) 投标人投标的那一部分工程与其他承包商或分包商之间的关系。

(3) 工地地貌、地质、气候、交通、电力、水源等情况,以及有无障碍物等。

(4) 工地附近的住宿条件、料场开采条件、其他加工条件、设备维修条件等。

(5) 工地附近治安情况。

投标预备会,是招标人给所有投标人提供的一次答疑的机会。招标人将对投标人所提出的问题进行澄清,并以书面形式通知所有购买投标文件的投标人。

(1) 对招标文件分析发现的问题、矛盾、错误、不清楚的地方,含义不明确的内容,招标人要在澄清会议上作出答复、解释或者说明。澄清或者说明不得超出投标文件的范围或者改变投标文件的实质性内容。

(2) 招标人对投标人提出的问题进行解释和说明,但并不对解释的结果负责。

(3) 招标文件的澄清、修改、补充等内容均以书面形式进行明确。当招标文件的澄清、修改、补充等对同一内容的表述不一致时,则以最后发出的书面文件为准。

(4) 为了使投标人在编制投标文件时有充分的时间将招标文件的澄清、修改、补充等内容考虑进去,招标人可酌情延长提交投标文件的截止时间。

3.2.2.5　编制投标文件

投标人应当按照招标文件的要求编制投标文件。投标文件应当对招标文件提出的实质性要求和条件作出响应。不能满足任何一项实质性要求和条件的投标文件将被拒绝。实质性要求和条件是指招标文件中有关招标项目的价格、工期、质量标准、合同的主要条款等约定。投标文件的组成必须与招标文件的规定一致,不能带有任何附加条件,否则可能导致被否决。

3.2.2.6　递交投标文件

投标文件编制完成后,经核对无误,由投标人的法定代表人签字盖章,分类装订成册封入密封袋,派专人在投标截止日之前送到招标人指定地点,并领取回执作为凭证。《招标投标法》第二十八条规定:投标人应当在招标文件要求提交投标文件的截止时间前,将投标文件送达投标地点。招标人收到投标文件后,应当签收保存,不得开启。投标人少于三个的,招标人应当依照本法重新招标。在招标文件要求提交投标文件的截止时间后送达的投标文件,招标人应当拒收。

3.2.2.7　参加开标会议

投标人应按规定的日期参加开标会议。开标会议由招标人或招标代理机构组织并主持,招标投标管理机构到场监督。

3.2.2.8　接收中标结果

若中标,投标人会收到招标单位的中标通知书。投标人接到中标通知书以后应在招标单位规定的时间内与招标单位签订承包合同,同时还要向业主提交履约保函或保证金。如果投标人在中标后不愿承包该工程而逃避签约,招标单位将按规定没收其投标保证金作为补偿。若未中标,则接收中标结果通知书。

3.2.3 工程施工投标文件

3.2.3.1 工程施工投标文件的编制

投标文件是投标人根据招标文件的要求所编制的向招标人发出的邀约文件,一般包括投标函、投标报价、施工组织设计,采用资格后审的,还包括资格审查资料。

(1)投标函

投标函是指投标人按照招标文件的条件和要求,向招标人提交的有关报价、质量目标等承诺和说明的函件。它是投标人为响应招标文件相关要求所做的概括性说明和承诺的函件,一般位于投标文件的首要部分,其内容必须符合招标文件的规定。投标函的格式如下:

投标函

_____(招标人名称):

1. 我方已仔细研究了_____(项目名称)_____标段施工招标文件的全部内容,愿意以人民币(大写)_____元(¥_____)的投标总报价,工期_____日历天,按合同约定实施和完成承包工程,修补工程中的任何缺陷,工程质量达到_____。

2. 我方承诺在投标有效期内不修改、撤销投标文件。

3. 随同本投标函提交投标保证金一份,金额为人民币(大写)_____元(¥_____)。

4. 如我方中标:

(1)我方承诺在收到中标通知书后,在中标通知书规定的期限内与你方签订合同。

(2)随同本投标函递交的投标函附录属于合同文件的组成部分。

(3)我方承诺按照招标文件规定向你方递交履约担保。

(4)我方承诺在合同约定的期限内完成并移交全部合同工程。

5. 我方在此声明,所递交的投标文件及有关资料内容完整、真实和准确,且不存在招标文件第二章"投标人须知"第1.4.3项规定的任何一种情形。

6. _____(其他补充说明)。

> 投标人:_____(盖单位章)
> 法定代表人或其委托代理人:_____(签字)
> 地　　　址:_____
> 网　　　址:_____
> 电　　　话:_____
> 传　　　真:_____
> 邮政编码:_____
>
> ____年____月____日

(2)法定代表人身份证明或授权委托书

① 法定代表人身份证明

法定代表人身份证明适用于法定代表人亲自投标而不委托代理人投标,用以证明投标文件签字的有效性和真实性。法定代表人身份证明应加盖投标人的法人印章,法定代表人身份证明的格式如下:

法定代表人身份证明

投标人名称:_____

单位性质:_____

地址:_____

成立时间:____年____月____日

经营期限:_____

姓名:_____性别:_____年龄:_____职务:_____

系_____(投标人名称)的法定代表人。

特此证明。

投标人:_____(盖单位章)

____年____月____日

② 授权委托书

授权委托书适用于法定代表人不亲自投标而委托代理人投标,授权委托书一般规定代理人不能再次委托,即代理人无转委托权。法定代表人应在授权委托书上亲笔签名,授权委托书的格式如下:

授权委托书

本人_____(姓名)系_____(投标人名称)的法定代表人,现委托_____(姓名)为我方代理人。代理人根据授权,以我方名义签署、澄清、说明、补正、递交、撤回、修改_____(项目名称)_____标段施工投标文件、签订合同和处理有关事宜,其法律后果由我方承担。

委托期限:_____

代理人无转委托权。

附:法定代表人身份证明

投标人:_____(盖单位章)

法定代表人:_____(签字)

身份证号码:_____

委托代理人:_____(签字)

身份证号码:_____

____年____月____日

(3)投标保证金

投标保证金是指为了避免因投标人投标后随意撤回、撤销投标或随意变更应承担相应的义务给招标人和招标代理机构造成损失,要求投标人提交的担保。

① 投标保证金的形式

投标保证金的形式一般有:a. 银行保函或不可撤销的信用证;b. 保兑支票;c. 银行汇票;d. 现金支票;e. 现金;f. 招标文件中规定的其他形式。

② 投标保证金的金额

为避免招标人设置过高的投标保证金额度,《招标投标法实施条例》规定,招标人在招标文件中要求投标人提交投标保证金的,投标保证金不得超过招标项目估算价的 2%。

③ 投标保证金的提交

投标人在提交投标文件的同时,应按招标文件规定的金额、形式、时间向招标人提交投标保证金,并作为其投标文件的一部分。

a. 投标保证金是投标文件的必需要件,是招标文件的实质性要求,投标保证金不足、无效、迟交、有效期不足或者形式不符合招标文件要求等情形,均将构成实质性不响应而被拒绝。

b. 对于联合体形式投标的,其投标保证金由牵头人提交。

c. 投标保证金作为投标文件的有效组成部分,其递交的时间应与投标文件的提交时间要求一致,即在投标文件提交截止时间之前送达。

d. 依法必须进行招标的项目的境内投标单位,以现金或支票形式提交的投标保证金应当从其基本账户转出。

④ 投标保证金的没收

有下列情形之一的,招标人将不予退还投标人的投标保证金:

a. 投标人在规定的投标有效期内撤销或修改其投标文件的。

b. 投标人在收到中标通知书后无正当理由拒绝签订合同协议书或未按招标文件规定提交履约担保的。

⑤ 投标保证金的退还

《招标投标法实施条例》规定:招标人最迟应当在书面合同签订后 5 日内向中标人和未中标的投标人退还投标保证金及银行同期存款利息。

⑥ 投标保函的格式

投标保函

_____(招标人名称):

鉴于_____(投标人名称)(以下称"投标人")于____年____月____日参加_____(项目名称)____标段施工的投标,_____(担保人名称,以下简称"我方")无条件地、不可撤销地保证:投标人在规定的投标文件有效期内撤销或修改其投标文件的,或者投标人在收到中标通知书后无正当理由拒签合同或拒交规定履约担保的,我方承担保证责任。收到你方书面通知后,在 7 日内无条件向你方支付人民币(大写)_____元。

本保函在投标有效期内保持有效。要求我方承担保证责任的通知应在投标有效期内送达我方。

担保人名称:_____(盖单位章)

法定代表人或其委托代理人:_____(签字)

地　　址:_____

邮政编码:_____

电　　话:_____

传　　真:_____

____年____月____日

⑦ 投标保证金的有效期

投标保证金的有效期应当与投标有效期一致。

【知识拓展 3-9】　　　　　　　　　　　投标有效期

投标有效期是指招标文件中规定的一个适当的有效期限,在此期限内投标人不得要求撤销或修改其投标文件。

出现特殊情况需要延长投标有效期的,在原投标有效期结束之前,招标人可以通知所有投标人延长投标有效期。同意延长投标有效期的投标人应当相应延长其投标保证金的有效期,但不得要求或被允许修改或撤销其投标文件。投标人拒绝延长的,其投标失败,但投标人有权收回投标保证金。

招标人要延长投标有效期的,应以书面形式通知投标人并获得投标人的书面同意。投标人不得修改投标文件的实质性内容。投标人在投标文件中的所有承诺不应随有效期的延长而发生改变。

（4）施工组织设计

施工组织设计也称为技术标,用以体现投标人的技术实力和建设经验。技术标的编写内容尽可能采用文字并结合图表形式说明施工方法,直观、准确地表达方案的意思和作用。技术复杂的项目对技术文件的编写内容及格式均有详细要求,投标人应根据招标文件和对现场的踏勘情况,参考以下内容编制施工组织设计:

① 施工方案及技术措施。

② 质量保证措施和创优计划。

③ 施工总进度计划及保证措施(包括横道图或标明关键线路的网络进度计划、保障进度计划、主要施工机械设备、劳动力需求计划及保证措施、材料设备进场计划及其他保证措施等)。

④ 施工安全措施计划。

⑤ 文明施工措施计划。

⑥ 施工场地治安保卫管理计划。

⑦ 施工环保措施计划。

⑧ 冬季和雨季施工方案。

⑨ 施工现场总平面布置(投标人应递交一份施工总平面图,绘出现场临时设施布置图表并附文字说明,说明临时设施、加工车间、现场办公、设备及仓储、供电、供水、卫生、生活、道路、消防等设施的情况和布置)。

⑩ 项目组织管理机构。

⑪ 承包人自行施工范围内拟分包的非主体和非关键性工作(按"投标人须知"规定)、材料计划和劳动力计划。

⑫ 成品保护和工程保修工作的管理措施和承诺。

⑬ 任何可能的紧急情况的处理措施、预案以及抵抗风险(包括工程施工过程中可能遇到的各种风险)的措施。

⑭ 对总包管理的认识以及对专业分包工程的配合、协调、管理、服务方案。

⑮ 与发包人、监理及设计人的配合。

⑯ 招标文件规定的其他内容。

【知识拓展 3-10】　　　　编制投标文件应注意的问题

（1）投标人根据招标文件的要求和条件填写投标文件内容时，凡要求填写的空格均应填写，否则被视为放弃意见。实质性的项目或数字，如工期、质量等级、价格等未填写的，将被视为无效或作废的投标文件进行处理。

（2）认真反复审核投标价。单价、合价、总标价及其大、小写数字均应仔细核对，保证分项和汇总计算以及书写均无错误后，才能开始填写投标函等其他投标文件。

（3）投标文件不应有涂改和行间插字，除非这些删改是根据招标人的要求进行的，或者是招标人造成的必须修改的错误。修改处应由投标文件签字人签字证明并加盖印鉴。

（4）投标文件的填写都要求字迹清晰、端正，补充设计图要整洁、美观。所有投标文件均应由投标人的法定代表人签署、加盖印鉴，并加盖法人单位公章。

（5）编制的投标文件分为正本和副本。正本应该只有一份，副本则应按招标文件前附表所述的份数提供。投标文件正本和副本若有不一致之处，以正本为准。

3.2.3.2　投标文件的修改与撤回

投标文件的修改是指投标人对投标文件中遗漏和不足的部分进行增补，对已有的内容进行修订。投标文件的撤回是指投标人收回全部投标文件，或放弃投标，或以新的投标文件重新投标。

投标文件的修改或撤回必须在投标文件递交截止时间之前进行。《招标投标法》第二十九条规定：投标人在招标文件要求提交投标文件的截止时间前，可以补充、修改或者撤回已提交的投标文件，并书面通知招标人。补充、修改的内容为投标文件的组成部分。《标准施工招标文件》规定：书面通知应按照招标文件的要求签字或盖章，修改的投标文件还应按照招标文件的规定进行编制、密封、标记和递交，并标明"修改"字样。招标人收到书面通知后，应向投标人出具签收凭证。投标截止时间之后至投标有效期满之前，投标人对投标文件的任何补充、修改，招标人不予接受，撤回投标文件的还将被没收投标保证金。

3.2.3.3　投标文件的送达与拒收

（1）投标文件的送达

《招标投标法》第二十八条规定：投标人应当在招标文件要求提交投标文件的截止时间前，将投标文件送达投标地点。招标人收到投标文件后，应当签收保存，不得开启。投标人少于三个的，招标人应当依照本法重新招标。

（2）投标文件的拒收

在招标文件要求提交投标文件的截止时间后送达的投标文件，招标人应当拒收。《工程建设项目施工招标投标办法》第五十条规定：投标文件有下列情形之一的，招标人应当拒收：① 逾期送达；② 未按招标文件要求密封。

3.2.3.4　投标行为的限制性规定

招标投标活动应当遵循公开、公平、公正和诚实信用的原则。禁止投标人以不正当竞争行为破坏招投标活动的公正性，损害国家、社会及他人的合法权益。

（1）禁止投标人相互串通投标报价

投标人不得相互串通投标报价，不得排挤其他投标人的公平竞争，损害招标人或者其他

投标人的合法权益。有下列情形之一的,属于投标人相互串通投标:

① 投标人之间协商投标报价等投标文件的实质性内容;

② 投标人之间约定中标人;

③ 投标人之间约定部分投标人放弃投标或者中标;

④ 属于同一集团、协会、商会等组织成员的投标人按照该组织要求协同投标;

⑤ 投标人之间为谋取中标或者排斥特定投标人而采取的其他联合行动。

有下列情形之一的,视为投标人相互串通投标:

① 不同投标人的投标文件由同一单位或者个人编制;

② 不同投标人委托同一单位或者个人办理投标事宜;

③ 不同投标人的投标文件载明的项目管理成员为同一人;

④ 不同投标人的投标文件异常一致或者投标报价呈规律性差异;

⑤ 不同投标人的投标文件相互混装;

⑥ 不同投标人的投标保证金从同一单位或者个人的账户转出。

(2) 禁止投标人与招标人串通投标

投标人不得与招标人串通投标,损害国家利益、社会公共利益或者他人的合法权益。有下列情形之一的,属于招标人与投标人串通投标:

① 招标人在开标前开启投标文件并将有关信息泄露给其他投标人;

② 招标人直接或者间接向投标人泄露标底、评标委员会成员等信息;

③ 招标人明示或者暗示投标人压低或者抬高投标报价;

④ 招标人授意投标人撤换、修改投标文件;

⑤ 招标人明示或者暗示投标人为特定投标人中标提供方便;

⑥ 招标人与投标人为谋求特定投标人中标而采取的其他串通行为。

(3) 禁止骗取中标

禁止投标人以向招标人或者评标委员会成员行贿的手段谋取中标。

投标人不得以低于成本的报价竞标,也不得以他人名义投标或者以其他方式弄虚作假,骗取中标。

《招标投标法实施条例》第四十二条规定:使用通过受让或者租借等方式获取的资格、资质证书投标的,属于招标投标法第二十三条规定的以他人名义投标。投标人有下列情形之一的,属于招标投标法第二十三条规定的以其他方式弄虚作假的行为:

① 使用伪造、变造的许可证件;

② 提供虚假的财务状况或者业绩;

③ 提供虚假的项目负责人或者主要技术人员简历、劳动关系证明;

④ 提供虚假的信用状况;

⑤ 其他弄虚作假的行为。

【案例 3-5】　　　　　投标文件的送达时间

背景:某工程施工项目招标,某投标人投标时,在投标截止时间前递交了投标文件,但投标保证金递交时间晚于投标截止时间 5 分钟,招标人进行了受理,同意其投标文件参与开标。其他投标人对此提出异议,认为招标人同意该投标文件参加开标会议违背相关规定。

问题:招标人应怎样处理该投标文件? 投标保证金晚于投标截止时间 5 分钟送达,招标人是否可以接受? 理由是什么? 该投标人的投标文件是否有效?

分析:《招标投标法》第三十六条规定:招标人在招标文件要求提交投标文件的截止时间前收到的所有投标文件,开标时都应当当众予以拆封、宣读。本案中,该投标人的投标文件已经在投标截止时间前送达,招标人也进行了受理,故应在开标会议当众进行拆封、宣读。

但由于投标保证金晚于投标截止时间 5 分钟送达,属于投标人未按招标文件要求提交投标保证金,该投标人的投标文件为无效,不能进入评标环节。

3.2.4 投标策略与报价技巧

投标报价竞争的胜负,能否中标,不仅取决于竞争者的经济实力和技术水平,还取决于竞争策略是否正确和投标报价的技巧运用是否得当。

3.2.4.1 投标策略

投标策略是指承包商在投标竞争中的指导思想与系统工作部署及其参与投标竞争的方式和手段。常见的投标策略有以下几种:

(1)增加建议方案

有时招标文件中规定可以提建议方案,即可以修改原设计方案,提出投标者的方案。投标者应抓住这样的机会,组织一批有经验的设计和施工工程师,对原招标文件的设计和施工方案仔细研究,提出更为合理的方案以吸引业主,促成自己的方案中标。这种新建议方案有降低总造价,或缩短工期,或改善工程的功能。建议方案不要写得太具体,要保留方案的技术关键,防止业主将此方案交给其他承包商。同时要强调的是,建议方案一定要比较成熟,有很好的操作性。另外,在编制建议方案的同时,还应组织好对原招标方案的报价。

(2)突然袭击法

由于投标竞争激烈,为迷惑对方,有意泄漏一点假情报,如制造不打算参加投标,或准备投高价标,或因无利可图不想干的假象。然而,到投标截止之前,突然前往投标,并压低投标价,从而使对手措手不及而败北。

(3)无利润算标

缺乏竞争优势的承包商,在不得已的情况下,只能在算标中不考虑利润去夺标。这种办法一般是处于以下条件时采用:

① 有可能在得标后将大部分工程分包给索价较低的分包商。

② 对于分期建设的项目,先以低价获得首期工程,目标是创造后期工程的竞争优势,提高中标的可能性。

③ 较长时期内承包商没有在建的工程项目,如果再不得标,就难以维持生存。因此,即使本工程无利可图,只要能维持公司的日常运转,保住队伍不散,就可以承接,以图东山再起。

(4)低价夺标法

低价夺标法是一种非常手段。如企业大量窝工为减少亏损,或为打入某一建筑市场,或为挤走竞争对手保住自己的地盘,于是制定亏损标,力争夺标,但是必须防止被评委判为低于成本价夺标。

3.2.4.2　报价技巧

投标报价技巧是针对评标办法,在深入分析工程自身的特点、竞争对手的心态、企业的实力和愿望的基础上,权衡竞争力、收益、风险之间的关系,从若干选择中确定最优报价。投标人经常使用的投标报价技巧有以下几种:

(1) 不平衡报价法

不平衡报价法是在总的报价保持不变的前提下,与正常水平相比,有意识地提高某些分项工程的单价,同时降低另外一些分项工程的单价,以期在工程结算时得到更理想的经济效益。通常采用不平衡报价的有下列几种情况:

① 对能早期结账收回工程款的项目(如土方、基础等)的单价可报以较高价,以利于资金周转;对后期项目(如装饰、电气安装等)的单价可适当降低。

② 估计清单工程量可能增加的项目,其单价可提高;而工程量可能减少的项目,其单价应降低。

③ 图纸内容不明确或有错误,估计修改后工程量要增加的,其单价可提高。

④ 没有工程量而只需填报单价的项目(如疏浚工程中的开挖淤泥工作等),其单价宜高,这样既不影响总的投标价,又可以多获利。

⑤ 对于暂定项目,其实施可能性大的可定高价,估计该工程不一定实施的则可以定低价。

(2) 多方案报价法

多方案报价法,是招标文件中没有要求,若业主拟定的合同要求过于苛刻,为了使业主修改合同要求,可提出两个报价并阐明,按原合同要求规定,投标报价为某一数值;倘若合同要求做某些修改,可降低报价一定百分比,以此来吸引对方。

另外一种情况,是自己的技术和设备满足不了原设计的要求,但是在修改设计以适应自己的施工能力的前提下仍希望中标,于是可以报一个按原设计施工的投标报价(投高标);另一个按修改设计施工的比原设计的标价低得多的投标报价,以诱导业主。

(3) 先亏后盈法

对大型分期建设工程,在第一期工程投标时可以将部分间接费用分摊到第二期中去,少计算利润以争取中标。这样在第二期工程投标时,凭借第一期工程的经验、临时设施以及创立的信誉,比较容易拿到第二期工程。

争取评标奖励。有时招标文件规定,对某些技术规格指标的评标,投标人提供优于规定的指标值时,给予适当的评标奖励。投标人应该使业主比较注重的指标适当地优于规定标准,可以获得适当的评标奖励,有利于在竞争中取胜。但要注意,若技术性能优于招标规定,将导致报价相应上涨。如果投标报价过高,那么即使获得评标奖励,也难与报价上涨的部分相抵,这样评标奖励也就失去了意义。

[案例 3-6]　　　　　　　　　　**投标报价技巧与策略的运用**

背景:某投标人通过资格预审后对招标文件进行了仔细分析,发现业主所提出的工期要求过于苛刻,且合同条款中规定每拖延 1 天工期,罚合同价的千分之一。若要保证实现该工期要求必须采取特殊措施,从而使成本大幅度增加,还发现原设计结构方案采用框架剪力墙体系过于保守。因此,该投标人在投标文件中说明业主的工期要求难以实现,因而按自己认为的合理工期(比业主要求的工期增加 6 个月)编制施工进度计划并据此报价;还建议将框架剪力墙体系改为框架体系,并对这两种结构体系进行技术经济分析和比较,证明框架体系不仅能保证工程结构的可靠性和安全性、增加使用面积、提高空间利用的灵活性,还可以降低造价约 3%。

该投标人将技术标和商务标分别封装,在封口处加盖本单位公章和项目经理签字后,在投标截止日期前 1 天上午将投标文件报送业主。次日(即投标截止日当天)下午,在规定的开标时间前 1 小时,该投标人又递交了一份补充材料,其中声明将原报价降低 4%。但是,招标单位的有关工作人员认为,根据国际上"一标一投"的惯例,一个投标人不得递交两份投标文件,因而拒收投标人的补充材料。

问题:(1)该投标人运用了哪几种报价技巧和策略?

(2)报价技巧和策略运用得是否得当?请逐一加以说明。

(3)招标单位拒收投标人的补充材料是否正确,并说明理由。

分析:(1)承包人运用了三种报价技巧与策略,即多方案报价法、增加建议方案法和突然袭击法。

(2)多方案报价法运用不当,因为运用该报价技巧时,必须对原方案(本案例指业主的工期要求)报价,而该承包人在投标时仅说明了该工期要求难以实现,却并未报出相应的投标价。

增加建议方案法运用得当,通过对两个结构体系方案的技术经济分析和比较(这意味着对两个方案均报了价),论证了建议方案(框架体系)的技术可行性和经济合理性,对业主有很强的说服力。

突然袭击法也运用得当,原投标文件的递交时间比规定的投标截止时间仅提前 1 天多,这既符合常理,又为竞争对手调整、确定最终报价留有一定的时间,起到了迷惑竞争对手的作用。若提前时间太多,则会引起竞争对手的怀疑,而在开标前 1 小时突然递交一份补充文件,这时竞争对手已不可能再调整报价了。

(3)不正确。因为投标人在投标截止时间之前所递交的任何正式书面文件都是有效文件,都是投标文件的有效组成部分,也就是说,补充文件与原投标文件共同构成一份投标文件,而不是两份相互独立的投标文件。

3.3　建设工程开标、评标与合同签订

3.3.1　建设工程开标

3.3.1.1　开标的概念与相关规定

开标,即在招投标活动中,由招标人主持,在招标文件中预先载明的开标时间和开标地点,邀请所有投标人参加,公开宣布全部投标人的名称、投标价格及投标文件中其他主要内容,使招投标当事人了解各个投标的关键信息,并将相关情况记录在案的一项活动。

招标人在招标文件中规定的提交投标文件截止时间的同一时间,在招标文件中预先确定地点,按照规定的流程进行公开开标。开标后,任何人都不允许更改投标书的内容和报价,也不允许再增加优惠条件。投标人少于 3 个的,不得开标,招标人应当重新招标。投标

人对开标有异议的,应当在开标现场提出,招标人当场做出答复,并制作记录。

3.3.1.2　开标程序

开标会一般由招标人或招标代理主持。开标会全过程应在投标人代表可视范围内进行,并做好记录。有条件的可全程录像,以备查验。招标人应按照招标文件规定的程序开标,一般开标程序如下:

(1)宣布开标纪律

主持人宣布开标纪律,对参与开标会议的人员提出会场要求,主要是开标过程中不得喧哗、通信工具调整到静音状态、按约定的方式提问等。任何人不得干扰正常的开标程序。

(2)确认投标人代表身份

招标人可以按照招标文件的约定,当场核验参加开标会议的投标人、授权代表的授权委托书和有效身份证件,确认授权代表的有效性,并留存授权委托书和身份证件的复印件。法定代表人出席开标会的要出示其有效证件。

(3)公布在投标截止时间前接收投标文件的情况

招标人在招标文件要求提交投标文件的截止时间前收到的所有投标文件,开标时都应当当众予以拆封,不能遗漏,否则构成对投标人的不公正对待。如果是投标文件的截止时间以后收到的投标文件,则应不予开启,原封不动地退回。

(4)宣布有关人员姓名

开标会主持人介绍招标人代表、招标代理机构代表、监督人代表或公证人员等,依次宣布开标人、唱标人、记录人、监标人等有关人员姓名。

(5)检查投标文件的密封情况

依据招标文件约定的方式,组织投标文件的密封检查可由投标人代表或招标人委托的公证人员检查,其目的是检查开标现场的投标文件密封状况是否与招标文件约定和受理时的密封状况一致。

(6)宣布投标文件开标顺序

主持人宣布开标顺序。如招标文件未约定开标顺序的,一般按照投标文件递交的顺序或倒序进行唱标。

(7)公布标底

招标人设有参考标底的,予以公布,也可以在唱标后公布标底。

(8)唱标

按照宣布的开标顺序当众开标。唱标人应按照招标文件约定的唱标内容,严格依据投标函及其附录唱标,并当即做好唱标记录。唱标内容一般包括投标函及投标函附录中的报价、备选方案报价(如有)、完成期限、质量目标、投标保证金等。

(9)开标记录签字

开标会议应当做好书面记录,如实记录开标会的全部内容,包括开标时间、地点、程序,出席开标会的单位和代表,开标会程序,唱标记录,公证机构和公证结果(如有)等。投标人代表、招标人代表、监标人、记录人等应在开标记录上签字确认,存档备查。投标人代表对开标记录内容有异议的可以注明。

(10)开标结束

完成开标会议的全部程序和内容后,主持人宣布开标会议结束。

3.3.1.3　无效投标文件

投标文件是否有效,依据招标文件中评判标准的相关规定进行处理,开标时出现下列情形之一的应当作为无效投标文件,不得进入评标:

(1)投标文件未按照招标文件的要求予以密封的。

(2)投标文件的投标函未加盖投标人的企业及企业法定代表人印章的,或者企业法定代表人委托代理人没有合法、有效的委托书(原件)及委托代理人印章的。

(3)投标文件的关键内容字迹模糊、无法辨认的。

(4)投标人未按照招标文件的要求提供投标保函或者投标保证金的。

(5)组成联合体投标,投标文件未附联合体各方共同投标协议的。

(6)投标人在投标文件中对同一招标项目有两个或多个报价,且未书面声明以哪个报价为准的。

(7)投标人与通过资格审查的投标申请人在名称上发生实质性改变的。

3.3.2　建设工程评标

开标环节结束后,进入评标阶段。由招标人组建评标委员会,在招标投标监管机构的监督下,依据招标文件规定的评标标准和方法,对投标人的报价、工期、质量、主要材料用量、施工方案或施工组织设计等方面进行评价,形成书面评标报告,向招标人推荐中标候选人或在招标人的授权下直接确定中标人。

3.3.2.1　评标原则

(1)公平竞争、机会均等的原则。制定评标定标办法时,对各投标人应一视同仁,不得存在对某一方有利或不利的条款。在定标结果正式出来之前,中标的机会是均等的,不允许针对某一特定的投标人在某一方面的优势或弱势而在评标定标具体条款中带有倾向性。

(2)客观公正、科学合理的原则。对投标文件的评价、比较和分析要客观公正,不以主观好恶为标准。对评审指标的设置和评分标准的具体划分,都要在充分考虑招标项目的具体特点和招标人合理意愿的基础上,尽量避免和减少人为因素,做到科学合理。

(3)实事求是、择优定标的原则。对投标文件的评审,要从实际出发,实事求是。评标定标活动既要全面,也要有重点。

(4)评标活动依法进行,任何单位和个人不得非法干预或者影响评标过程和结果。评标是评标委员会受招标人的委托,由评标委员会成员依法运用其知识和技能,根据法律规定和招标文件的要求,独立地对所有投标文件进行评审和比较。不论是招标人还是主管部门,均不得非法干预、影响或者改变评标过程和结果。

(5)招标人应当采取必要措施,保证评标活动在严格保密的情况下进行。严格保密的措施涉及很多方面,包括:评标地点保密;评标委员会成员的名单在中标结果确定之前保密;评标委员会成员在密闭状态下开展评标工作,评标期间不得与外界接触,对评标情况承担保密义务。

3.3.2.2　评标委员会

评标委员会是由招标人依法组建,负责评标活动,向招标人推荐中标候选人或者根据招标人的授权直接确定中标人的临时组织。

(1)评标专家资格

根据《招标投标法》《评标委员会和评标方法暂行规定》(2013 年修订)和《评标专家和评标专家库管理暂行办法》(2013 年修订)的规定,评标专家应符合的条件如下:

① 从事相关领域工作满 8 年并具有高级职称或者具有同等专业水平。

② 熟悉有关招投标的法律法规,并具有与招标项目相关的实践经验。

③ 能够认真、公正、诚实、廉洁地履行职责。

④ 身体健康,能够承担评标工作。

⑤ 法律规章规定的其他条件。

(2) 评标委员会组成

评标委员会由招标人或其委托的招标代理机构熟悉相关业务的代表,以及有关技术、经济等方面的专家组成,成员人数为 5 人以上单数,其中技术、经济等方面的专家不得少于成员总数的 2/3。

委员会组成人员,由招标人从省级以上人民政府有关部门提供的专家名册或者招标代理机构的专家库内的相关专家名单中确定。确定方式可以采取随机抽取或者直接确定的方式。一般项目,可以采取随机抽取的方式;技术特别复杂、专业性要求特别高或者国家有特殊要求的招标项目,采取随机抽取的方式确定的专家难以胜任的,可以由招标人直接确定。

评标委员会成员有下列情形之一的,应当主动提出回避:

① 投标人或者投标人主要负责人的近亲属。

② 项目主管部门或者行政监督部门的人员。

③ 与投标人有经济利益关系,可能影响对投标公正评审的。

④ 曾因在招标、评标以及其他与招投标有关活动中从事违法行为而受过行政处罚或刑事处罚的。

任何单位或个人不得对评标委员会成员施加压力,影响评标工作的正常进行。评标委员会的成员在评标、定标过程中不得与投标人或者与招标结果有利害关系的人进行私下接触,不得收受投标人、中介人及其他利害关系人的财物或其他好处,以保证评标、定标的公正、公平。

【知识拓展 3-11】　　　组织评标委员会需要注意的问题

招标人组织评标委员会评标,应注意以下问题:

① 评标委员会的职责是依据招标文件确定的评标标准和方法,对进入开标程序的投标文件进行系统评审和比较,无权修改招标文件中已经公布的评标标准和方法。

② 评标委员会对招标文件中的评标标准和方法产生疑义时,招标人或其委托的招标代理机构要进行解释。

③ 招标人接收评标报告时,应核对评标委员会是否遵守招标文件确定的评标标准和方法,评标报告是否有算术性错误,签字是否齐全等,发现问题应要求评标委员会及时改正。

④ 评标委员会及招标人或其委托的招标代理机构参与投标的人员应严格保密,不得泄露任何信息。评标结束后,招标人应将评标的各种文件资料、记录表、草稿纸收回归档。

3.3.2.3　评标程序

(1) 评标准备工作

招标人及其招标代理机构应为评标委员会评标做好以下评标准备工作:

① 准备评标需用的资料,如招标文件及其澄清与修改、标底文件、开标记录等。

② 准备评标相关表格。

③ 选择线上或线下评标方式,线下评标的需进一步确定场所。

④ 布置评标现场,准备评标工作所需工具。

⑤ 妥善保管开标后的投标文件并运到评标现场。

⑥ 评标安全、保密和服务等有关工作。

(2) 初步评审

初步评审是评标委员会按照招标文件确定的评标标准和方法,对投标文件进行形式、资格、响应性评审,以判断投标文件是否存在重大偏离或保留,是否实质上响应了招标文件的要求。经评审认定投标文件没有重大偏离,实质上响应招标文件要求的,才能进入详细评审。投标文件进行初步评审有一项不符合评审标准的,应否决其投标。

投标文件的初步评审内容包括形式评审、资格评审和响应性评审。采用最低评标价法时,还应对施工组织设计和项目管理机构的合格响应性进行初步评审。

① 资格评审。它针对的是资格后审。评标委员会根据评标办法前附表中规定的评审因素和评审标准,对投标人的投标文件进行资格评审,并记录审查结果。

② 形式评审。评标委员会根据评标办法前附表中规定的评审因素和评审标准,对投标人的投标文件进行形式评审,并记录评审结果。

③ 响应性评审。它通常以商务和技术偏差表的形式,对评标办法里提出的"响应性评审标准",一般包括企业资质、相关业绩、项目经理、工期、工程质量、投标有效期、技术方案等进行响应性评审,并记录评审结果。常见的初步评审表样式如表 3-3 所示。

表 3-3 常见的初步评审表样式

工程项目: 时间: 年 月 日

序号	评审项目		投标单位			
1	资格审查	营业执照是否有效				
		资质是否满足要求				
		安全生产许可证是否有效				
		投标信用手册是否具备并年检				
		建造师资质是否满足要求				
		法人代表授权书是否有效				
		评审结果				
2	形式评审	投标人的名称与营业执照、资质证书、安全生产许可证、投标信用手册是否一致				
		投标函是否有法定代表人或者委托代理人的签字或盖章并加盖单位公章				
		投标文件格式及内容组成是否符合招标文件要求				
		报价是否唯一				
		评审结果				

表3-3(续)

序号	评审项目		投标单位		
3	响应性评审	投标报价是否符合要求(包括文明施工安全措施)			
		工期是否满足			
		质量标准是否满足			
		投标有效期是否满足			
		投标保证金是否满足			
		项目部人员是否符合预审备案要求			
		权利义务是否符合要求			
		已标价工程量清单是否符合招标文件要求的范围和数量			
		技术标准和要求是否符合要求			
		其他实质性条款是否满足			
		评审结果			

（3）详细评审

详细评审是经初步评审合格的投标文件,首先对各投标书技术和商务合理性审查;其次是运用综合评估法或经评审的最低投标价法进行各标书的量化比较。

① 综合评估法

综合评估法是以投标文件最大限度地满足招标文件规定的各项综合评价标准为前提,在全面评审商务标、技术标、综合标等内容的基础上,评判投标人关于具体招标项目的技术、施工、管理难点把握的准确程度,技术措施采用的恰当和适用程度,管理资源投入的合理及充分程度等。一般采用量化评分的办法,综合投标价格、施工方案、进度安排、生产资源投入、企业实力和业绩、项目经理等因素的评分,按最终得分的高低确定中标候选人排序,原则上综合得分最高的投标人为中标人。

综合评估法强调的是最大限度地满足招标文件的各项要求,将技术和经济因素综合在一起决定投标文件的质量,不但强调价格因素,而且强调技术因素和综合实力因素。综合评估法一般适用于招标人对其技术、性能有特殊要求的招标项目,适用于建设规模较大,履约工期较长,技术复杂,质量、工期和成本受不同施工方案影响较大,工程管理要求较高的施工招标的评标。

② 经评审的最低投标价法

经评审的最低投标价法评审的内容基本上与综合评估法一致,是以投标文件是否能完全满足招标文件的实质性要求和投标报价是否低于成本价为前提,以经评审的不低于成本的最低投标价为标准,由低向高排序而确定中标候选人。技术部分一般采用合格制评审的方法,在技术部分满足招标文件要求的基础上,最终以评标价格作为决定中标人的依据。以评标价格最低的投标人为最优,投标价格低于成本价格的除外。签合同时仍然使用投标价格。

经评审的最低投标价法强调的是优惠且合理的价格,适用于具有通用技术、性能标准或者招标人对其技术、性能没有特殊要求,工期较短,质量、工期、成本受不同施工方案影响较小,工程管理要求一般的施工招标的评标。

（4）编制及提交评标报告

评标委员会编制并向招标人提交评标报告。评标报告应当由全体评标委员会成员签字,并于评标结束时抄送有关行政监督部门。评标报告一般包括以下内容:基本情况和数据表;评标委员会成员名单;符合要求的投标一览表;废标情况说明;评标标准、评标方法或者评标因素一览表;经评审的价格一览表(包括评标委员会在评标过程中所形成的所有记载评标结果、结论的表格、说明、记录等文件);经评审的投标人排序;推荐的中标候选人名单(如果投标人须知前附表中授权评标委员会直接确定中标人,则为"确定的中标人");澄清、说明或补正事项纪要。

（5）澄清、说明或补正

在评标过程中,评标委员会可以书面形式要求投标人对所提交投标文件中不明确的内容进行书面澄清或说明,或者对细微偏差进行补正。评标委员会不接受投标人主动提出的澄清、说明或补正。投标人的书面澄清、说明和补正属于投标文件的组成部分。

澄清、说明或者补正应以书面方式进行并不得超出投标文件的范围或者改变投标文件的实质性内容。投标人拒不按照要求对投标文件进行澄清、说明或者补正的,评标委员会可以否决其投标。

（6）否决投标的情形

投标文件存在下列情形的,其投标将被否决:

① 投标文件无单位盖章、无法定代表人或法定代表人授权的代理人签字或盖章的。

② 投标联合体没有提交共同投标协议。

③ 投标人不符合国家或者招标文件规定的资格条件。

④ 同一投标人提交两个以上不同的投标文件或者投标报价,但是招标文件要求提交备选投标的除外。

⑤ 投标报价低于成本或高于招标文件设定的最高投标限价。

⑥ 投标文件存在没有对招标文件的实质性要求和条件作出响应的重大偏差。

⑦ 投标人有串通投标、弄虚作假、行贿等违法行为。

【知识拓展3-12】　　　　　　　　重大偏差

未作出实质性要求和条件响应的重大偏差包括:

① 没有按照招标文件要求提供投标担保或者所提供的投标担保有瑕疵。

② 没有按照招标文件要求由投标人授权代表签字并加盖公章。

③ 投标文件记载的招标项目完成期限超过招标文件规定的完成期限。

④ 明显不符合技术规格、技术标准的要求。

⑤ 投标文件记载的货物包装方式、检验标准和方法等不符合招标文件的要求。

⑥ 投标附有招标人不能接受的条件。

⑦ 不符合招标文件中规定的其他实质性要求。

【案例3-7】　　　　　　　　评标程序与方法

背景:某工程采用公开招标方式,有A、B、C、D、E、F等6家承包人参加投标,经资格预审该6家承包人均满足业主要求。该工程采用两阶段评标法评标,评标委员会由7名委员

组成,评标的具体规定如下:

1. 第一阶段评技术标

技术标共计 40 分,其中施工方案 15 分,总工期 8 分,工程质量 6 分,项目班子 6 分,企业信誉 5 分。技术标各项内容的得分,为各评委评分去除一个最高分和一个最低分后的算术平均数。

技术标合计得分不满 28 分者,不再评其商务标。

表 3-4 为各评委对 6 家承包人施工方案评分汇总表。

表 3-4　施工方案评分汇总表

	评委一	评委二	评委三	评委四	评委五	评委六	评委七
A	13.0	11.5	12.0	11.0	11.0	12.5	12.5
B	14.5	13.5	14.5	13.5	13.5	14.5	14.5
C	12.0	10.0	11.5	11.0	10.5	11.5	11.5
D	14.0	13.5	13.5	13.0	13.5	14.0	14.5
E	12.5	11.5	12.0	11.0	11.5	12.5	12.5
F	10.5	10.5	10.5	10.5	9.5	11.0	10.5

表 3-5 为各承包人总工期、工程质量、项目班子、企业信誉得分汇总表。

表 3-5　总工期、工程质量、项目班子、企业信誉得分汇总表

投标单位	总工期	工程质量	项目班子	企业信誉
A	6.5	5.5	4.5	4.5
B	6.0	5.0	5.0	4.5
C	5.0	4.5	3.5	3.0
D	7.0	5.5	5.0	4.5
E	7.5	5.0	4.0	4.0
F	8.0	4.5	4.0	3.5

2. 第二阶段评商务标

商务标共计 60 分。以标底的 50% 与承包人报价算术平均数的 50% 之和为基准价,但最高(或最低)报价高于(或低于)次高(或次低)报价的 15% 者,在计算承包人报价算术平均数时不予考虑,且商务标得分为 15 分。

以基准价为满分(60 分),报价比基准价每下降 1%,扣 1 分,最多扣 10 分;报价比基准价每增加 1%,扣 2 分,扣分不保底。

表 3-6 为标底和各承包人报价汇总表。

表 3-6　标底和各承包人报价汇总表　　　　　　　　　单位:万元

投标单位	A	B	C	D	E	F	标底
报价	13 656	11 108	14 303	13 098	13 241	14 125	13 790

计算结果保留两位小数。

问题：

(1) 请按综合得分最高者中标的原则确定中标单位。

(2) 若该工程未编制标底，以各承包人报价的算术平均数作为基准价，其余评标规定不变，试按原定标原则确定中标单位。

分析：(1) ① 计算各投标单位施工方案的得分，如表3-7所示。

表 3-7　施工方案评分计算表　单位：分

	评委一	评委二	评委三	评委四	评委五	评委六	评委七	平均得分
A	13.0	11.5	12.0	11.0	11.0	12.5	12.5	11.9
B	14.5	13.5	14.5	13.5	13.5	14.5	14.5	14.0
C	12.0	10.0	11.5	11.0	10.5	11.5	11.5	11.1
D	14.0	13.5	13.5	13.0	13.5	14.0	14.5	13.7
E	12.5	11.5	12.0	11.0	11.5	12.5	12.5	11.9
F	10.5	10.5	10.5	10.5	9.5	11.0	10.5	10.4

② 计算各投标单位技术标的得分，如表3-8所示。

表 3-8　技术标得分计算表　单位：分

投标单位	施工方案	总工期	工程质量	项目班子	企业信誉	合计
A	11.9	6.5	5.5	4.5	4.5	32.9
B	14.0	6.0	5.0	5.0	4.5	34.5
C	11.1	5.0	4.5	3.5	3.0	27.1
D	13.7	7.0	5.5	5.0	4.5	35.7
E	11.9	7.5	5.0	4.0	4.0	32.4
F	10.4	8.0	4.5	4.0	3.5	30.4

由于承包人C的技术标仅得27.1分，小于28分，按规定，不再评其商务标。

③ 计算各承包人的商务标得分，如表3-9所示。

因为，(13 098－11 108)万元÷13 098万元＝15.19%＞15%

(14 125－13 656)万元÷13 656万元＝3.43%＜15%

所以，承包人B的报价(11 108万元)在计算基准价时不予考虑。

则基准价＝13 790万元×50%＋(13 656＋13 098＋13 241＋14 125)万元÷4×50%＝13 660万元

表 3-9　商务标得分计算表

投标单位	报价/万元	报价与基准价的比例/%	扣分/分	得分/分
A	13 656	(13 656÷13 660)×100＝99.97	(100－99.97)×1＝0.03	59.97
B	11 108			15.00

表3-9(续)

投标单位	报价/万元	报价与基准价的比例/%	扣分/分	得分/分
D	13 098	(13 098÷13 660)×100=95.89	(100−95.89)×1=4.11	55.89
E	13 241	(13 241÷13 660)×100=96.93	(100−96.93)×1=3.07	56.93
F	14 125	(14 125÷13 660)×100=103.40	(103.4−100)×2=6.80	53.20

④ 计算各承包人的综合得分,如表 3-10 所示。

表 3-10　综合得分计算表　　　　　　　单位:分

投标单位	技术标得分	商务标得分	综合得分
A	32.9	59.97	92.87
B	34.5	15.00	49.50
D	35.7	55.89	91.59
E	32.4	56.93	89.33
F	30.4	53.20	83.60

因为承包人 A 的综合得分最高,故应选择其为中标单位。

(2) ① 计算各承包人的商务标得分,如表 3-11 所示。

基准价=(13 656+13 098+13 241+14 125)万元÷4=13 530 万元

表 3-11　商务标得分计算表

投标单位	报价/万元	报价与基准价的比例/%	扣分/分	得分/分
A	13 656	(13 656÷13 530)×100=100.93	(100.93−100)×2=1.86	58.14
B	11 108			15.00
D	13 098	(13 098÷13 530)×100=96.81	(100−96.81)×1=3.19	56.81
E	13 241	(13 241÷13 530)×100=97.86	(100−97.86)×1=2.14	57.86
F	14 125	(14 125÷13 530)×100=104.40	(104.40−100)×2=8.80	51.20

② 计算各承包人的综合得分,如表 3-12 所示。

表 3-12　综合得分计算表技术标得分　　　　单位:分

投标单位	技术标得分	商务标得分	综合得分
A	32.9	58.14	91.04
B	34.5	15.00	49.50
D	35.7	56.81	92.51
E	32.4	57.86	90.26
F	30.4	51.20	81.60

因为承包商 D 的综合得分最高,故应选择其为中标单位。

3.3.3 建设工程定标与合同签订

3.3.3.1 定标

评标结束后,招标人以评标委员会提供的评标报告为依据,对评标委员会所推荐的中标候选人进行比较,确定中标人。招标人也可以授权评标委员会直接确定中标人。评标委员会推荐的中标候选人应当限定在1~3人,并标明排列顺序。招标人也可以直接授权评标委员会直接确定中标人。

《招标投标法》规定,中标人的投标应当符合下列条件之一:

(1)能够最大限度地满足招标文件中规定的各项综合评价标准。

(2)能够满足招标文件的实质性要求,并且经评审的投标价格最低,但是投标价格低于成本的除外。

其中,原则(1)对应的是综合评分法;原则(2)对应的是经评审的最低投标价法。

3.3.3.2 发出中标通知书

中标通知书是招标人在确定中标人后向中标人发出的通知其中标的书面凭证。对所有未中标的投标人,也应当同时给予通知。中标通知书对招标人和中标人均具有法律效力。中标通知书发出后,招标人改变中标结果的,或者中标人放弃中标项目的,应当依法承担法律责任。

中标通知书主要内容应包括中标工程名称、中标价格、工程范围、工期、开工及竣工日期、质量等级等。

3.3.3.3 签订合同

(1)合同的签订

招标人和中标人应当在投标有效期内并在自中标通知书发出之日起30日内,按照招标文件和中标人的投标文件订立书面合同。招标人和中标人不得再行订立背离合同实质性内容的其他协议,合同的标的、价款、质量、履行期限等主要条款应当与招标文件和中标人的投标文件的内容一致。

中标人不得向他人转让中标项目,也不得将中标项目肢解后分别向他人转让。中标人按照合同约定或者经招标人同意,可以将中标项目的部分非主体、非关键性工作分包给他人完成。中标人应当就分包项目向招标人负责,接受分包的人就分包项目承担连带责任。

(2)提交履约保证

招标文件要求中标人提交履约保证金的,中标人应当按照招标文件的要求提交。履约保证金不得超过中标合同金额的10%。履约担保可以采用银行出具的履约保函或招标人可以接受的企业法人提交的履约保证书其中的任何一种形式。若中标人不能按时提供履约保证,则可以视为投标人违约,没收其投标保证金,招标人再与下一位候选中标人商签合同。按照建设法规的规定,当招标文件要求中标人提供履约保证时,招标人也应当向中标人提供工程款支付担保。

(3)退还投标保证金

按照规定,招标人最迟应当在书面合同签订后5日内向中标人和未中标的投标人退还投标保证金及银行同期存款利息。除不可抗力外,中标人不与招标人签订合同的,招标人可以没收其投标保证金;招标人不与中标人签订合同的,应当向中标人双倍返还投标保证金。

给对方造成损失的,应依法承担赔偿责任。

【案例 3-8】　　　　　　　　　　**定标与合同的签订**

背景:某工程施工项目评标工作于 8 月 5 日结束并于当天确定中标人。8 月 6 日招标人向当地主管部门提交了评标报告;8 月 14 日招标人向中标人发出中标通知书;9 月 5 日双方签订了施工合同;9 月 7 日招标人将未中标结果通知给另外两家投标人,并于 9 月 13 日将投标保证金退还给未中标人。

问题:请指出评标结束后招标人的工作有哪些不妥之处并说明理由。

分析:(1)招标人向当地主管部门提交的书面报告内容不妥,应提交招投标活动的书面报告而不仅是评标报告。

(2)招标人仅向中标人发出中标通知书不妥,还应同时将中标结果通知未中标人。

(3)招标人通知未中标人时间不妥,应在向中标人发出中标通知书的同时通知未中标人。

(4)退还未中标人的投标保证金时间不妥,招标人最迟应当在书面合同签订后的 5 日内向中标人和未中标的投标人退还投标保证金及银行同期存款利息。

3.4　建设工程招投标中的法律责任

依据《招标投标法》和《招标投标法实施条例》,建设工程招标投标活动中违法行为应承担的主要法律责任如下:

3.4.1　招标人的法律责任

3.4.1.1　规避招标

必须进行招标的项目不招标的,将必须进行招标的项目化整为零或者以其他任何方式规避招标的,责令限期改正,可以处项目合同金额 5‰ 以上 10‰ 以下的罚款;对全部或者部分使用国有资金的项目,可以暂停项目执行或者暂停资金拨付;对单位直接负责的主管人员和其他直接责任人员依法给予处分。

3.4.1.2　限制或排斥潜在投标人或投标人

招标人以不合理的条件限制或者排斥潜在投标人的,对潜在投标人实行歧视待遇的,强制要求投标人组成联合体共同投标的,或者限制投标人之间竞争的,责令改正,可以处 1 万元以上 5 万元以下的罚款。

3.4.1.3　不按规定组建评标委员会

依法必须进行招标的项目的招标人不按照规定组建评标委员会,或者确定、更换评标委员会成员违反规定的,由有关行政监督部门责令改正,可以处 10 万元以下的罚款,对单位直接负责的主管人员和其他直接责任人员依法给予处分;违法确定或者更换的评标委员会成员作出的评审结论无效,依法重新进行评审。

3.4.1.4　招标人多收保证金

招标人超过规定的比例收取投标保证金、履约保证金或者不按照规定退还投标保证金及银行同期存款利息的,由有关行政监督部门责令改正,可以处 5 万元以下的罚款;给他人造成损失的,依法承担赔偿责任。

3.4.1.5 招标人不按规定与中标人订立中标合同

招标人和中标人不按照招标文件和中标人的投标文件订立合同,合同的主要条款与招标文件、中标人的投标文件的内容不一致,或者招标人、中标人订立背离合同实质性内容的协议的,由有关行政监督部门责令改正,可以处中标项目金额 5‰以上 10‰以下的罚款。具体表现为:(1)无正当理由不发出中标通知书;(2)不按照规定确定中标人;(3)中标通知书发出后无正当理由改变中标结果;(4)无正当理由不与中标人订立合同;(5)在订立合同时向中标人提出附加条件。

3.4.2 招标代理机构的法律责任

招标代理机构在所代理的招标项目中投标、代理投标或者向该项目投标人提供咨询的,接受委托编制标底的中介机构参加受托编制标底项目的投标或者为该项目的投标人编制投标文件、提供咨询的,若违反规定,泄露应当保密的与招标投标活动有关的情况和资料的,或者与招标人、投标人串通损害国家利益、社会公共利益或者他人合法权益的,处 5 万元以上 25 万元以下的罚款;对单位直接负责的主管人员和其他直接责任人员处单位罚款数额 5%以上 10%以下的罚款;有违法所得的,并处没收违法所得;情节严重的,禁止其一年至二年内代理依法必须进行招标的项目并予以公告,直至由工商行政管理机关吊销营业执照;构成犯罪的,依法追究刑事责任。给他人造成损失的,依法承担赔偿责任。

若以上违法行为影响中标结果的,中标无效。

3.4.3 评标委员会的法律责任

评标委员会成员有下列行为之一的,由有关行政监督部门责令改正;情节严重的,禁止其在一定期限内参加依法必须进行招标的项目的评标;情节特别严重的,取消其担任评标委员会成员的资格:(1)应当回避而不回避;(2)擅离职守;(3)不按照招标文件规定的评标标准和方法评标;(4)私下接触投标人;(5)向招标人征询确定中标人的意向或者接受任何单位或者个人明示或者暗示提出的倾向或者排斥特定投标人的要求;(6)对依法应当否决的投标不提出否决意见;(7)暗示或者诱导投标人作出澄清、说明或者接受投标人主动提出的澄清、说明;(8)其他不客观、不公正履行职务的行为。

评标委员会成员收受投标人的财物或者其他好处的,没收收受的财物,处 3 000 元以上 5 万元以下的罚款,取消担任评标委员会成员的资格,不得再参加依法必须进行招标的项目的评标;构成犯罪的,依法追究刑事责任。

3.4.4 投标人的法律责任

3.4.4.1 串通投标

投标人相互串通投标或者与招标人串通投标的,投标人以向招标人或者评标委员会成员行贿的手段谋取中标的,中标无效,处中标项目金额 5‰以上 10‰以下的罚款,对单位直接负责的主管人员和其他直接责任人员处单位罚款数额 5%以上 10%以下的罚款;有违法所得的,并处没收违法所得;情节严重的,取消其一年至二年内参加依法必须进行招标的项目的投标资格并予以公告,直至由工商行政管理机关吊销营业执照;构成犯罪的,依法追究刑事责任。给他人造成损失的,依法承担赔偿责任。

投标人有下列行为之一的,属于上述情节严重行为:(1)以行贿谋取中标;(2)3 年内 2 次以上串通投标;(3)串通投标行为损害招标人、其他投标人或者国家、集体、公民的合法利益,造成直接经济损失 30 万元以上;(4)其他串通投标情节严重的行为。

3.4.4.2　骗取中标

投标人以他人名义投标或者以其他方式弄虚作假骗取中标的,中标无效,给招标人造成损失的,依法承担赔偿责任;构成犯罪的,依法追究刑事责任。依法必须进行招标的项目的投标人有前款所列行为尚未构成犯罪的,处中标项目金额 5‰以上 10‰以下的罚款,对单位直接负责的主管人员和其他直接责任人员处单位罚款数额 5%以上 10%以下的罚款;有违法所得的,并处没收违法所得;情节严重的,取消其一年至三年内参加依法必须进行招标的项目的投标资格并予以公告,直至由工商行政管理机关吊销营业执照。

投标人有下列行为之一的,属于上述情节严重行为:(1)伪造、变造资格、资质证书或者其他许可证件骗取中标;(2)3 年内 2 次以上使用他人名义投标;(3)弄虚作假骗取中标给招标人造成直接经济损失 30 万元以上;(4)其他弄虚作假骗取中标情节严重的行为。

投标人出让或者出租资格、资质证书供他人投标的,依照法律、行政法规的规定给予行政处罚;构成犯罪的,依法追究刑事责任。

【案例 3-9】　　　　　　　　　　**招投标中的违法行为**

背景:柴某与姜某是老乡,两人在外打拼了多年,一直想承揽一项大的建筑装饰业务。某市一商业大厦的装饰工程公开招标,当时柴某、姜某均没有符合承揽该工程的资质等级证书。为了得到该装饰工程,柴某、姜某以缴纳高额管理费和其他优厚条件,分别借用了 A 装饰公司、B 装饰公司的资质证书,并以其名义报名投标,这两家装饰公司均通过了资格预审。之后,柴某与姜某商议,由柴某负责与招标方协调,姜某负责联系另外一家入围装饰公司的法定代表人张某,与张某串通投标价格,约定事成之后利益共享,并签订利益共享协议。为了增加中标的可能性,他们故意让入围的一家资质等级较低的装饰公司在投标时报高价,而柴某借用的资质等级高的 A 装饰公司则报较低价格。就这样,柴某终以借用的 A 装饰公司名义成功中标,拿下了该项装饰工程。

问题:柴某与姜某有哪些违法行为? A、B 装饰公司是否违法?

分析:(1)弄虚作假,以他人名义投标;串通投标。可能的法律后果:中标无效、没收违法所得、取消投标资格等。

(2)A、B 装饰公司出让或出租资质证书供他人投标,依照法律、行政法规给予行政处罚;构成犯罪的,依法追究刑事责任。

3.4.5　中标人的法律责任

3.4.5.1　违法分包

中标人将中标项目转让给他人的,将中标项目肢解后分别转让给他人的,违反规定将中标项目的部分主体、关键性工作分包给他人的,或者分包人再次分包的,转让、分包无效,处转让、分包项目金额 5‰以上 10‰以下的罚款;有违法所得的,并处没收违法所得;可以责令停业整顿;情节严重的,由工商行政管理机关吊销营业执照。

3.4.5.2　中标人不按规定履行合同

中标人不履行与招标人订立的合同的,履约保证金不予退还,给招标人造成的损失超过履约保证金数额的,还应当对超过部分予以赔偿;没有提交履约保证金的,应当对招标人的损失承担赔偿责任。中标人不按照与招标人订立的合同履行义务,情节严重的,取消其二年至五年内参加依法必须进行招标的项目的投标资格并予以公告,直至由工商行政管理机关吊销营业执照。因不可抗力不能履行合同的,不适用以上规定。

中标人无正当理由不与招标人订立合同,在签订合同时向招标人提出附加条件,或者不按照招标文件要求提交履约保证金的,取消其中标资格,投标保证金不予退还。对依法必须进行招标的项目的中标人,由有关行政监督部门责令改正,可以处中标项目金额10‰以下的罚款。

3.4.6　国家工作人员的法律责任

国家工作人员利用职务便利,以直接或者间接、明示或者暗示等任何方式非法干涉招标投标活动,有下列情形之一的,依法给予记过或者记大过处分;情节严重的,依法给予降级或者撤职处分;情节特别严重的,依法给予开除处分;构成犯罪的,依法追究刑事责任:(1)要求对依法必须进行招标的项目不招标,或者要求对依法应当公开招标的项目不公开招标;(2)要求评标委员会成员或者招标人以其指定的投标人作为中标候选人或者中标人,或者以其他方式非法干涉评标活动,影响中标结果;(3)以其他方式非法干涉招标投标活动。

3.4.7　其他法律责任

任何单位违反规定,限制或者排斥本地区、本系统以外的法人或者其他组织参加投标的,为招标人指定招标代理机构,强制招标人委托招标代理机构办理招标事宜的,或者以其他方式干涉招标投标活动的,责令改正;对单位直接负责的主管人员和其他直接责任人员依法给予警告、记过、记大过的处分,情节较重的,依法给予降级、撤职、开除的处分。个人利用职权进行以上违法行为的,按照规定追究责任。

依法必须进行招标的项目违反规定,中标无效的,应当依照规定的中标条件从其余投标人中重新确定中标人或者重新进行招标。

依法必须进行招标的项目的招标投标活动违反规定的,对中标结果造成实质性影响且不能采取补救措施予以纠正的,招标、投标、中标无效,应当依法重新招标或者评标。

【法院判例】　　　　　　　　　　**一起串通投标案**

杭州市临安区人民检察院指控被告人谢某等犯串通投标罪,于2019年11月22日向法院提起公诉。

2009年11月至2014年6月期间,被告人谢某伙同被告人董某、孙某经事先商议,采用控制投标报价的方法,利用各自挂靠的H公司、B公司、J建设公司报名参加杭州市临安地区市政工程施工项目招投标,并让被告人张某等人以各自公司按照被告人谢某、孙某等人确定的投标报价参加项目投标,进行串通投标作案3起,共计标的32 676 492元,其中2个项目由被告人控制的公司中标,中标项目标的共计2 480.950 7万余元。其中谢某、董某、张某参与作案3起,中标项目标的共计2 480.950 7万余元;孙某参与作案2起,中标项目标的8 839 476元。

法院认为,被告人谢某伙同被告人董某、张某、孙某串通投标,损害招标人及其他投标人利益,情节严重,其行为均已构成串通投标罪。本案系共同犯罪,被告人谢某、董某、孙某系主犯,被告人张某系从犯,对于从犯依法予以从轻处罚;被告人张某经公安机关电话通知后主动投案并如实供述犯罪事实,系自首,应依法予以从轻处罚;被告人谢某、董某、孙某系坦白,四被告人均自愿认罪认罚,应依法予以从宽处罚。被告人谢某、张某的辩护人提出的从轻处罚的辩护意见,予以采纳。公诉机关量刑建议适当,应予采纳。最终判决如下:

被告人谢某、董某犯串通投标罪,判处有期徒刑一年三个月,缓刑二年,并处罚金人民币10万元;被告人张某犯串通投标罪,判处有期徒刑十个月,缓刑一年,并处罚金人民币2万元;被告人孙某犯串通投标罪,判处有期徒刑八个月,缓刑一年,并处罚金人民币2万元。

本章习题

一、单项选择题

1. 开标会议应当由（　　）主持。

A. 招标人　　　　　　　　　　　　B. 投标人代表

C. 公证人员　　　　　　　　　　　D. 建设行政部门的工作人员

2. 从发出中标通知书到双方订立书面合同时间,不得多于（　　）天。

A. 30　　　　　　B. 20　　　　　　C. 28　　　　　　D. 35

3. 招标单位组织勘查现场后,对某投标者提出的问题,应当（　　）。

A. 以书面形式向提出人作答复

B. 以口头方式向提出人当场答复

C. 以书面形式向全部投标人作同样答复

D. 可不向其他投标者作答复

4. 关于中标人违法行为应承担的法律责任,下列说法中正确的有（　　）。

A. 中标人将中标项目转让给他人的合法

B. 将中标项目的部分主体、关键性工作分包给他人的合法

C. 分包人再次分包的违法

D. 将中标项目肢解后分别转让给他人的合法

5. 关于中标通知书的说法,正确的一项是（　　）。

A. 中标人确定后,招标人应当向中标人发出中标通知书

B. 招标人不需要将中标结果通知所有未中标的投标人

C. 中标通知书只对招标人具有法律效力,中标人还有机会放弃中标项目

D. 中标通知书发出后,招标人改变中标结果的,无须承担法律责任

6. 提交投标文件的投标人少于（　　）个的,招标人应当重新招标。

A. 1　　　　　　B. 3　　　　　　C. 5　　　　　　D. 7

7. 为最大限度地鼓励竞争,最大范围内择优选择承包人,招标人应优先采用（　　）。

A. 直接发包　　　　B. 公开招标　　　　C. 邀请招标　　　　D. 议标

8. 根据《必须招标的工程项目规定》，工程建设招标范围内的项目，施工单项合同估算价在（　　）万元人民币以上的，必须进行招标。

A. 100　　　　　　　B. 200　　　　　　　C. 400　　　　　　　D. 50

9. 招标人可以（　　）评标委员会直接确定中标人。

A. 批准　　　　　　B. 委托　　　　　　C. 授权　　　　　　D. 指定

10. 开标应当在招标文件确定的提交投标文件截止时间的（　　）公开进行。

A. 前一时间　　　　B. 后一时间　　　　C. 同一时间　　　　D. 没有任何规定

二、多项选择题

1. 我国建设工程法定的施工招标的方式有（　　）。

A. 公开招标　　　　B. 单价招标　　　　C. 总价招标　　　　D. 成本加酬金招标

E. 邀请招标

2. 在工程项目的发包中，可采用直接委托的情况有（　　）。

A. 必须招标范围但限额以下的建设项目

B. 政府的公共工程

C. 国有资金投资的建设项目

D. 保密工程

E. 抢险救灾紧急工程

3. 关于招标投标程序，下列选项中正确的有（　　）。

A. 招标人发售资格预审文件，招标文件收取的费用应当限于补偿印刷、邮寄的成本支出，可以适当营利

B. 招标人采用邀请招标方式的，应当向三个以上具备承担招标项目的能力，资信良好的特定的法人或者其他组织发出投标邀请书

C. 全部使用国有资金投资或者以国有资金投资为主的建筑工程，应当采用工程量清单计价，工程量清单应当作为招标文件的组成部分

D. 非国有资金投资的建筑工程招标的，可以设有最高投标限价或者招标标底

E. 非国有资金投资的建筑工程招标的，必须设有最高投标限价或者招标标底

4. 属于施工招标的招标文件主要内容的是（　　）。

A. 设计文件　　　　B. 工程量清单　　　　C. 施工方案　　　　D. 投标书格式

E. 选用的主要施工机械

5. 关于投标文件，下列说法中正确的有（　　）。

A. 招标项目属于建设施工项目的，投标文件的内容应当包括拟派出的项目负责人与主要技术人员的简历、业绩和拟用于完成招标项目的机械设备等

B. 投标报价不得低于工程成本，不得高于最高投标限价

C. 投标人在招标文件要求提交投标文件的截止时间前，可以补充、修改，但不能撤回已提交的投标文件，并书面通知招标人

D. 投标人在招标文件要求提交投标文件的截止时间前，可以补充、修改或者撤回已提交的投标文件，并书面通知招标人

E. 投标报价不得低于工程成本,不得低于最低投标限价

三、思考题

1. 建设工程招标有哪几种方式? 各有什么优缺点?
2. 建设工程项目招标条件都有哪些?
3. 简述建设工程施工招标、投标的程序及主要工作。
4. 招标文件有哪些主要内容? 投标文件有哪些主要内容?
5. 招标控制价的编制依据和编制方法是什么?
6. 常用的投标报价技巧有哪些?
7. 简述评标常用的两种方法的适用范围及特征。
8. 开标遵循怎样的程序及流程?
9. 简述评标委员会的构成。
10. 建设工程中招标人、投标人若违法应承担的主要法律责任是什么?

四、案例题

背景:某省国道主干线高速公路土建施工项目实行公开招标,根据项目的特点和要求,招标人提出了招标方案和工作计划。采用资格预审方式组织项目土建施工招标,招标过程中出现了下列事件:

事件 1:7 月 1 日,星期一,发布资格预审公告。公告载明资格预审文件自 7 月 2 日起发售,资格预审申请文件于 7 月 22 日下午 16:00 之前递交至招标人处。某投标人因从外地赶来,7 月 8 日,星期一,上午上班时间前来购买资审文件,被告知已经停售。

事件 2:资格审查过程中,资格审查委员会发现某省路桥总公司提供的业绩证明材料部分是其下属第一工程有限公司业绩证明材料,且其下属的第一工程有限公司具有独立法人资格和相关资质。考虑到属于一个大单位,资格审查委员会认可了其下属公司业绩为其业绩。

事件 3:投标邀请书向所有通过资格预审的申请单位发出,投标人在规定的时间内购买了招标文件。按照招标文件要求,投标人须在投标截止时间 5 日前递交投标保证金,因为项目较大,要求每个标段 100 万元投标担保金。

事件 4:评标委员会人数为 5 人,其中 3 人为工程技术专家,其余 2 人为招标人代表。

事件 5:招标人根据评标委员会书面报告,确定各个标段排名第一的中标候选人为中标人,并按照要求发出中标通知书后,向有关部门提交招标投标情况的书面报告,同中标人签订合同并退还投标保证金。

事件 6:招标人在签订合同前,认为中标人 C 的价格略高于自己期望的合同价格,因而又与投标人 C 就合同价格进行了多次谈判。考虑到招标人的要求,中标人 C 觉得小幅度降价可以满足自己利润的要求,同意降低合同价,并最终签订了书面合同。

问题:

1. 招标人自行办理招标事宜需要什么条件?
2. 所有事件中有哪些不妥之处? 请逐一说明。
3. 事件 5 中,请详细说明招标人在发出中标通知书后应于何时做其后的这些工作?

第 4 章 建设工程施工合同订立与履行

学习内容：本章介绍了建设工程施工合同的相关知识。通过学习，掌握施工合同中发承包双方的权利和义务，施工合同质量、进度、费用的控制方法；熟悉施工合同的主要内容；了解施工合同的分类与特点。

思政目标：树立法律责任意识和团队合作意识。

4.1 建设工程施工合同概述

建设工程合同是工程承包方实施相应的工程建设，工程发包方向承包方进行相应工程价款支付的合同。建设工程合同包括建设工程勘察合同、建设工程设计合同、建设工程施工合同等。《民法典》明确规定建设工程合同应当采用书面形式。建设工程施工合同是建设工程合同中的重要组成部分，是施工人（承包人）根据发包人的委托，完成建设工程项目的施工工作，发包人接受工作成果并支付报酬的合同。

4.1.1 施工合同概念与特征

施工合同是承包人和发包人为完成具体工程项目的建筑施工、设备安装、设备调试、工程保修等工作内容，明确双方权利和义务的协议。施工合同是建设工程合同的一种，是工程建设进度控制、投资控制与质量控制的主要依据，与其他建设工程合同一样是双务有偿合同，订立时应遵循自愿、公平、诚实、信用等原则。

施工合同具有以下特征：

（1）合同标的特殊性

施工合同标的是各类建筑产品，不同于其他一般商品。建筑产品是不动产，建造过程中会受到自然条件、地质水文条件、社会条件、人为条件等的影响。另外，各建筑产品有其特定的功能要求，外观、结构、使用目的等各不相同，每个建筑产品都需要单独设计和施工。这就决定了每个施工合同的标的物不同于工厂批量生产的产品，具有单件性特点。

（2）合同履行期限长期性

由于建设工程结构复杂、体积大、建筑材料类型多、工作量大，使得施工工期较长。在较长的合同期内，双方履行义务往往会受到不可抗力、履行过程中法律法规政策发生变化、市场价格浮动等因素的影响，可能会出现材料供应不及时、工程变更、合同争议和纠纷等情况，从而导致工期延误，因此合同履行期限具有长期性。

（3）合同内容复杂性

虽然施工合同的当事人只有两方，但是履行过程中涉及多方主体，内容的约定还需要与其他相关方的合同相协调，如设计合同、采购合同、监理合同、分包合同等，还涉及与劳务人员的劳动关系、与运输企业的运输关系、与保险公司的保险关系等。施工合同除了应具备合同的一般内容外,还应对安全施工、验收等内容作出规定,以致合同的内容约定、履行管理都很复杂。

(4)合同监督严格性

由于施工合同的履行对国家经济发展、人民的工作和生活都有着很大的影响,国家对施工合同的监督是十分严格的。在施工合同的订立、履行、变更、终止全过程中,国家建设行政主管部门、合同的主管机关(工商行政管理机构)、质量监督机构、合同双方的上级主管部门、金融机构等都应该对合同的主体、订立和履行进行严格的监督。

4.1.2　施工合同管理主要参与方

施工合同管理主要参与方包括合同当事人、监理人和分包人。他们之间的关系如图4-1所示。

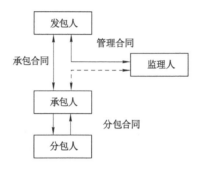

图4-1　当事人、监理和分包关系图

4.1.2.1　合同当事人

施工合同签订后,双方当事人均不允许转让合同。因为承包人是发包人通过复杂的招标选中的实施者;发包人则是承包人在投标前出于对其信誉和支付能力的信任才参与竞争取得合同。因此,按照诚实、信用原则,订立合同后,任何一方都不能将合同转让给第三者。合法继承人是指因资产重组后,合并或分立后的法人或组织可以作为合同的当事人。

(1)发包人

发包人是指在协议书中约定,具有工程发包主体资格和支付工程合同价款能力的当事人及取得该当事人资格的合法继承人。

发包人应该是经过批准进行工程项目建设的法人,具有国家批准建设的建设项目(依法办理准建证书、土地使用证、规划许可证、施工许可证等)落实投资计划,并且具有相应的协调能力。

(2)承包人

承包人是指在协议书中约定,被发包人接受具有工程施工承包主体资格的当事人及取得该当事人资格的合法继承人。

承包人应是具有法人资格、具备相应的施工资质的施工企业。按照住房和城乡建设部《建设工程企业资质管理制度改革方案》(建市〔2020〕94号)规定,施工资质分为综合资质、施工总承包资质、专业承包资质和专业作业资质四个序列。其中综合资质和专业作业资质不分类别和等级;施工总承包序列设有13个类别,分为2个等级(甲级、乙级);专业承包序列设有 18 个类别,一般分为 2 个等级(甲级、乙级,部分专业不分等级)。

【知识拓展 4-1】 **施工总承包资质和专业承包资质类别划分**

施工总承包资质分别为:建筑工程施工总承包、公路工程施工总承包、铁路工程施工总承包、港口与航道工程施工总承包、水利水电工程施工总承包、电力工程施工总承包、矿山工程施工总承包、冶金工程施工总承包、石油化工工程施工总承包、市政公用工程施工总承包、通信工程施工总承包、机电工程施工总承包、民航工程施工总承包。

专业承包资质分别为:地基基础工程专业承包、起重设备安装工程专业承包、预拌混凝土专业承包、模板脚手架专业承包、桥梁工程专业承包、隧道工程专业承包、通用专业承包、建筑装修装饰工程专业承包、防水防腐保温工程专业承包、建筑机电工程专业承包、消防设施工程专业承包、古建筑工程专业承包、公路工程类专业承包或公路工程施工总承包、铁路电务电气化工程专业承包、港口与航道工程类专业承包、水利水电工程类专业承包、输变电工程专业承包、核工程专业承包。

4.1.2.2　监理人

监理人是指在专用合同条款中指明的,受发包人委托对合同履行实施管理的法人或其他组织。监理人作为发包人委托的合同管理人,其权利来源于发包人的授权,职责主要包括以下两个方面:一是作为发包人的代理人,负责发出指示,检查工程质量、进度等现场管理工作;二是作为公正的第三方,负责商定或确定有关事项,如合理调整单价、变更估价、索赔等。但监理人无权修改合同,且无权减轻或免除合同约定的承包人的任何责任与义务。

对于非强制监理工程项目,发包人可以不委托监理人,而自行进行工程管理或聘请工程管理人、工程造价咨询人等,合同关于监理人的工作职责可以由发包人或其聘请的工程管理人、工程造价咨询人行使。

除专用合同条款另有约定外,监理人在施工现场的办公场所、生活场所由承包人提供,所发生的费用由发包人承担。

4.1.2.3　分包人

分包人是指从承包人处分包合同中的某一部分工程或工作,并与其签订分包合同的具有相应资质的法人。分包人包括专业分包人和劳务分包人,分包应根据法律规定,除专业分包人可以将分包工程中的劳务工作再进行分包外,分包人不得再行分包。

在现代工程中,由于工程总承包商通常是技术密集型和管理型的,而专业工程施工往往由分包人完成,所以分包人在工程中起重要作用。在工程合同体系中,分包合同是施工合同的从合同。

【案例 4-1】 **合同当事人关系分析**

背景:某公司(发包人)因新建办公楼与某建设工程总公司(承包人)签订了工程承包合同。其后,经发包人同意,承包人分别与一家建筑设计院和另一家施工企业签订了勘察设计合同和施工合同。勘察设计合同约定由设计院进行办公楼水房、化粪池、给排水、空调及煤气外管线的勘察、设计,制作相应的施工图纸和资料。施工合同约定施工企业根据设计院提供的设计图纸进行施工。合同签订后,建筑设计院按时提交了设计图纸和资料,施工企业依据图纸进行施工。工程竣工后,发包人会同有关质量监督部门对工程进行验收,发现工程存在严重质量问题。造成质量问题的主要原因是设计不符合规范。由于建筑设计院拒绝承担责任,建设工程总公司又以自己不是设计人为由推卸责任,发包人遂以建筑设计院为被告向法院起诉。法院受理后,追加建设工程总公司为共同被告,让其与建筑设计院对工程建设质量问题承担连带责任。

问题:法院判决是否合理,为什么?

分析:由于建设工程总公司是总承包人,建筑设计院和施工企业是分包人。对工程质量问题,建设工程总公司作为总承包人应承担责任。而建筑设计院和施工企业也应该依法分别向发包人承担责任。总承包人以不是自己勘察、设计和建筑安装的理由企图不对发包人承担责任,以及分包人与发包人没有合同关系为由不向发包人承担责任是没有法律依据的。

4.1.3　施工合同示范文本与合同文件组成

4.1.3.1　施工合同示范文本

为指导建设工程施工合同当事人的签约行为,维护合同当事人的合法权益,依据《民法典》《建筑法》《招标投标法》以及相关法律法规,住房和城乡建设部制定了《建设工程施工合同(示范文本)》(GF—2017—0201)。示范文本的条款属于推荐使用,非强制性使用文本,适用于房屋建筑工程、土木工程、线路管道和设备安装工程、装修工程等建设工程的施工承发包活动。合同当事人可以结合建设工程具体情况和特点,根据示范文本加以取舍、补充,按照法律法规规定和合同约定承担相应的法律责任及合同权利义务,最终形成责任明确、操作性强的合同。

《建设工程施工合同(示范文本)》(GF—2017—0201)由合同协议书、通用合同条款和专用合同条款三个部分组成,并附有多个附件。

(1)合同协议书

合同协议书是施工合同的总纲性法律文件,经过双方当事人签字盖章后合同即生效,具有最高的合同解释顺序。合同协议书一般由合同当事人加盖公章由法定代表人或法定代表人的授权代表签字后生效,但是合同当事人对合同生效有特别要求的,可以通过设置一定的生效条件或生效期限来满足具体项目的特殊情况。

合同协议书共计13条,主要包括工程概况、合同工期、质量标准、签约合同价和合同价格形式、项目经理、合同文件构成、承诺、词语定义、签订时间、补充协议、合同生效、合同份数等,集中约定了合同当事人基本的合同权利和义务。

(2)通用合同条款

通用合同条款是合同当事人根据《中华人民共和国建筑法》和《中华人民共和国民法典》等法律和法规的规定,就工程建设的实施及相关事项,对合同当事人的权利和义务作出的约定。使用过程中,如果工程建设项目的技术要求、现场情况与市场环境等实际履行条件存在特殊性,可以在专用条款中进行相应的补充和完善。

通用合同条款共计20条,具体条款分别为:一般约定、发包人、承包人、监理人、工程质量、安全文明施工与环境保护、工期和进度、材料与设备、试验与检验、变更、价格调整、合同价格及计量与支付、验收和工程试车、竣工结算、缺陷责任与保修、违约、不可抗力、保险、索赔和争议解决。前述条款安排既考虑了现行法律法规对工程建设的有关要求,也考虑了建设工程施工管理的特殊需要。

（3）专用合同条款

专用合同条款是对通用合同条款原则性约定的细化、完善、补充、修改或者另行约定的条款。合同当事人可以根据不同建设工程的特点及具体情况，通过双方的谈判、协商对相应的专用合同条款进行修改补充。在使用专用合同条款时应注意以下事项：

① 专用合同条款的编号应与相应的通用合同条款的编号一致。

② 合同当事人可以通过对专用合同条款的修改，满足具体建设工程的特殊要求，避免直接修改通用合同条款。

③ 在专用合同条款中有横道线的地方，合同当事人可针对相应的通用合同条款进行细化、完善、补充、修改或另行约定；如无细化、完善、补充、修改或另行约定，则填写"无"或画"/"。

（4）附件

示范文本提供了 11 个标准化附件，见表 4-1。

如果具体项目的实施为包工包料承包，则可以不使用发包人供应材料设备一览设备表。

表 4-1　示范文本附件

协议书附件	附件 1	承包人承揽工程项目一览表
	附件 2	发包人供应材料设备一览表
	附件 3	工程质量保修书
	附件 4	主要建设工程文件目录
	附件 5	承包人用于本工程施工的机械设备表
专用条款附件	附件 6	承包人主要施工管理人员表
	附件 7	分包人主要施工管理人员表
	附件 8	履约担保格式
	附件 9	预付款担保格式
	附件 10	支付担保格式
	附件 11	暂估价一览表

4.1.3.2　施工合同文件组成

（1）施工合同文件组成

示范文本通用条款规定合同的组成文件包括：

① 合同协议书。

② 中标通知书（如果有）。

③ 投标函及其附录（如果有）。

④ 专用合同条款及其附件。

⑤ 通用合同条款。

⑥ 技术标准和要求。

⑦ 图纸。

⑧ 已标价工程量清单或预算书。

⑨ 其他合同文件。

（2）优先解释次序及矛盾或歧义的处理

组成合同的各项文件应互相解释，互为说明。在合同订立及履行过程中形成的与合同有关的文件，均构成合同文件的组成部分。上述各项合同文件包括合同当事人就该项合同文件所作出的补充和修改，属于同一类内容的文件，应以最新签署的为准，专用条款及其附件必须经合同当事人签字或盖章。除专用合同条款另有约定外，解释合同文件的优先顺序就是合同文件组成部分前面的序号。

当合同文件内容含糊不清或不一致时，在不影响工程正常进行的情况下，由发包人和承包人协商解决。双方也可以提请负责监理的工程师作出解释。双方协商未达成一致或不同意负责监理的工程师的解释时，按合同约定的解决争议的方式处理。示范文本的合同条款中未明确由谁来解释文件之间的歧义，但可以结合监理工程师职责中的规定，总监理工程师应与发包人和承包人进行协商，尽量达成一致，不能达成一致时，总监理工程师应认真研究后审慎确定。

【案例 4-2】　　　　　　施工合同示范文本内容

背景：某开发商投资新建一住宅小区工程，经公开招标投标，某施工总承包单位中标，双方根据《建设工程施工合同（示范文本）》签订了施工总承包合同。合同履行过程中，因钢筋价格上涨较大，建设单位与施工总承包单位签订了《关于钢筋价格调整的补充协议》，协议价款为 60 万元。

问题：《建设工程施工合同（示范文本）》由哪些部分组成？《关于钢筋价格调整的补充协议》归属合同的哪个部分？

分析：《建设工程施工合同（示范文本）》由协议书、通用条款、专用条款三个部分组成。《关于钢筋价格调整的补充协议》是洽商文件，归属合同的协议书部分。

4.1.4　施工合同的类型及选择

按照工程计价方式的不同，施工合同可以划分为总价合同、单价合同和其他合同。

4.1.4.1　总价合同

总价合同是指合同当事人约定以施工图、已标价工程量清单或预算书及有关条件进行合同价格计算、调整和确认的建设工程施工合同，在约定的范围内合同总价不做调整。合同当事人应在专用合同条款中约定总价包含的风险范围和风险费用的计算方法，并约定风险范围以外的合同价格的调整方法。

总价合同适用于工程量不大、技术不复杂、风险不大，并且有详细且全面的设计图纸和各项说明的工程。一般在施工图设计完成，施工任务和范围比较明确，业主的目标、要求和条件都清楚的情况下采用总价合同。

4.1.4.2　单价合同

单价合同是指合同当事人约定以工程量清单及其综合单价进行合同价格计算、调整和确认的建设工程施工合同，在约定的范围内合同单价不做调整。合同当事人应该在专用合同条款中约定综合单价包含的风险范围和风险费用的计算方法，并约定风险范围以外合同价格的调整方法。对于单价合同，清单工程量仅作为投标报价的基础，并不作为工程结算的依据,工程结算是以经监理工程师审核的实际工程量为依据。在施工过程中,双方每月按实际完成的工程量结算,工程竣工时,双方按实际工程量进行竣工结算。

单价合同适用于工程内容和设计不是十分确定,或工程量出入较大的项目。一般来说,采用单价合同有利于业主得到具有竞争力的报价,但是总价合同有利于"固化"建设期支出,这对于经营性项目的投资决策是十分重要的。

4.1.4.3 成本加酬金合同

成本加酬金及定额计价的价格形式均可以作为其他方式合同由合同当事人在专用合同条款中进行约定。

其中,成本加酬金合同也称为成本补偿合同,与总价合同截然相反,工程施工的最终价格将按照工程的实际成本再加上一定比率的酬金进行计算。由于成本加酬金合同在签订时不能确定具体的合同价格,只能确定酬金的比率,在此类合同的招标文件中需详细说明成本组成的各项费用。按照酬金计算方式的不同,成本加酬金合同的具体形式分为以下几类:

(1)成本加固定酬金合同

根据双方讨论同意的工程规模、估计工期、技术要求、工作性质及复杂性、所涉及的风险等来考虑确定一笔固定数目的报酬金额作为管理费及利润,对人工、材料、机械台班等直接成本则实报实销。如果设计变更或增加新项目,当直接费用超过原估算成本的一定比例时,固定报酬也要增加。在工程总成本开始估计不准,可能变化不大的情况下,可采用此合同形式,有时可分为几个阶段谈判付给固定报酬。

(2)成本加固定百分比酬金合同

工程成本中直接费加一定比例的报酬费,报酬费完成的工作量为计算基数,按协议约定比例提取。这种方式的报酬费用总额随成本增加而增大,不利于缩短工期和降低成本,一般在工程初期很难描述工作范围和性质,或工期紧迫,无法按常规编制文件时采用。

(3)成本加奖金合同

奖金根据报价书中的成本估算指标制定,在合同中对这个估算指标规定一个底点和顶点,分别为工程成本估算的 $60\%\sim75\%$ 和 $110\%\sim135\%$。承包商在估算指标的顶点以下完成工程则可以得到奖金,超过顶点则要对超出部分支付罚款。如果成本在底点之下,则可以加大酬金值或酬金百分比。采用这种方式时通常规定:当实际成本超过顶点对承包商进行罚款时,最大罚款限额不超过原先商定的最高酬金值。招标时,当图样、规范等准备不充分,不能据以确定合同价格,而仅能制定一个估算指标时,可采用这种形式。

(4)最高限额成本加固定最大酬金合同

在这种计价方式的合同中,需要约定或确定三个成本:最高限额成本、报价成本和最低成本。

① 当实际成本没有超过最低成本时,承包方花费的成本费用及应得酬金等都可以得到发包方的支付,并与发包方分享节约额。

② 如果实际工程成本在最低成本和报价成本之间,承包方只有成本和酬金可以得到支付。

③ 如果实际工程成本在报价成本和最高限额成本之间,则只有全部成本可以得到支付。

④ 如果实际工程成本超过最高限额成本,则对超过部分,发包方不予支付。

成本加酬金合同适用于紧急抢险、救灾以及工程特别复杂,工程施工技术、结构方案不能预先确定的项目。

4.1.4.4　施工合同的选择

发包方应综合考虑工程项目的复杂程度及设计深度、工程施工技术的先进程度、工程施工工期的紧迫程度等因素来选择合同类型。一般而言,合同工期在 1 年以内且施工图设计文件已通过审查的建设工程,可选择总价合同;紧急抢修、救援、救灾等建设工程,可选择成本加酬金合同;其他情形的建设工程,均宜选择单价合同。

表 4-2 中列出了不同计价方式的合同类型与不同设计阶段的对应选择关系。

表 4-2　不同设计阶段与合同类型选择

合同类型		设计阶段	设计主要内容	设计应满足的条件	应用范围	业主方造价控制
总价合同		施工图设计	1. 详细的设备清单; 2. 详细的材料清单; 3. 施工详图; 4. 施工图预算; 5. 施工组织设计	1. 设备、材料的安排; 2. 非标准设备的制造; 3. 施工图预算的编制; 4. 施工组织设计的编制; 5. 其他施工要求	广泛	易
单价合同		技术设计	1. 较详细的设备清单; 2. 较详细的材料清单; 3. 工程必需的设计内容; 4. 修正概算	1. 设计方案中重大技术要求; 2. 实验方面的要求; 3. 设备制造方面的要求	广泛	较易
成本加酬金合同	百分比酬金	初步设计	1. 总概算; 2. 设计依据、指导思想; 3. 建设规模; 4. 主要设备选型和配置; 5. 主要材料需要量; 6. 主要建筑物、构筑物的形式和估计工程量; 7. 公用辅助设施; 8. 主要技术经济指标	1. 主要材料、设备订购; 2. 项目总造价控制; 3. 技术设计的编制; 4. 施工组织设计的编制	有局限性	最难
	固定酬金					难
	浮动奖金					不易
	最大成本加奖金					较易

【案例 4-3】　　　　　　施工合同类型的选择

背景:某住宅工程以公开招标的形式确定了中标单位。招标文件规定,以固定总价合同承包。签订施工合同时,施工图设计尚未完成。该建筑公司认为工期不到一年,市场材料价格不会发生太大的变化,所以就接受了固定总价的合同形式。

问题:双方选择固定总价合同形式是否妥当? 采用固定总价合同形式时,乙方承担哪些主要风险?

分析:该工程选择固定总价合同形式不妥当,因为项目的工程量难以确定,双方风险较大。采用固定总价合同形式时,乙方需承担两个方面的风险:工程量计算失误的风险和单价计算失误的风险。

4.1.5 施工合同中的一般性要求

4.1.5.1 订立施工合同应具备的条件

(1)初步设计已批准;

(2)工程项目已列入年度建设计划;

(3)有能满足施工需要的设计文件和有关技术资料;

(4)建设资金和主要建筑材料设备来源已经落实;

(5)对于招投标工程,中标通知书已经下达。

在施工合同订立生效前,应做好施工合同的合法性和完备性分析,并分析合同条款之间的联系、双方责任和权益及其关系以及合同实施后果,切实维护自身合法权益,防范合同风险。

4.1.5.2 合同的一般要求

(1)语言文字

施工合同应以中国的汉语简体文字编写、解释和说明。合同当事人在专用合同条款中约定使用两种以上语言时,汉语为优先解释和说明合同的语言。

(2)法律

合同所称法律是指中华人民共和国法律、行政法规、部门规章,以及工程所在地的地方性法规、自治条例、单行条例和地方政府规章等。合同当事人可以在专用合同条款中约定合同适用的其他规范性文件。

(3)标准和规范

适用于工程的国家标准、行业标准、工程所在地的地方性标准,以及相应的规范、规程等,合同当事人有特别要求的,应在专用合同条款中约定。

发包人要求使用国外标准、规范的,发包人负责提供原文版本和中文译本,并在专用合同条款中约定提供标准规范的名称、份数和时间。

发包人对工程的技术标准、功能要求高于或严于现行国家、行业或地方标准的,应当在专用合同条款中予以明确。除专用合同条款另有约定外,应视为承包人在签订合同前已充分预见前述技术标准和功能要求的复杂程度,签约合同价中已包含由此产生的费用。

(4)图纸和承包人文件

① 图纸的提供和交底

发包人应按照专用合同条款约定的期限、数量和内容向承包人免费提供图纸,并组织承包人、监理人和设计人进行图纸会审和设计交底。发包人最迟不得晚于开工通知载明的开工日期前14天向承包人提供图纸。因发包人未按合同约定提供图纸导致承包人费用增加和(或)工期延误的,按照"因发包人原因导致工期延误"的约定处理。

② 图纸的错误

承包人在收到发包人提供的图纸后,发现图纸存在差错、遗漏或缺陷的,应及时通知监理人。监理人接到该通知后,应附具相关意见并立即报送发包人,发包人应在收到监理人报送的通知后的合理时间内作出决定。合理时间是指发包人在收到监理人的报送通知后,尽其努力且不懈怠地完成图纸修改、补充所需的时间。

③ 图纸的修改和补充

图纸需要修改和补充的,应经图纸原设计人及审批部门同意,并由监理人在工程或工程相应部位施工前将修改后的图纸或补充图纸提交给承包人,承包人应按照修改或补充后的图纸施工。

④ 承包人文件

承包人应按照专用合同条款的约定提供应当由其编制的与工程施工有关的文件,并按照专用合同条款约定的期限、数量和形式提交监理人,并由监理人报送发包人。除专用合同条款另有约定外,监理人应在收到承包人文件后 7 天内审查完毕,监理人对承包人文件有异议的,承包人应予以修改,并重新报送监理人。监理人的审查并不减轻或免除承包人根据合同约定应当承担的责任。

⑤ 图纸和承包人文件的保管

除专用合同条款另有约定外,承包人应在施工现场另外保存一套完整的图样和承包人文件,供发包人、监理人及有关人员进行工程检查时使用。

(5) 联络

① 联络形式

与合同有关的通知、批准、证明、证书、指示、指令、要求、请求、同意、意见、确定和决定等,均应采用书面形式,并应在合同约定的期限内送达接收人和送达地点。

② 联络人和地点

发包人和承包人应在专用合同条款中约定各自的送达接收人和送达地点。任何一方合同当事人指定的接收人或送达地点发生变动的,应提前 3 天以书面形式通知对方。

③ 有关责任

发包人和承包人应当及时签收另一方送达指定送达地点和指定接收人的来往信函。拒不签收的,由此增加的费用和(或)延误的工期由拒绝接收的一方承担。

(6) 严禁贿赂

合同当事人不得以贿赂或变相贿赂的方式,谋取非法利益或损害对方权益。因一方合同当事人的贿赂造成对方损失的,应赔偿损失,并承担相应的法律责任。

承包人不得与监理人或发包人聘请的第三方串通损害发包人利益。未经发包人书面同意,承包人不得为监理人提供合同约定以外的通信设备、交通工具及其他任何形式的利益,不得向监理人支付报酬。

(7) 化石、文物

在施工现场发掘的所有文物、古迹以及具有地质研究或考古价值的其他遗迹、化石、钱币或物品属于国家所有。一旦发现上述文物,承包人应采取合理有效的保护措施,防止任何人员移动或损坏上述物品,并立即报告有关政府行政管理部门,同时通知监理人。

发包人、监理人和承包人应按有关政府行政管理部门要求采取妥善的保护措施,由此增加的费用和(或)延误的工期由发包人承担。

承包人发现文物后不及时报告或隐瞒不报,致使文物丢失或损坏的,应赔偿损失,并承担相应的法律责任。

(8) 交通运输

① 出入现场的权利

除专用合同条款另有约定外,发包人应根据施工需要,负责取得出入施工现场所需的批准手续和全部权利,以及取得因施工所需修建道路、桥梁以及其他基础设施的权利,并承担相关手续费用和建设费用。承包人应协助发包人办理修建场内外道路、桥梁以及其他基础设施的手续。承包人应在订立合同前查勘施工现场,并根据工程规模及技术参数合理预见工程施工所需的进出施工现场的方式、手段、路径等。因承包人未合理预见所增加的费用和(或)延误的工期由承包人承担。

② 场外交通

发包人应提供场外交通设施的技术参数和具体条件,承包人应遵守有关交通法规,严格按照道路和桥梁的限制荷载行驶,执行有关道路限速、限行、禁止超载的规定,并配合交通管理部门的监督和检查。场外交通设施无法满足工程施工需要的,由发包人负责完善并承担相关费用。

③ 场内交通

发包人应提供场内交通设施的技术参数和具体条件,并应按照专用合同条款的约定向承包人免费提供满足工程施工所需的场内道路和交通设施。因承包人原因造成上述道路或交通设施损坏的,承包人负责修复并承担由此增加的费用。除发包人按照合同约定提供的场内道路和交通设施外,承包人还负责修建、维修、养护和管理施工所需的其他场内临时道路和交通设施。发包人和监理人可以为实现合同目的使用承包人修建的场内临时道路和交通设施。

场外交通和场内交通的边界由合同当事人在专用合同条款中约定。

④ 超大件和超重件的运输

由承包人负责运输的超大件或超重件,应由承包人负责向交通管理部门办理申请手续,发包人给予协助。除专用合同条款另有约定外,运输超大件或超重件所需的道路和桥梁临时加固改造费用和其他有关费用由承包人承担。

⑤ 道路和桥梁的损坏责任

因承包人运输造成施工场地内外公共道路和桥梁损坏的,由承包人承担修复损坏的全部费用和可能引起的赔偿。

⑥ 水路运输和航空运输

本款前述各项内容也适用于水路运输和航空运输,其中"道路"一词的含义包括河道、航线、船闸、机场、码头、堤坝以及水路或航空运输中的其他相似结构物;"车辆"一词的含义包括船舶和飞机等。

(9)知识产权

① 知识产权使用要求

除专用合同条款另有约定外,发包人提供给承包人的图纸、发包人为实施工程自行编制或委托编制的技术规范以及反映发包人要求的或其他类似性质的文件的著作权属于发包人。承包人可以为实现合同目的而复制、使用此类文件,但不能用于与合同无关的其他事项。未经发包人书面同意,承包人不得为了合同以外的目的而复制、使用上述文件或将之提供给第三方。

除专用合同条款另有约定外,承包人为实施工程所编制的文件,除署名权以外的著作权属于发包人。承包人可以因实施工程的运行、调试、维修、改造等目的而复制、使用此类文件，但是不能用于与合同无关的其他事项。未经发包人书面同意，承包人不得为了合同以外的目的而复制、使用上述文件或将之提供给第三方。

② 有关责任

合同当事人保证在履行合同过程中不侵犯对方及第三方的知识产权。承包人在使用材料、施工设备、工程设备或采用施工工艺时，因侵犯他人的专利权或其他知识产权所引起的责任，由承包人承担；因发包人提供的材料、施工设备、工程设备或施工工艺导致侵权的，由发包人承担。

除专用合同条款另有约定外，承包人在合同签订前和签订时已确定采用的专利、专有技术、技术秘密的使用费已包含在签约合同价中。

（10）保密

除法律规定或合同另有约定外，未经发包人同意，承包人不得将发包人提供的图样、文件以及声明需要保密的资料信息等商业秘密泄露给第三方。

除法律规定或合同另有约定外，未经承包人同意，发包人不得将承包人提供的技术秘密及声明需要保密的资料信息等商业秘密泄露给第三方。

（11）工程量清单错误的修正

除专用合同条款另有约定外，发包人提供的工程量清单，应被认为是准确的和完整的。出现下列情形之一时，发包人应予以修正，并相应调整合同价格：

① 工程量清单存在缺项、漏项的。

② 工程量清单偏差超出专用合同条款约定的工程量偏差范围的。

③ 未按照国家现行计量规范强制性规定计量的。

4.1.5.3　主体的一般要求

（1）发包人

① 发包人义务

发包人的首要义务是按照合同约定的期限和方式向承包人支付合同价款及应支付的其他款项。

发包人还应按合同专用条款约定的内容和时间完成以下工作：

a. 办理土地征用、拆迁补偿、平整施工现场等工作，使施工场地具备施工条件。在开工后继续解决相关的遗留问题。

b. 将施工所需水、电、电信线路接至专用条款约定地点，并保证施工期间的需要。

c. 开通施工场地与城乡公共道路的通道及由专用条款约定的施工场地内的主要交通干道，满足施工运输的需要，并保证施工期间的畅通。

d. 向承包人提供施工场地的工程地质和地下管网线等资料，对资料的正确性负责。

e. 办理施工许可证及其他施工所需的证件、批件和临时用地、停水、停电、中断交通、爆破作业等申请批准手续（证明承包人自身资质的证件除外）。

f. 确定水准点与坐标控制点，以书面形式交给承包人，并进行现场交验。

g. 组织承包人和设计单位进行图纸会审，向承包人设计交底。

h. 协调处理施工现场周围地下管线和邻近建筑物、构筑物（包括文物保护建筑）、古树名木的保护工作，并承担有关费用。

i. 由专用条款约定的其他应由发包人负责的工作。

上述这些工作也可以在专用条款中约定由承包人承担,但是由发包人承担相关费用。

② 逾期提供责任

除专用合同条款另有约定外,发包人应最迟于开工日期7天前向承包人移交施工现场。发包人如果不履行各项义务,或因发包人原因未能按合同约定及时向承包人提供施工现场、施工条件、基础资料的,由发包人承担由此增加的费用和(或)延误的工期。因发包人原因给承包人造成损失的,发包人应予以赔偿。

③ 资金来源证明及支付担保

除专用合同条款另有约定外,发包人应在收到承包人要求提供资金来源证明的书面通知后28天内,向承包人提供能够按照合同约定支付合同价款的相应资金来源证明。发包人要求承包人提供履约担保的,发包人应当向承包人提供支付担保。支付担保可以采用银行保函或担保公司担保等形式,具体由合同当事人在专用合同条款中约定。

④ 发包人代表和人员

发包人员包括发包人代表及其他由发包人派驻施工现场的人员。

发包人应在专用合同条款中明确其派驻施工现场的发包人代表的姓名、职务、联系方式及授权范围等。发包人代表在发包人的授权范围内,负责处理合同履行过程中与发包人有关的具体事宜。发包人代表在授权范围内的行为由发包人承担法律责任。发包人更换发包人代表的,应提前7天书面通知承包人。发包人代表不能按照合同约定履行其职责及义务,并导致合同无法继续正常履行的,承包人可以要求发包人撤换发包人代表。

发包人应要求在施工现场的发包人员遵守法律及有关安全、质量、环境保护、文明施工等规定,并保障承包人免于承受因发包人员未遵守上述要求而给承包人造成的损失和责任。

不属于法定必须监理的工程,监理人的职权可以由发包人代表或发包人指定的其他人员行使。

(2)承包人

① 承包人义务

承包人应按照合同约定内容及时间完成以下工作:

a. 承包人在履行合同过程中应遵守法律和工程建设标准规范。

b. 办理法律规定应由承包人办理的许可和批准,并将办理结果书面报送发包人留存。

c. 按法律规定和合同约定完成工程,并在保修期内承担保修义务。

d. 按法律规定和合同约定采取施工安全和环境保护措施,办理工伤保险,确保工程及人员、材料、设备和设施的安全。

e. 按合同约定的工作内容和施工进度要求,编制施工组织设计和施工措施计划,并对所有施工作业和施工方法的完备性和安全可靠性负责。

f. 在进行合同约定的各项工作时,不得侵害发包人与他人使用公用道路、水源、市政管网等公共设施的权利,避免对邻近的公共设施产生干扰。承包人占用或使用他人的施工场地,影响他人作业或生活的,应承担相应责任。

g. 按照"环境保护"约定负责施工场地及其周边环境与生态的保护工作。

h. 按照"安全文明施工"约定采取施工安全措施,确保工程及其人员、材料、设备和设施的安全,防止因工程施工造成的人身伤害和财产损失。

i. 将发包人按合同约定支付的各项价款专用于合同工程,且应及时支付其雇用人员的工资,并及时向分包人支付合同价款。

g. 按照法律规定和合同约定编制竣工资料,完成竣工资料立卷及归档,并按专用合同条款约定的竣工资料的套数、内容、时间等要求移交发包人。

k. 应履行的其他义务。

承包人不履行上述义务造成发包人损失的,应对发包人的损失给予赔偿。

如果承包人提出使用专利技术或特殊工艺,必须报工程师认可后实施,承包人负责办理申报手续并承担有关费用。

② 承包人现场查勘

承包人应对基于发包人按照"提供基础资料"约定提交的基础资料所作出的解释和推断负责,但是因基础资料存在错误、遗漏导致承包人解释或推断失实的,由发包人承担责任。承包人应对施工现场和施工条件进行查勘,并充分了解工程所在地的气象条件、交通条件、风俗习惯以及其他与完成合同工作有关的其他资料。因承包人未能充分查勘、了解前述情况或未能充分估计前述情况所可能产生后果的,承包人承担由此增加的费用和(或)延误的工期。

③ 工程照管与成品、半成品保护

除专用合同条款另有约定外,自发包人向承包人移交施工现场之日起,承包人应负责照管工程及工程相关的材料、工程设备,直到颁发工程接收证书之日止。在承包人负责照管期间,因承包人原因造成工程、材料、工程设备损坏的,由承包人负责修复或更换,并承担由此增加的费用和(或)延误的工期。对合同内分期完成的成品和半成品,在工程接收证书颁发前,由承包人承担保护责任。因承包人原因造成成品或半成品损坏的,由承包人负责修复或更换,并承担由此增加的费用和(或)延误的工期。

④ 履约担保

发包人需要承包人提供履约担保的,由合同当事人在专用合同条款中约定履约担保的方式、金额及期限等。履约担保可以采用银行保函或担保公司担保等形式,具体由合同当事人在专用合同条款中约定。因承包人原因导致工期延长的,继续提供履约担保所增加的费用由承包人承担;非承包人原因导致工期延长的,继续提供履约担保所增加的费用由发包人承担。

⑤ 承包人人员

a. 承包人提交人员名单和信息。

除专用合同条款另有约定外,承包人应在接到开工通知后 7 天内,向监理人提交承包人项目管理机构及施工现场人员安排的报告,其内容应包括合同管理、施工、技术、材料、质量、安全、财务等主要施工管理人员名单及其岗位、注册执业资格等,以及各工种技术工人的安排情况,并同时提交主要施工管理人员与承包人之间的劳动关系证明和缴纳社会保险的有效证明。

b. 承包人更换主要施工管理人员。

承包人派驻到施工现场的主要施工管理人员应相对稳定。施工过程中如有变动,承包人应及时向监理人提交施工现场人员变动情况的报告。承包人更换主要施工管理人员时,应提前 7 天书面通知监理人,并征得发包人书面同意。通知中应当载明继任人员的注册执业资格、管理经验等资料。特殊工种作业人员均应持有相应的资格证明,监理人可以随时检查。

c. 发包人要求撤换主要施工管理人员。

发包人对承包人的主要施工管理人员的资格或能力有异议的,承包人应提供资料证明被质疑人员有能力完成其岗位工作或不存在发包人所质疑的情形。发包人要求撤换不能按照合同约定履行职责及义务的主要施工管理人员的,承包人应当撤换。承包人无正当理由拒绝撤换的,应按照专用合同条款的约定承担违约责任。

d. 主要施工管理人员应常驻现场。

除专用合同条款另有约定外,承包人的主要施工管理人员离开施工现场每月累计不超过 5 天的,应报监理人同意;离开施工现场每月累计超过 5 天的,应通知监理人,并征得发包人书面同意。主要施工管理人员离开施工现场前应指定一名有经验的人员临时代行其职责,该人员应具备履行相应职责的资格和能力,且应征得监理人或发包人的同意。

e. 违约责任的承担。

承包人擅自更换主要施工管理人员,或前述人员未经监理人或发包人同意擅自离开施工现场的,应按照专用合同条款的约定承担违约责任。

⑥ 项目经理

a. 承包人任命项目经理。

项目经理应为合同当事人所确认的人选,并在专用合同条款中明确项目经理的姓名、职称、注册执业证书编号、联系方式及授权范围等事项,项目经理经承包人授权后代表承包人负责履行合同。

b. 项目经理应常驻施工现场。

项目经理应常驻施工现场,且每月在施工现场时间不得少于专用合同条款约定的天数。项目经理不得同时担任其他项目的项目经理。项目经理确需离开施工现场时,应事先通知监理人,并取得发包人的书面同意。

c. 项目经理的更换。

承包人需要更换项目经理的,应提前 14 天书面通知发包人和监理人,并征得发包人书面同意。未经发包人书面同意,承包人不得擅自更换项目经理,否则应按照专用合同条款的约定承担违约责任。

发包人有权书面通知承包人更换其认为不称职的项目经理,通知中应当载明要求更换的理由。承包人应在接到更换通知后 14 天内向发包人提出书面的改进报告。发包人收到改进报告后仍要求更换的,承包人应在接到第二次更换通知的 28 天内进行更换。

⑦ 联合体

联合体各方应共同与发包人签订合同协议书。联合体各方应为履行合同向发包人承担连带责任。联合体协议经发包人确认后作为合同附件。在履行合同过程中,未经发包人同意,不得修改联合体协议。联合体牵头人负责与发包人和监理人联系,并接受指示,负责组织联合体各成员全面履行合同。

(3) 监理人

① 监理人员

发包人授予监理人对工程实施监理的权力,由监理人派驻施工现场的监理人员行使。监理人员包括总监理工程师及监理工程师。监理人应将授权的总监理工程师和监理工程师姓名及授权范围以书面形式提前通知承包人。更换总监理工程师的,监理人应提前 7 天书面通知承包人;更换其他监理人员的,监理人应提前 48 小时书面通知承包人。

② 监理指示

监理人应按照发包人的授权发出监理指示。监理人的指示应采用书面形式,并经其授权的监理人员签字。紧急情况下,为保证施工人员的安全或避免工程受损,监理人员可以口头形式发出指示,该指示与书面形式的指示具有同等法律效力,但必须在发出口头指示后 24 小时内补发书面监理指示,补发的书面监理指示应与口头指示一致。

监理人发出的指示应送达承包人项目经理或经项目经理授权接收的人员。因监理人未能按合同约定发出指示、指示延误或发出了错误指示而导致承包人费用增加和(或)工期延误的,由发包人承担相应责任。

承包人对监理人发出的指示有疑问的,应向监理人提出书面异议,监理人应在 48 小时内对该指示予以确认、更改或撤销,监理人逾期未回复的,承包人有权拒绝执行上述指示。监理人对承包人的任何工作、工程或其采用的材料和工程设备未在约定的或合理期限内提出意见的,视为批准,但不免除或减轻承包人对该工作、工程、材料、工程设备等应承担的责任和义务。

③ 商定或确定

合同当事人进行商定或确定时,总监理工程师应当会同合同当事人尽量通过协商达成一致,不能达成一致的,由总监理工程师按照合同约定审慎作出公正的确定。除专用合同条款另有约定外,总监理工程师不应将"商定或确定"约定应由总监理工程师作出确定的权力授权或委托给其他监理人员。

总监理工程师应将确定以书面形式通知发包人和承包人,并附详细依据。合同当事人对总监理工程师的确定没有异议的,按照总监理工程师的确定执行。任何一方合同当事人有异议,按照"争议解决"约定处理。争议解决前,合同当事人暂按总监理工程师的确定执行;争议解决后,争议解决的结果与总监理工程师的确定不一致的,按照争议解决的结果执行,由此造成的损失由责任人承担。

(4) 分包人

① 分包的一般规定

根据《招标投标法》的相关规定,承包人不得将其承包的全部工程转包给第三人,或将其承包的全部工程肢解后以分包的名义转包给第三人。承包人不得将工程主体结构、关键性工作及专用合同条款中禁止分包的专业工程分包给第三人,主体结构、关键性工作的范围由合同当事人按照法律规定在专用合同条款中予以明确。承包人不得以劳务分包的名义转包或违法分包工程。承包人应与分包人就分包工程向发包人承担连带责任。

[知识拓展 4-2]　　　　　　　　违法分包

根据《建设工程质量管理条例》的规定,违法分包行为主要有:承包单位将其承包的工程分包给个人的;总承包单位将建设工程分包给不具备相应资质条件的单位的;建设工程总承包中未有约定,又未经建设单位认可,承包单位将其承包的部分建设工程交由其他单位完成的；施工总承包单位将建设工程主体结构的施工分包给其他单位的，钢结构工程除外；分包单位将其承包的建设工程中非劳务作业再分包的；专业作业承包人将其承包的劳务作业再分包的。

② 分包的确定

承包人应按专用合同条款的约定进行分包，确定分包人。已标价工程量清单或预算书中给定暂估价的专业工程，按照暂估价确定分包人。按照合同约定进行分包的，承包人应确保分包人具有相应的资质和能力。工程分包不减轻或免除承包人的责任和义务，承包人和分包人就分包工程向发包人承担连带责任。除合同另有约定外，承包人应在分包合同签订后7天内向发包人和监理人提交分包合同副本。

③ 分包管理

承包人应向监理人提交分包人的主要施工管理人员表，并对分包人的施工人员进行实名制管理，包括但不限于进出场管理、登记造册以及各种证照的办理。

④ 分包合同价款

生效法律文书要求发包人向分包人支付分包合同价款的，发包人有权从应付承包人工程款中扣除该部分款项；除上述约定的情况或专用合同条款另有约定外，分包合同价款由承包人与分包人结算，未经承包人同意，发包人不得向分包人支付分包工程价款。

⑤ 分包合同权益的转让

分包人在分包合同项下的义务持续到缺陷责任期届满以后的，发包人有权在缺陷责任期届满前，要求承包人将其在分包合同项下的权益转让给发包人，承包人应当转让。除转让合同另有约定外，转让合同生效后，由分包人向发包人履行义务。

[案例 4-4] 　　　　　　　　　**施工主体的义务和责任分析**

背景：某政府机关建一幢办公楼，在施工中，施工总承包单位的项目经理在开工后又担任了另一个工程的项目经理，于是项目经理委托执行经理代替其负责本工程的日常管理工作；施工总承包单位以包工包料的形式将全部结构工程分包给劳务公司。

问题：施工总承包单位的做法是否妥当？说明理由。

分析：不妥当。不应该同时担任两个项目的项目经理。建筑工程的主体结构的施工必须由总承包单位自行完成，而本事件中总承包单位以包工包料的形式将全部结构工程分包给劳务公司，这不符合规定，且不得分包给不具有相应资质的分包单位。

4.2　施工合同进度管理

对于发包人而言，工程能否按期竣工有时关系到项目能否按计划时间投入运营，关系到预期的经济利益能否实现。而对于承包人来说，按期竣工是承包人的主要合同义务，并且能否达到合同约定的进度要求，关系到工程款的支付。工程进度控制程序如图4-2所示。

4.2.1　工期

工期是指在合同协议书约定的承包人完成工程所需的期限，包括按照合同约定所做的期限变更，按总日历天数（包括法定节假日）计算的承包天数。合同工期是施工的工程从开

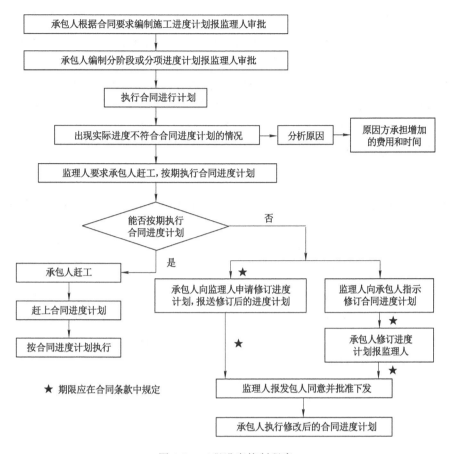

图 4-2　工程进度控制程序

工起到完成专用条款约定的全部内容,工程达到竣工验收标准所经历的时间。承发包双方必须在协议书中明确约定工期。对于群体工程,双方应在合同附件中具体约定不同单位工程的开工日期和竣工日期。对于大型、复杂工程项目,除了约定整个工程的开工日期、竣工日期和合同工期的总日历天数外,还应约定重要里程碑事件的开工与竣工日期,以确保工期总目标的顺利实现。

4.2.1.1　开工日期

开工日期包括计划开工日期和实际开工日期。计划开工日期是指合同协议书约定的开工日期;实际开工日期是指监理人按照开工通知约定发出的符合法律规定的开工通知中载明的开工日期。

经发包人同意后,监理人发出的开工通知应符合法律规定。监理人应在计划开工日期7天前向承包人发出开工通知,工期自开工通知中载明的开工日期起算。开工通知发出后,尚不具备开工条件的,以开工条件具备的时间为开工日期;因承包人原因导致开工时间推迟的,以开工通知载明的时间为开工日期。承包人经发包人同意经实际进场施工的,以实际进场施工时间为开工日期。

4.2.1.2 竣工日期

竣工日期包括计划竣工日期和实际竣工日期。计划竣工日期是指合同协议书约定的竣工日期;实际竣工日期是指竣工验收合格的日期。

建设工程经竣工验收合格的,以竣工验收合格之日为竣工日期;承包人已经提交竣工验收报告,发包人拖延验收的,以承包人提交验收报告之日为竣工日期;建设工程未经竣工验收,发包人擅自使用的,以转移占有建设工程之日为竣工日期。

4.2.2 施工进度计划

4.2.2.1 施工进度计划的编制

承包人应按照施工组织设计约定,提交详细的施工进度计划。施工进度计划的编制应当符合国家法律规定和一般工程实践惯例,施工进度计划经发包人批准后实施。施工进度计划是控制工程进度的依据,发包人和监理人有权按照施工进度计划检查工程进度情况。

4.2.2.2 施工进度计划的修订

施工进度计划不符合合同要求或与工程的实际进度不一致的,承包人应向监理人提交修订的施工进度计划,并附具有关措施和相关资料,由监理人报送发包人。除专用合同条款另有约定外,发包人和监理人应在收到修订的施工进度计划后7天内完成审核和批准或提出修改意见。发包人和监理人对承包人提交的施工进度计划的确认,不能减轻或免除承包人根据法律规定和合同约定应承担的任何责任或义务。

4.2.3 开工

4.2.3.1 开工准备

除专用合同条款另有约定外,承包人应按照"施工组织设计"约定的期限,向监理人提交工程开工报审表,经监理人报发包人批准后执行。开工报审表应详细说明按施工进度计划正常施工所需的施工道路、临时设施、材料、工程设备、施工设备、施工人员等落实情况以及工程的进度安排。除专用合同条款另有约定外,合同当事人应按约定完成开工准备工作。

4.2.3.2 开工通知

发包人应按照法律规定获得工程施工所需的许可。经发包人同意后,监理人发出的开工通知应符合法律规定。监理人应在计划开工日期7天前向承包人发出开工通知,工期自开工通知中载明的开工日期起算。

除专用合同条款另有约定外,因发包人原因造成监理人未能在计划开工日期之日起90天内发出开工通知的,承包人有权提出价格调整要求或者解除合同。发包人应当承担由此增加的费用和(或)延误的工期,并向承包人支付合理的利润。

4.2.4 暂停施工

除了发生不可抗力事件、安全生产事故或其他客观原因造成必要的暂停施工外,工程施工过程中,当一方违约使另一方遭受重大损失,受害方有权提出暂停施工,其目的是保护受害方,减少损失。在工程施工过程中,不能持续的情况时有发生,因此,合同中应详细约定合同双方当事人暂停施工的责任,这无论是对于发包人还是承包人都是极为重要的。但是也应该认识到暂停施工会影响工程进度,影响合同的正常履行。为此,合同双方都应尽量避免采取暂停施工的手段,而应通过协商,共同采取紧急措施,消除可能发生的暂停施工的因素。

4.2.4.1　发包人原因导致暂停施工

因发包人原因导致暂停施工的,监理人经发包人同意后,应及时下达暂停施工指示。情况紧急且监理人未及时下达暂停施工指示的,按照"紧急情况下的暂停施工"的约定执行。

因发包人原因导致的暂停施工,发包人应承担由此增加的费用和(或)延误的工期,并支付承包人合理的利润。

4.2.4.2　承包人原因导致暂停施工

因承包人原因导致的暂停施工,承包人应承担由此增加的费用和(或)延误的工期,且承包人在收到监理人复工指示后 84 天内仍未复工的,视为"承包人违约的情形"约定的承包人无法继续履行合同的情形。

4.2.4.3　指示暂停施工

监理人认为有必要时,并经发包人批准后,可向承包人作出暂停施工的指示。承包人应按监理人指示暂停施工。

4.2.4.4　紧急情况下暂停施工

因紧急情况需暂停施工,且监理人未及时下达暂停施工指示的,承包人可以先暂停施工,并及时通知监理人。监理人应在接到通知后 24 小时内发出指示,逾期未发出指示的,视为同意承包人暂停施工。监理人不同意承包人暂停施工的,应说明理由,承包人对监理人的答复有异议的,按照"争议解决"的约定处理。

4.2.4.5　暂停施工的处理

(1)暂停施工后的复工

暂停施工后,发包人和承包人应采取有效措施,积极消除暂停施工的影响。在工程复工前,监理人会同发包人和承包人确定因暂停施工造成的损失,并确定工程复工条件。当工程具备复工条件时,监理人应经发包人批准后向承包人发出复工通知,承包人应按照复工通知要求复工。

承包人无故拖延和拒绝复工的,承包人承担由此增加的费用和(或)延误的工期;因发包人原因无法按时复工的,按照"因发包人原因导致工期延误"的约定处理。

(2)暂停施工持续 56 天以上

监理人发出暂停施工指示后 56 天内未向承包人发出复工通知的,除该项停工属于"承包人原因引起的暂停施工"及"不可抗力"约定的情形外,承包人可向发包人提交书面通知,要求发包人在收到书面通知后 28 天内准许已暂停施工的部分或全部工程继续施工。发包人逾期不予批准的,承包人可以通知发包人,将工程受影响的部分视为按"变更的范围"可取消工作。

暂停施工持续 84 天以上不复工的,且不属于"承包人原因引起的暂停施工"及"不可抗力"约定的情形,并影响到整个工程以及合同目的实现的,承包人有权提出价格调整要求或者解除合同。解除合同的,按照"因发包人违约解除合同"的约定执行。

(3)暂停施工期间的工程照管

暂停施工期间,发包人和承包人均应采取必要的措施确保工程质量及安全,防止因暂停施工扩大损失。

暂停施工期间,承包人应负责妥善照管工程并提供安全保障,由此增加的费用由责任方承担。

【案例 4-5】 **暂停施工处理**

背景:某建设项目,公开招标选定甲施工单位作为施工总承包单位,桩基工程分包给乙施工单位。在桩基施工过程中,出现了断桩事故。经调查分析,此次断桩事故是因为分包人抢进度,擅自改变施工方案引起的。

问题:对此事件监理人应如何处理?

分析:在此情况下,监理人应及时下达《工程暂停令》,责令甲施工单位报送断桩事故调查报告,审查甲施工单位报送的施工处理方案、措施;审查同意后签发《工程复工令》。

4.2.5 工期延误

4.2.5.1 发包人原因

在合同履行过程中,因下列情况导致工期延误和(或)费用增加的,由发包人承担由此延误的工期和(或)增加的费用,且发包人应向承包人支付合理的利润:

(1)发包人未能按合同约定提供图样或所提供图样不符合合同约定的。

(2)发包人未能按合同约定提供施工现场、施工条件、基础资料、许可、批准等开工条件的。

(3)发包人提供的测量基准点、基准线和水准点及其书面资料存在错误或疏漏的。

(4)发包人未能在计划开工日期之日起 7 天内同意下达开工通知的。

(5)发包人未能按合同约定日期支付工程预付款、进度款或竣工结算款的。

(6)监理人未按合同约定发出指示、批准等文件的。

(7)专用合同条款中约定的其他情形。

因发包人原因未按计划开工日期开工的,发包人应按实际开工日期顺延竣工日期,确保实际工期不低于合同约定的工期总日历天数。因发包人原因导致工期延误需要修订施工进度计划的,按照"施工进度计划的修订"执行。

4.2.5.2 承包人原因

因承包人原因导致工期延误的,可以在专用合同条款中约定逾期竣工违约金的计算方法和逾期竣工违约金的上限。承包人支付逾期竣工违约金后,不免除承包人继续完成工程及修补缺陷的义务。

4.2.5.3 不利物质条件

不利物质条件是指有经验的承包人在施工现场遇到的不可预见的自然物质条件、非自然的物质障碍和污染物,包括地表以下物质条件和水文条件以及专用合同条款约定的其他情形,但不包括气候条件。

承包人遇到不利物质条件时,应采取克服不利物质条件的合理措施继续施工,并及时通知发包人和监理人。通知应载明不利物质条件的内容以及承包人认为不可预见的理由。监理人经发包人同意后应当及时发出指示,指示构成变更的,按"变更"的约定执行。承包人因采取合理措施而增加的费用和(或)延误的工期,由发包人承担。

4.2.5.4 异常恶劣的气候条件

异常恶劣的气候条件是指在施工过程中遇到的,有经验的承包人在签订合同时不可预见的,对合同履行造成实质性影响的,但尚未构成不可抗力事件的恶劣气候条件。合同当事人可以在专用合同条款中约定异常恶劣的气候条件的具体情形。

承包人应采取克服异常恶劣的气候条件的合理措施继续施工,并及时通知发包人和监理人。监理人经发包人同意后应当及时发出指示,指示构成变更的,按变更的约定执行。承包人因采取合理措施而增加的费用和(或)延误的工期,由发包人承担。

【案例 4-6】 工期延误原因分析

背景:某电器公司与某建筑公司签订了《建筑工程施工合同》,对工程内容、工程价款、支付时间、工程质量、工期、违约责任等作了具体约定。在施工过程中,电器公司对施工图纸先后做了 8 次修改,但未能按期交付图纸,致使工期拖延。竣工验收时,电器公司对部分工程质量提出了异议。经双方协商无果,电器公司以建筑公司工期延误为由向法院提起诉讼,要求建筑公司承担相应的违约责任。

问题:对工期的延误,建筑公司是否应当承担违约责任?

分析:对于工期的延误,该建筑公司不应当承担违约责任,但是需要举证。因为在施工过程中,电器公司对施工图纸做了 8 次修改,并未按期交付图纸,导致工期延误,建筑公司不应当为此承担违约责任。建筑公司应当向法院提交电器公司修改的图纸以及图纸修改时间等相关证据,即证明工期延误非本建筑公司行为所致。

4.2.6 提前竣工

发包人要求承包人提前竣工的,发包人应通过监理人向承包人下达提前竣工指示。承包人应向发包人和监理人提交提前竣工建议书,提前竣工建议书应包括实施的方案、缩短的时间、增加的合同价格等内容。发包人接受该提前竣工建议书的,监理人应与发包人和承包人协商采取加快工程进度的措施,并修订施工进度计划,由此增加的费用由发包人承担。承包人认为提前竣工指示无法执行的,应向监理人和发包人提出书面异议,发包人和监理人应在收到异议后 7 天内予以答复。任何情况下,发包人不得压缩合理工期。

发包人要求承包人提前竣工,或承包人提出提前竣工的建议能够给发包人带来效益的,合同当事人可以在专用合同条款中约定提前竣工的奖励。

【案例 4-7】 提前竣工奖金计算

背景:某土建工程项目,经计算定额工期为 1 080 天,实际合同工期为 661 天,合同金额为 4 320 万元。合同规定土建工程工期提前 30% 以内的,按土建合同总额的 2% 计算赶工措施费;如再提前,每天应按其合同总额的万分之四加付工期奖,两项费用在签订合同时确定。

问题:计算工期提前奖和赶工措施费两项费用。

分析:工期提前 30% 时的工期 = 1 080 × (1 - 30%) = 756(天)

实际合同工期 = 661(天)

赶工措施费＝4 320×2％＝86.4(万元)

工期奖＝(756－661)×4320×4/10 000＝164.16(万元)

两项合计86.4＋164.16＝250.56(万元)

4.3 施工合同质量与安全管理

4.3.1 工程质量要求与保证

4.3.1.1 质量要求

工程质量标准必须符合现行国家有关工程施工质量验收规范和标准的要求。有关工程质量的特殊标准或要求由合同当事人在专用合同条款中约定。

因发包人原因造成工程质量未达到合同约定标准的,由发包人承担由此增加的费用和(或)延误的工期,并支付承包人合理的利润。因承包人原因造成工程质量未达到合同约定标准的,发包人有权要求承包人返工直至工程质量达到合同约定的标准为止,并由承包人承担由此增加的费用和(或)延误的工期。

4.3.1.2 质量保证主体责任

(1)发包人的质量责任

发包人应按照法律规定及合同约定完成与工程质量有关的各项工作。

发包人必须依法提供原始资料、限制不合理的干预行为、依法报审施工图设计文件、依法实行工程监理、依法办理工程质量监督手续、依法保证建筑材料等符合要求等。

(2)承包人的质量责任

承包人按照施工组织设计约定向发包人和监理人提交工程质量保证体系及措施文件,建立完善的质量检查制度,并提交相应的工程质量文件。对于发包人和监理人违反法律规定和合同约定的错误指示,承包人有权拒绝实施。

承包人应对施工人员进行质量教育和技术培训,定期考核施工人员的劳动技能,严格执行施工规范和操作规程。

承包人应按照法律规定和发包人的要求,对材料、工程设备以及工程的所有部位及其施工工艺进行全过程的质量检查和检验,并做详细记录,编制工程质量报表,报送监理人审查,此外,承包人还应按照法律规定和发包人的要求,进行施工现场取样试验、工程复核测量和设备性能检测,提供试验样品,提交试验报告和测量成果,以及其他工作。

【知识拓展 4-3】　　　　　　　　**施工组织设计的内容**

施工组织设计应包含以下内容:

(1)施工方案。

(2)施工现场平面布置图。

(3)施工进度计划和保证措施。

(4)劳动力及材料供应计划。

(5)施工机械设备的选用。

(6)质量保证体系及措施。

（7）安全生产、文明施工措施。

（8）环境保护、成本控制措施。

（9）合同当事人约定的其他内容。

除专用合同条款另有约定外，承包人应在合同签订后 14 天内，但最迟不得晚于开工通知载明的开工日期前 7 天，向监理人提交详细的施工组织设计，并由监理人报送发包人。除专用合同条款另有约定外，发包人和监理人应在监理人收到施工组织设计后 7 天内确认或提出修改意见。对发包人和监理人提出的合理意见和要求，承包人应自费修改完善。根据工程实际情况需要修改施工组织设计的，承包人应向发包人和监理人提交修改后的施工组织设计。

（3）监理人的质量检查和检验

监理人按照法律规定和发包人授权对工程的所有部位及其施工工艺、材料和工程设备进行检查和检验。承包人应为监理人的检查和检验提供方便，包括监理人到施工现场，或制造、加工地点，或合同约定的其他地方进行察看和查阅施工原始记录。监理人为此进行的检查和检验，不免除或减轻承包人按照合同约定应当承担的责任。

监理人的检查和检验不应影响施工正常进行。监理人的检查和检验影响施工正常进行且经检查检验不合格的，影响正常施工的费用由承包人承担，工期不予顺延；经检查检验合格的，由此增加的费用和（或）延误的工期由发包人承担。

4.3.1.3　不合格工程处理

因承包人原因造成工程不合格的，发包人有权随时要求承包人采取补救措施，直至达到合同要求的质量标准，由此增加的费用和（或）延误的工期由承包人承担。无法补救的，按照拒绝接收全部或部分工程的约定执行。

因发包人原因造成工程不合格的，由此增加的费用和（或）延误的工期由发包人承担，并支付承包人合理的利润。

4.3.1.4　质量争议检测

合同当事人对工程质量有争议的，由双方协商确定的工程质量检测机构鉴定，由此产生的费用及因此造成的损失，由责任方承担。合同当事人均有责任的，由双方根据其责任分别承担。合同当事人无法达成一致的，按照商定或确定的约定执行。

4.3.2　隐蔽工程检查

工程隐蔽部位是指工作面经覆盖后将无法直接查看的工程部位，对于隐蔽工程的检查关系到整个工程质量控制，也对施工进度有影响。没有监理人的批准，工程的任何部分均不能被覆盖或隐蔽，不能进行下一道工序的施工。

4.3.2.1　承包人自检

承包人应当对工程隐蔽部位进行自检，并经自检确认是否具备覆盖条件。

4.3.2.2　检查程序

隐蔽工程的检查程序如图 4-3 所示。

除专用合同条款另有约定外，工程隐蔽部位经承包人自检确认具备覆盖条件的，承包人应在共同检查前 48 小时书面通知监理人检查，通知中应载明隐蔽工程检查的内容、时间和

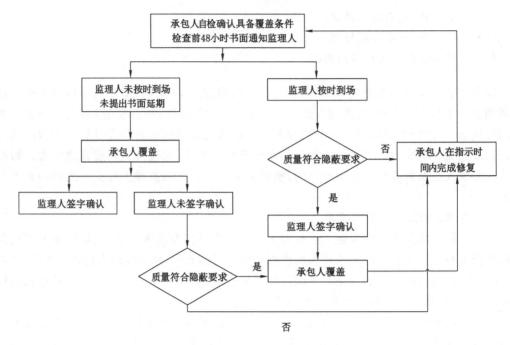

图 4-3　隐蔽工程检查程序

地点,并应附有自检记录和必要的检查资料。

监理人应按时到场,并对隐蔽工程及其施工工艺、材料和工程设备进行检查。经监理人检查确认质量符合隐蔽要求,并在验收记录上签字后,承包人才能进行覆盖。经监理人检查质量不合格的,承包人应在监理人指示的时间内完成修复,并由监理人重新检查,由此增加的费用和(或)延误的工期由承包人承担。

除专用合同条款另有约定外,监理人不能按时进行检查的,应在检查前 24 小时向承包人提交书面延期要求,但延期不能超过 48 小时,由此导致工期延误的,工期应予以顺延。监理人未按时进行检查,也未提出延期要求的,视为隐蔽工程检查合格,承包人可自行完成覆盖工作,并做相应记录报送监理人,监理人应签字确认。监理人事后对检查记录有疑问的,可按重新检查的约定进行重新检查。

4.3.2.3　重新检查

承包人覆盖工程隐蔽部位后,发包人或监理人对质量有疑问的,可要求承包人对已覆盖的部位进行钻孔探测或揭开重新检查,承包人应遵照执行,并在检查后重新覆盖恢复原状。经检查证明工程质量符合合同要求的,由发包人承担由此增加的费用和(或)延误的工期,并支付承包人合理的利润;经检查证明工程质量不符合合同要求的,由此增加的费用和(或)延误的工期由承包人承担。

4.3.2.4　承包人私自覆盖

承包人未通知监理人到场检查,私自将工程隐蔽部位覆盖的,监理人有权指示承包人钻孔探测或揭开检查。无论工程隐蔽部位的质量是否合格,由此增加的费用和(或)延误的工期均由承包人承担。

4.3.3　材料设备采购

4.3.3.1　发包人供应材料与工程设备

发包人自行供应材料、工程设备的,应在签订合同时在专用合同条款的附件《发包人供应材料设备一览表》中明确材料、工程设备的品种、规格、型号、数量、单价、质量等级和送达地点。

承包人应提前 30 天通过监理人以书面形式通知发包人供应材料与工程设备进场。承包人按照"施工进度计划的修订"约定修订施工进度计划时,需同时提交经修订后的发包人供应材料与工程设备的进场计划。

合同约定由发包人供应材料设备的,发包人还应按照约定遵从以下规定:

(1)若工程由发包人提供材料设备,则双方应当约定发包人供应材料设备的一览表,作为本合同附件。双方在专用条款内约定发包人供应材料设备的结算方式。

(2)发包人应按一览表内约定的内容提供材料设备,并向承包人提供产品合格证明,对其质量负责。发包人在所供材料设备到货前 24 小时,以书面形式通知承包人,由承包人派人与发包人共同清点。

(3)清点后由承包人妥善保管,发包人支付相应保管费用。若发生丢失损坏,由承包人负责赔偿。发包人未通知承包人验收,承包人不负责材料设备的保管,丢失损坏由发包人负责赔偿。

(4)如果发包人供应的材料设备与一览表不符,发包人应按专用条款的约定承担有关责任。

(5)发包人供应的材料设备使用前由承包人负责检验或试验,不合格的不得使用,检验或试验费用由发包人承担。

4.3.3.2　承包人采购材料与工程设备

承包人负责采购材料、工程设备的,应按照设计和有关标准要求采购,并提供产品合格证明及出厂证明,对材料、工程设备质量负责。合同约定由承包人采购的材料、工程设备,发包人不得指定生产厂家或供应商,发包人违反本款约定指定生产厂家或供应商的,承包人有权拒绝,并由发包人承担相应责任。

4.3.3.3　材料与工程设备的接收与拒收

(1)发包人提供材料和工程设备的责任

发包人应按《发包人供应材料设备一览表》约定的内容提供材料和工程设备,并向承包人提供产品合格证明及出厂证明,对其质量负责。发包人应提前 24 小时以书面形式通知承包人、监理人材料和工程设备的到货时间,承包人负责材料和工程设备的清点、检验和接收。

发包人提供的材料和工程设备的规格、数量或质量不符合合同约定的,或因发包人原因导致交货日期延误或交货地点变更等情况的,按照发包人违约的约定办理。

(2)承包人提供材料和工程设备的责任

承包人采购的材料和工程设备,应保证产品质量合格,承包人应在材料和工程设备到货前 24 小时通知监理人检验。承包人进行永久设备、材料的制造和生产的,应符合相关质量标准,并向监理人提交材料的样本以及有关资料,并应在使用该材料或工程设备之前获得监理人同意。

承包人采购的材料和工程设备不符合设计或有关标准要求时,承包人应在监理人要求的合理期限内将不符合设计或有关标准要求的材料、工程设备运出施工现场,并重新采购符合要求的材料、工程设备,由此增加的费用和(或)延误的工期,由承包人承担。

4.3.3.4 材料与工程设备的保管与使用

(1)发包人供应材料与工程设备的保管与使用

发包人供应的材料与工程设备,承包人清点后由承包人妥善保管,保管费用由发包人承担,但已标价工程量清单或预算书已经列支或专用合同条款另有约定的除外。因承包人原因发生丢失毁损的,由承包人负责赔偿;监理人未通知承包人清点的,承包人不负责材料和工程设备的保管,由此导致丢失毁损的,由发包人负责。

发包人供应的材料与工程设备使用前,由承包人负责检验,检验费用由发包人承担,不合格的不得使用。

(2)承包人采购材料与工程设备的保管与使用

承包人采购的材料与工程设备由承包人妥善保管,保管费用由承包人承担法律规定材料与工程设备使用前必须进行检验或试验的,承包人应按照监理人的要求进行检验或试验,检验或试验的费用由承包人承担,不合格的不得使用。

发包人或监理人发现承包人使用不符合设计或有关标准要求的材料和工程设备时,有权要求承包商进行修复、拆除或重新采购,由此增加的费用和(或)延误的工期,由承包人承担。

4.3.3.5 禁止使用不合格的材料与工程设备

(1)监理人有权拒绝承包人提供的不合格材料与工程设备,并要求承包人立即进行更换。监理人应在更换后再次进行检查和检验,由此增加的费用和(或)延误的工期,由承包人承担。

(2)监理人发现承包人使用了不合格的材料与工程设备,承包人应按照监理人的指示立即改正,并禁止在工程中继续使用不合格的材料与工程设备。

(3)发包人提供的材料与工程设备不符合合同要求的,承包人有权拒绝,并可以要求发包人更换,由此增加的费用和(或)延误的工期,由发包人承担,并支付承包人合理的利润。

4.3.3.6 样品

(1)样品的报送与封存

需要承包人报送样品的材料与工程设备,样品的种类、名称、规格、数量等要求均应在专用合同条款中约定。样品的报送程序如下:

① 承包人应在计划采购前28天向监理人报送样品。承包人报送的样品均应来自供应材料的实际生产地,且提供的样品的规格、数量足以表明材料与工程设备的质量、型号、颜色、表面处理、质地、误差和其他要求的特征。

② 承包人每次报送样品时应随附申报单,申报单应载明报送样品的相关数据和资料,并标明每件样品对应的图样号,预留监理人批复意见栏。监理人应在收到承包人报送的样品后7天内向承包人回复经发包人签认的样品审批意见。

③ 经发包人和监理人审批确认的样品应按约定的方法封样,封存的样品作为检验工程相关部分的标准之一。承包人在施工过程中不得使用与样品不符的材料或工程设备。

④ 发包人和监理人对样品的审批确认仅为确认相关材料或工程设备的特征或用途,不得被理解为对合同的修改或改变,也并不减轻或免除承包人的任何责任和义务。如果封存的样品修改或改变了合同约定,合同当事人应当以书面协议予以确认。

（2）样品的保管

经批准的样品应由监理人负责封存于现场,承包人应在现场为保存样品提供适当和固定的场所,并保持适当和良好的存储环境条件。

4.3.3.7　材料与工程设备的替代

（1）替代材料和设备的使用规定

出现下列情况需要使用替代材料与工程设备的,承包人应按约定的程序执行：

① 基准日期后生效的法律规定禁止使用的。

② 发包人要求使用替代品的。

③ 因其他原因必须使用替代品的。

（2）替代材料和设备的使用程序

承包人应在使用替代材料与工程设备 28 天前书面通知监理人,并附下列文件：

① 被替代的材料和工程设备的名称、数量、规格、型号、品牌、性能、价格及其他相关资料。

② 替代品的名称、数量、规格、型号、品牌、性能、价格及其他相关资料。

③ 替代品与被替代品之间的差异以及使用替代品可能对工程产生的影响。

④ 替代品与被替代品的价格差异。

⑤ 使用替代品的理由和原因说明。

⑥ 监理人要求的其他文件。

监理人应在收到通知后 14 天内向承包人发出经发包人签认的书面指示;监理人逾期发出书面指示的,视为发包人和监理人同意使用替代品。

（3）替代材料与工程设备的价格

发包人认可使用替代材料与工程设备的,替代材料与工程设备的价格按照已标价工程量清单或预算书相同项目的价格认定;无相同项目的,参考相似项目的价格认定;既无相同项目也无相似项目的,按照合理的成本与利润构成的原则,由合同当事人按照商定或确定的约定确定价格。

4.3.3.8　材料与设备专用要求

承包人运入施工现场的材料、工程设备、施工设备以及在施工场地建设的临时设施,包括备品备件、安装工具与资料,必须专用于工程。未经发包人批准,承包人不得运出施工现场或挪作他用;经发包人批准,承包人可以根据施工进度计划撤走闲置的施工设备和其他物品。

【案例 4-8】 　　　　　　　　　　**合同类型及材料进场**

背景:某豪华酒店工程项目,18 层框架混凝土结构,全现浇混凝土楼板,主体工程已全部完工,经验收合格,进入装饰装修施工阶段。该酒店的装饰装修工程由某装饰公司承揽了施工任务,装饰装修工程施工工期为 150 天,装饰公司在投标前已领取了全套施工图纸,该装饰装修工程采用固定总价合同,合同总价为 720 万元。

该装饰公司在酒店装修的施工过程中采取了以下施工方法:地面镶边施工过程中,在靠墙处采用砂浆填补,在采用掺有水泥拌和料做踢脚线时,用石灰浆打底,木竹地面的最后一遍涂饰在裱糊工程开始前进行。对地面工程施工采用的水泥的凝结时间和强度进行复验后开始使用。在水磨石整体面层施工过程中,采用同类材料以分格条设置镶边。

问题:

(1) 该酒店的装饰装修工程合同采用固定总价是否妥当?为什么?

(2) 建设工程合同按照承包工程计价方式可划分为哪几类?

(3) 一般情况下,装饰装修工程中应对哪些进场材料的种类和项目进行复验?

分析:

(1) 该酒店的装饰装修工程合同采用固定总价是妥当的。固定总价合同计价方式一般适用于工程规模较小、技术比较简单、工期较短,且核定合同价格时已经具备完整、详细的工程设计文件和必需的施工技术管理条件的工程建设项目。本案例工程基本符合上述条件,因此,采用固定总价合同是妥当的。

(2) 建设工程合同按照承包工程计价方式可划分为固定价格合同、可调价格合同和成本加酬金合同。

(3) 一般情况下,装饰装修工程中应对水泥、防水材料、室内用人造木竹、室内用天然花岗石和室内饰面瓷砖工程、外墙面陶瓷面砖进行复验。

4.3.4 试验与检验

4.3.4.1 试验设备与试验人员

承包人根据合同约定或监理人指示进行的现场材料试验,应由承包人提供试验场所、试验人员、试验设备以及其他必要的试验条件。监理人在必要时可以使用承包人提供的试验场所、试验设备以及其他试验条件,进行以工程质量检查为目的的材料复核试验,承包人应予以协助。

承包人应按专用合同条款的约定提供试验设备、取样装置、试验场所和试验条件,并向监理人提交相应的进场计划表。

承包人配置的试验设备要符合相应试验规程的要求并经过具有资质的检测单位检测,且在正式使用该试验设备前需要经过监理人与承包人共同校定。

承包人应向监理人提交试验人员的名单及其岗位、资格等证明资料,试验人员必须能够熟练进行相应的检测试验,承包人对试验人员的试验程序和试验结果的正确性负责。

4.3.4.2 取样

试验属于自检性质的,承包人可以单独取样;试验属于监理人抽检性质的,可由监理人取样,也可由承包人的试验人员在监理人的监督下取样。

4.3.4.3 材料、工程设备和工程的试验与检验

承包人应按合同约定进行材料、工程设备和工程的试验与检验,并为监理人对上述材料、工程设备和工程的质量检查提供必要的试验资料和原始记录。按合同约定应由监理人与承包人共同进行试验与检验的,由承包人负责提供必要的试验资料和原始记录。

试验属于自检性质的,承包人可以单独进行试验。试验属于监理人抽检性质的,监

理人可以单独进行试验,也可由承包人与监理人共同进行。承包人对由监理人单独进行的试验结果有异议的,可以申请重新共同进行试验。约定共同进行试验的,监理人未按照约定参加试验的,承包人可自行试验,并将试验结果报送监理人,监理人应承认该试验结果。

监理人对承包人的试验与检验结果有异议的,或为查清承包人试验与检验成果的可靠性而要求承包人重新试验与检验的,可由监理人与承包人共同进行。重新试验与检验的结果证明该项材料、工程设备或工程的质量不符合合同要求的,由此增加的费用和(或)延误的工期由承包人承担;重新试验与检验的结果证明该项材料、工程设备和工程的质量符合合同要求的,由此增加的费用和(或)延误的工期由发包人承担。

4.3.4.4　现场工艺试验

承包人应按合同约定或监理人指示进行现场工艺试验。对大型的现场工艺试验,监理人认为必要时,承包人应根据监理人提出的工艺试验要求编制工艺试验措施计划,并报送监理人审查。

4.3.5　工程验收

4.3.5.1　工程试车

(1)试车程序

工程需要试车的,除另有约定外,试车内容应与承包范围相一致,试车费用由承包人承担。试车应按以下程序进行:

① 具备单机无负荷试车条件,承包人组织试车,并在试车前 48 小时以书面形式通知监理人,通知中应载明试车内容、时间、地点。承包人准备试车记录,发包人根据承包人要求为试车提供必要条件。试车合格的,监理人在试车记录上签字。试车合格后监理人不签字,自试车结束满 24 小时后视为监理人已经认可,承包人可继续施工或办理竣工验收手续。

监理人不能按时参加的,应在试车前 24 小时以书面形式向承包人提出延期要求,但是延期不能超过 48 小时,由此导致工期延误的,工期应予以顺延。监理人未能在前述期限内提出延期要求,又不参加试车的,视为认可试车记录。

② 具备无负荷联动试车条件,发包人组织试车,并在试车前 48 小时以书面形式通知承包人。通知中应载明试车内容、时间、地点和对承包人的要求,承包人按要求做好准备工作。试车合格,合同当事人在试车记录上签字。承包人无正当理由不参加试车的,视为认可试车记录。

(2)试车中的责任

因设计原因导致试车达不到验收要求,发包人应要求设计人修改设计,承包人按修改后的设计重新安装。发包人承担修改设计、拆除及重新安装的全部费用,工期相应顺延。因承包人原因导致试车达不到验收要求,承包人按监理人要求重新安装和试车,并承担重新安装和试车的费用,工期不予顺延。

因工程设备制造原因导致试车达不到验收要求的,由采购该工程设备的合同当事人负责重新购置或修理,承包人负责拆除和重新安装,由此增加的修理、重新购置、拆除及重新安装的费用及延误的工期由采购该工程设备的合同当事人承担。

（3）投料试车

如需要进行投料试车的，发包人应在工程竣工验收后组织投料试车。发包人要求在工程竣工验收前进行或需要承包人配合时，应征得承包人同意，并在专用条款中约定有关事项。

投料试车合格的，费用由发包人承担；因承包人原因造成投料试车不合格的，承包人应按照发包人要求进行整改，由此产生的整改费用由承包人承担；非承包人原因导致投料试车不合格的，如发包人要求承包人进行整改的，由此产生的费用由发包人承担。

4.3.5.2　分部分项工程验收

分部分项工程质量应符合国家有关工程施工验收规范、标准及合同约定，承包人应按照施工组织设计的要求完成分部分项工程施工。

除专用合同条款另有约定外，分部分项工程经承包人自检合格并具备验收条件的，承包人应提前 48 小时通知监理人进行验收。监理人不能按时进行验收的，应在验收前 24 小时向承包人提交书面延期要求，但延期不能超过 48 小时。监理人未按时进行验收，也未提出延期要求的，承包人有权自行验收，监理人应认可验收结果。分部分项工程未经验收的，不得进入下一道工序施工。

分部分项工程的验收资料应当作为竣工资料的组成部分。

4.3.5.3　竣工验收

（1）竣工验收条件

工程具备以下条件的，承包人可以申请竣工验收：

① 除发包人同意的甩项工作和缺陷修补工作外，合同范围内的全部工程以及有关工作，包括合同要求的试验、试运行以及检验均已完成，并符合合同要求。

② 已按合同约定编制了甩项工作和缺陷修补工作清单以及相应的施工计划。

③ 已按合同约定的内容和份数备齐竣工资料。

（2）竣工验收程序

除专用合同条款另有约定外，承包人申请竣工验收的，应当按照以下程序进行：

① 承包人向监理人报送竣工验收申请报告，监理人应在收到竣工验收申请报告后 14 天内完成审查并报送发包人。监理人审查后认为尚不具备验收条件的，应通知承包人在竣工验收前承包人还需完成的工作内容，承包人应在完成监理人通知的全部工作内容后，再次提交竣工验收申请报告。

② 监理人审查后认为已具备竣工验收条件的，应将竣工验收申请报告提交发包人，发包人应在收到经监理人审核的竣工验收申请报告后 28 天内审批完毕，并组织监理人、承包人、设计人等相关单位完成竣工验收。

③ 竣工验收合格的，发包人应在验收合格后 14 天内向承包人签发工程接收证书。发包人无正当理由逾期不颁发工程接收证书的，自验收合格后第 15 天起视为已颁发工程接收证书。

④ 竣工验收不合格的，监理人应按照验收意见发出指示，要求承包人对不合格工程返工、修复或采取其他补救措施，由此增加的费用和（或）延误的工期由承包人承担。承包人在完成不合格工程的返工、修复或采取其他补救措施后，应重新提交竣工验收申请报告，并按

本项约定的程序重新进行验收。

⑤ 工程未经验收或验收不合格,发包人擅自使用的,应在转移占有工程后 7 天内向承包人颁发工程接收证书;发包人无正当理由逾期不颁发工程接收证书的,自转移占有后第 15 天起视为已颁发工程接收证书。

除专用合同条款另有约定外,发包人不按照本项约定组织竣工验收、颁发工程接收证书的,每逾期一天,应以签约合同价为基数,按照中国人民银行发布的同期同类贷款基准利率支付违约金。

(3)竣工日期

工程经竣工验收合格的,以承包人提交竣工验收申请报告的日期为实际竣工日期,并在工程接收证书中载明;因发包人原因,未在监理人收到承包人提交的竣工验收申请报告 42 天内完成竣工验收,或完成竣工验收不予签发工程接收证书的,以提交竣工验收申请报告的日期为实际竣工日期;工程未经竣工验收,发包人擅自使用的,以转移占有工程之日为实际竣工日期。

(4)拒绝接收全部或部分工程

对于竣工验收不合格的工程,承包人完成整改后,应当重新进行竣工验收;经重新组织验收仍不合格且无法采取措施补救的,发包人可以拒绝接收不合格工程;因不合格工程导致其他工程不能正常使用的,承包人应采取措施确保相关工程的正常使用,由此增加的费用和(或)延误的工期由承包人承担。

(5)移交、接收全部或部分工程

除专用合同条款另有约定外,合同当事人应当在颁发工程接收证书后 7 天内完成工程的移交。

发包人无正当理由不接收工程的,发包人自应当接收工程之日起,承担工程照管、成品保护、保管等与工程有关的各项费用,合同当事人可以在专用合同条款中另行约定发包人逾期接收工程的违约责任。

承包人无正当理由不移交工程的,承包人应承担工程照管、成品保护、保管等与工程有关的各项费用,合同当事人可以在专用合同条款中另行约定承包人无正当理由不移交工程的违约责任。

4.3.5.4　提前交付单位工程的验收

发包人需要在工程竣工前使用单位工程的,或承包人提出提前交付已经竣工的单位工程且经发包人同意的,可进行单位工程验收,验收的程序按照竣工验收的约定进行。验收合格后,由监理人向承包人出具经发包人签认的单位工程接收证书。已签发单位工程接收证书的单位工程由发包人负责照管。单位工程的验收成果和结论作为整体工程竣工验收申请报告的附件。

施工期运行是指合同工程尚未全部竣工,其中某项或某几项单位工程或工程设备安装已竣工,根据专用合同条款约定,需要投入施工期运行的,经发包人按提前交付单位工程的验收的约定验收合格,证明能确保安全后才能在施工期投入运行。在施工期运行中发现工程或工程设备损坏或存在缺陷的,由承包人按缺陷责任期的约定进行修复。发包人要求在工程竣工前交付单位工程,由此导致承包人费用增加和(或)工期延误的,由发包人承担由此增加的费用和(或)延误的工期,并支付承包人合理的利润。

发包人要求甩项竣工的,合同当事人应签订甩项竣工协议。在甩项竣工协议中应明确,合同当事人按照关于竣工结算申请及竣工结算审核的合同条款约定,对已完合格工程进行结算,并支付相应合同价款。

4.3.6　缺陷责任与保修

4.3.6.1　缺陷责任期

（1）缺陷责任期期限

缺陷责任期从工程通过竣工验收起计算,合同当事人应在专用合同条款约定缺陷责任期的具体期限,但该期限最长不能超过24个月。

单位工程先于全部工程进行验收,经验收合格并交付使用的,该单位工程缺陷责任期自单位工程验收合格之日起算。因承包人原因导致工程无法按合同约定期限进行竣工验收的,缺陷责任期从实际通过竣工验收之日起计算;因发包人原因导致工程无法按合同约定期限进行竣工验收的,在承包人提出竣工验收报告90天后,工程自动进入缺陷责任期;发包人未经竣工验收擅自使用工程的,缺陷责任期自工程转移占有之日起开始计算。

引入缺陷责任期的主要目的是解决工程质量保证金返还的问题。

（2）缺陷责任期延长

发包人有权要求承包人延长缺陷责任期,并应在原缺陷责任期届满前发出延长通知,但缺陷责任期（含延长部分）最长不能超过24个月。由他人原因造成的缺陷,发包人负责组织维修,承包人不承担费用,且发包人不得从保证金中扣除费用。

（3）缺陷责任期期限内试验

任何一项缺陷或损坏修复后,经检查证明其影响了工程或工程设备的使用性能,承包人应重新进行合同约定的试验和试运行,试验和试运行的全部费用应由责任方承担。

（4）缺陷责任期终止证书

除专用合同条款另有约定外,承包人应于缺陷责任期届满后7天内向发包人发出缺陷责任期届满通知,发包人应在收到缺陷责任期满通知后14天内核实承包人是否履行缺陷修复义务,承包人未能履行缺陷修复义务的,发包人有权扣除相应金额的维修费用。发包人应在收到缺陷责任期届满通知后14天内,向承包人颁发缺陷责任期终止证书。

4.3.6.2　工程保修

（1）保修原则

在工程移交发包人后,因承包人原因产生的质量缺陷,承包人应承担质量缺陷责任和保修义务。缺陷责任期届满,承包人仍应按合同约定的工程各部位保修年限承担保修义务。

（2）保修责任

工程保修期从工程竣工验收合格之日起算,具体分部分项工程的保修期由合同当事人在专用合同条款中约定,但不得低于法定最低保修年限。在工程保修期内,承包人应当根据有关法律规定以及合同约定承担保修责任。发包人未经竣工验收擅自使用工程的,保修期自转移占有之日起算。

【知识拓展 4-4】　　　　　保修范围及最低保护年限

表 4-3　保修范围及最低保护年限

保修范围	最低保修年限
基础设施工程、房屋建筑的地基基础工程和主体结构工程	设计文件中规定的该工程的合理使用年限
屋面防水工程、有防水要求的卫生间、房间和外墙面的防渗漏	5 年
供热与供冷系统	2 个供热期和供冷期
电气管线、给水排水管道、设备安装和装修工程	2 年
其他项目	由发包方与承包方约定

（3）修复费用

保修期内，修复费用按照以下约定处理：

① 保修期内，因承包人原因造成工程的缺陷、损坏，承包人应负责修复，并承担修复的费用以及因工程的缺陷、损坏造成的人身伤害和财产损失。

② 保修期内，因发包人使用不当造成工程的缺陷、损坏，可以委托承包人修复，但发包人应承担修复的费用，并支付承包人合理的利润。

③ 因其他原因造成工程的缺陷、损坏，可以委托承包人修复，但发包人应承担修复的费用，并支付承包人合理的利润；因工程的缺陷、损坏造成的人身伤害和财产损失由责任方承担。

（4）修复通知

在保修期内，发包人在使用过程中，发现已接收的工程存在缺陷或损坏的，应以书面形式通知承包人予以修复，但情况紧急必须立即修复缺陷或损坏的，发包人可以口头通知承包人，并在口头通知后 48 小时内书面确认，承包人应在专用合同条款约定的合理期限内到达工程现场并修复缺陷或损坏。

（5）未能修复

因承包人原因造成工程的缺陷或损坏，承包人拒绝维修或未能在合理期限内修复缺陷或损坏，且经发包人书面催告后仍未修复的，发包人有权自行修复或委托第三方修复，所需费用由承包人承担；但修复范围超出缺陷或损坏范围的，超出范围部分的修复费用由发包人承担。

（6）承包人出入权

在保修期内，为了修复缺陷或损坏，承包人有权出入工程现场，除情况紧急必须立即修复缺陷或损坏外，承包人应提前 24 小时通知发包人进场修复的时间。承包人进入工程现场前应获得发包人同意，且不应影响发包人正常的生产经营，并应遵守发包人有关保安和保密等规定。

4.3.7　安全文明施工与职业健康

4.3.7.1　安全文明施工

（1）安全生产要求

合同履行期间，合同当事人均应当遵守国家和工程所在地有关安全生产的要求，合同当事人有特别要求的,应在专用合同条款中明确施工项目安全生产标准化达标目标及相应事项。承包人有权拒绝发包人及监理人强令承包人违章作业、冒险施工的任何指示。

在施工过程中,如遇到突发的地质变化、事先未知的地下施工障碍等影响施工安全的紧急情况,承包人应及时报告监理人和发包人,发包人应当及时下令停工并报政府有关行政管理部门采取应急措施。

因安全生产需要暂停施工的,按照"暂停施工"的约定执行。

(2)安全生产保证措施

承包人应当按照有关规定编制安全技术措施或者专项施工方案,建立安全生产责任制度、治安保卫制度及安全生产教育培训制度,并按安全生产法律规定及合同约定履行安全职责,如实编制工程安全生产的有关记录,接受发包人、监理人及政府安全监督部门的检查与监督。

(3)特别安全生产事项

承包人应按照法律规定进行施工,开工前做好安全技术交底工作,在施工过程中做好各项安全防护措施。承包人为实施合同而雇用的特殊工种人员应受过专门培训,并已取得政府有关管理机构颁发的上岗证书。

承包人在动力设备、输电线路、地下管道、密封防震车间、易燃易爆地段以及临街交通要道附近施工时,施工开始前应向发包人和监理人提出安全防护措施,经发包人认可后实施。

实施爆破作业,在放射、毒害性环境中施工(含储存、运输、使用)及使用毒害性、腐蚀性物品施工时,承包人应在施工前7天内以书面形式通知发包人和监理人,并报送相应的安全防护措施,经发包人认可后实施。

需单独编制危险性较大的分部分项专项工程施工方案的,以及要求进行专家论证的超过一定规模的危险性较大的分部分项工程的,承包人应及时编制和组织论证。

(4)治安保卫

除专用合同条款另有约定外,发包人应与当地公安部门协商,在现场建立治安管理机构或联防组织,统一管理施工场地的治安保卫事项,履行合同工程的治安保卫职责。

发包人和承包人除应协助现场治安管理机构或联防组织维护施工场地的社会治安外,还应做好包括生活区在内的各自管辖区的治安保卫工作。

除专用合同条款另有约定外,发包人和承包人应在工程开工后7天内共同编制施工场地治安管理计划,并制订应对突发治安事件的紧急预案。在工程施工过程中,发生暴乱、爆炸等恐怖事件,以及群殴、械斗等群体性突发治安事件的,发包人和承包人应立即向当地政府报告,发包人和承包人应积极协助当地有关部门采取措施以平息,防止事态扩大,尽量避免人员伤亡和财产损失。

(5)文明施工

承包人在工程施工期间,应当采取措施保持施工现场平整和物料堆放整齐。工程所在地有关政府行政管理部门有特殊要求的,按照其要求执行。合同当事人对文明施工有其他要求的,可以在专用合同条款中明确。

在工程移交之前,承包人应当从施工现场清除承包人的全部工程设备、多余材料、垃圾和各种临时工程,并保持施工现场清洁整齐。经发包人书面同意,承包人可在发包人指定的地点保留承包人履行保修期内的各项义务所需的材料、施工设备和临时工程。

（6）安全文明施工费

安全文明施工费由发包人承担，发包人不得以任何形式扣减该部分费用。因基准日期后合同所适用的法律或政府有关规定发生变化，增加的安全文明施工费由发包人承担。

承包人经发包人同意采取合同约定以外的安全措施所产生的费用，由发包人承担。未经发包人同意的，如果该措施避免了发包人的损失，则发包人在避免损失的额度内承担该措施费。如果该措施避免了承包人的损失，则由承包人承担该措施费。

除专用合同条款另有约定外，发包人应在开工后 28 天内预付安全文明施工费总额的 50％，其余部分与进度款同期支付。发包人逾期支付安全文明施工费超过 7 天的，承包人有权向发包人发出要求预付的催告通知；发包人收到通知后 7 天内仍未支付的，承包人有权暂停施工，并按发包人违约的情形的约定执行。

承包人对安全文明施工费应专款专用，承包人应在财务账目中单独列项备查，不得挪作他用，否则发包人有权责令其限期改正；逾期未改正的，可以责令其暂停施工，由此增加的费用和（或）延误的工期由承包人承担。

（7）紧急情况处理

在工程实施期间或缺陷责任期内发生危及工程安全的事件，监理人通知承包人进行抢救，承包人声明无能力或不愿立即执行的，发包人有权雇用其他人员进行抢救。此类抢救按合同约定属于承包人义务的，由此增加的费用和（或）延误的工期由承包人承担。

（8）事故处理

工程施工过程中发生事故的，承包人应立即通知监理人，监理人应立即通知发包人。发包人和承包人应立即组织人员和设备进行紧急抢救和抢修，减少人员伤亡和财产损失，防止事故扩大，并保护事故现场。需要移动现场物品时，应作出标记和书面记录，妥善保管有关证据。发包人和承包人应按国家有关规定，及时、如实地向有关部门报告事故发生的情况，以及正在采取的紧急措施等。

（9）安全生产责任

① 发包人应负责赔偿以下各种情况造成的损失：

a. 工程或工程的任何部分对土地的占用所造成的第三方财产损失；

b. 由于发包人原因在施工场地及其毗邻地带造成的第三方人身伤亡和财产损失；

c. 由于发包人原因对承包人、监理人造成的人员人身伤亡和财产损失；

d. 由于发包人原因造成的发包人自身的人员人身伤害以及财产损失；

② 承包人的安全责任

由于承包人原因在施工场地内及其毗邻地带造成的发包人、监理人以及第三方人员伤亡和财产损失，由承包人负责赔偿。

4.3.7.2　职业健康

（1）劳动保护

承包人应按照法律规定安排现场施工人员的劳动和休息时间，保障劳动者的休息时间，并支付合理的报酬和费用。承包人应依法为其履行合同所雇用的人员办理必要的证件、许可、保险和注册等；承包人应督促分包人为分包人所雇用的人员办理必要的证件、许可、保险和注册等。

承包人应按照法律规定保障现场施工人员的劳动安全，提供劳动保护，并应按国家有关劳动保护的规定,采取有效的防止粉尘、降低噪声、控制有害气体和保障高温、高寒、高空作业安全等劳动保护措施。承包人雇用的人员在施工中受到伤害的,承包人应立即采取有效措施进行抢救和治疗。

承包人应按法律规定安排工作时间,保证其雇用的人员享有休息和休假的权利。因工程施工的特殊需要占用休假日或延长工作时间的,应不超过法律规定的限度,并按法律规定给予补休或付酬。

(2)生活条件

承包人应为其履行合同所雇用的人员提供必要的膳宿条件和生活环境;承包人应采取有效措施预防传染病,保证施工人员的健康,并定期对施工现场、施工人员生活基地和工程进行防疫和卫生的专业检查和处理,在远离城镇的施工场地,还应配备必要的伤病防治和急救的医务人员与医疗设施。

(3)环境保护

承包人应在施工组织设计中列明环境保护的具体措施。在合同履行期间,承包人应采取合理措施保护施工现场环境,对施工作业过程中可能引起的大气、水、噪声以及固体废物污染采取具体可行的防范措施。

承包人应当承担因其原因引起的环境污染侵权损害赔偿责任,因上述环境污染引起纠纷而导致暂停施工的,由此增加的费用和(或)延误的工期,由承包人承担。

4.4 施工合同成本管理

4.4.1 合同价格确定

4.4.1.1 签约合同价

签约合同价是指发包人和承包人在合同协议书中确定的总金额,包括安全文明施工暂估价及暂列金额等。明确签约合同价有助于合同当事人理解签约合同价与合同价格的区别,以便于合同的履行,如编制支付分解表和计算违约金。

招标发包的工程,投标价、中标价及签约合同价原则上应一致,除非经过法定程序,才能对文字错误或计算错误予以澄清;不实行招标的工程,合同价款在发承包双方认可的基础上由双方在合同中约定。

【知识拓展 4-5】　　　　　　　暂估价、暂列金额和计日工

1.暂估价

暂估价专业分包工程、服务、材料和工程设备的明细由合同当事人在专用合同条款中约定。

2.暂列金额

在工程建设过程中,设计常常需要按工程进展不断进行变更调整,发包人的需求也可能随着工程建设进展出现变化,同时还存在诸如价格波动、法律变化的风险。消化这些因素必然会导致合同价格的调整,暂列金额正是针对这一类不可避免的调整而设立的,以满足投资控制的需要。尽管暂列金额包含在合同价格中,但并不属于承包人所有,也不必然发生。只有按照合同约定实际发生以后,才成为承包人应得金额,纳入合同结算价款中。扣除实际发

生金额后的暂列金额仍归发包人所有。

3. 计日工

需要采用计日工方式的，经发包人同意后，由监理人通知承包人以计日工计价方式实施相应的工作，其价款按列入已标价工程量清单或预算书中的计日工计价项目及其单价进行计算；已标价工程量清单或预算书中无相应的计日工单价的，按照合理的成本与利润构成的原则，由合同当事人按照商定或确定的约定确定变更工作的单价。

计日工由承包人汇总后列入最近一期进度付款申请单，由监理人审查并经发包人批准后列入进度付款。

4.4.1.2　合同价格

合同价格是指发包人用于支付承包人按照合同约定完成承包范围内全部工作的金额，包括合同履行过程中按合同约定发生的价格变化。合同价格在合同履行过程中是动态变化的。在竣工结算时确认的合同价格为全部合同权利义务清算价格，不仅包括构成工程实体的造价，还包括合同当事人支付的违约金、赔偿金等。

4.4.2　预付款

4.4.2.1　预付款的支付与扣回

（1）预付款支付

预付款的支付按照专用合同条款的约定执行，但最迟应在开工通知载明的开工日期 7 天前支付。预付款应当用于材料、工程设备、施工设备的采购及修建临时工程、组织施工队伍进场等。

除专用合同条款另有约定外，预付款在进度付款中同比例扣回。在颁发工程接收证书前，提前解除合同的，尚未扣完的预付款应与合同价款一并结算。

发包人逾期支付预付款超过 7 天的，承包人有权向发包人发出要求预付的催告通知，发包人收到通知后 7 天内仍未支付的，承包人有权暂停施工，并按发包人违约的情形的约定执行。

（2）预付款扣回

预付的工程款必须在合同中约定扣回方式，并在工程进度款中进行扣回，常用的扣回方式：在承包人完成累计金额达到合同总价一定比例（双方合同约定）后，采用等比率或等额扣款的方式分期抵扣。也可以针对工程实际情况具体处理，如有些工程工期较短、造价较低，就无须分期扣还；有些工期较长，如跨年度工程，其预付款的占用时间很长，根据需要可以少扣或不扣。

从未完施工工程尚需的主要材料及构件的价值相当于工程预付款数额时起扣，从每次中间结算工程价款中按材料及构件比重抵扣工程预付款，至竣工之前全部扣清。

4.4.2.2　预付款担保

发包人要求承包人提供预付款担保的，承包人应在发包人支付预付款 7 天前提供预付款担保，专用合同条款另有约定的除外。预付款担保可采用银行保函、担保公司担保等形式，具体由合同当事人在专用合同条款中约定。在预付款完全扣回之前，承包人应保证预付款担保持续有效。

发包人在工程款中逐期扣回预付款后,预付款担保额度应相应减少,但是剩余的预付款担保金额不得低于未被扣回的预付款金额。

4.4.3 工程计量与工程款支付

4.4.3.1 工程计量

(1) 计量原则

工程量按照合同约定的工程量计算规则、图样及变更指示等进行计量。工程量计算规则应以相关的国家标准、行业标准等为依据,由合同当事人在专用合同条款中约定。

(2) 计量周期

除专用合同条款另有约定外,工程量的计量按月进行。

(3) 单价合同的计量

除专用合同条款另有约定外,单价合同的计量按照本项约定执行:

① 承包人应于每月 25 日向监理人报送上月 20 日至当月 19 日已完成的工程量报告,并附具进度付款申请单、已完成工程量报表和有关资料。

② 监理人应在收到承包人提交的工程量报告后 7 天内完成对承包人提交的工程量报表的审核并报送发包人,以确定当月实际完成的工程量。监理人对工程量有异议的,有权要求承包人进行共同复核或抽样复测。承包人应协助监理人进行复核或抽样复测并按监理人要求提供补充计量资料。承包人未按监理人要求参加复核或抽样复测的,监理人复核或修正的工程量视为承包人实际完成的工程量。

③ 监理人未在收到承包人提交的工程量报表后的 7 天内完成审核的,承包人提交的工程量报告中的工程量视为承包人实际完成的工程量,据此计算工程价款。

(4) 总价合同的计量

除专用合同条款另有约定外,按月计量支付的总价合同,按照本项约定执行:

① 承包人应于每月 25 日向监理人报送上月 20 日至当月 19 日已完成的工程量报告,并附具进度付款申请单、已完成工程量报表和有关资料。

② 监理人应在收到承包人提交的工程量报告后 7 天内完成对承包人提交的工程量报表的审核并报送发包人,以确定当月实际完成的工程量。监理人对工程量有异议的,有权要求承包人进行共同复核或抽样复测。承包人应协助监理人进行复核或抽样复测并按监理人要求提供补充计量资料。承包人未按监理人要求参加复核或抽样复测的,监理人审核或修正的工程量视为承包人实际完成的工程量。

③ 监理人未在收到承包人提交的工程量报表后的 7 天内完成复核的,承包人提交的工程量报告中的工程量视为承包人实际完成的工程量。

④ 总价合同采用支付分解表计量支付的,可以按照总价合同的计量的约定进行计量,但合同价款按照支付分解表进行支付。

4.4.3.2 工程进度款支付

(1) 付款周期

除专用合同条款另有约定外,付款周期应按照计量周期的约定与计量周期保持一致。

(2) 进度付款申请单的编制

除专用合同条款另有约定外,进度付款申请单应包括下列内容:

① 截至本次付款周期已完成工作对应的金额。

② 根据变更的约定应增加和扣减的变更金额。

③ 根据预付款的约定应支付的预付款和扣减的返还预付款。

④ 根据质量保证金的约定应扣减的质量保证金。

⑤ 根据索赔的约定应增加和扣减的索赔金额。

⑥ 对已签发的进度款支付证书中出现错误的修正,应在本次进度付款中支付或扣除的金额。

⑦ 根据合同的约定应增加和(或)减去的其他金额。

(3) 进度付款申请单的提交

① 单价合同进度付款申请单的提交。单价合同的进度付款申请单,按照单价合同的计量约定的时间按月向监理人提交,并附上已完成工程量报表和有关资料。单价合同中的总价项目按月进行支付分解,并汇总列入当期进度付款申请单。

② 总价合同进度付款申请单的提交。总价合同按月计量支付的,承包人按照总价合同的计量约定的时间按月向监理人提交进度付款申请单,并附上已完成工程量报表和有关资料。总价合同按支付分解表支付的,承包人应按照支付分解表及进度付款申请单的编制的约定向监理人提交进度付款申请单。

③ 其他方式合同进度付款申请单的提交。合同当事人可以在专用合同条款中约定其他价格形式合同进度付款申请单的编制和提交程序。

【知识拓展 4-6】　　　　　　　支付分解表

① 支付分解表的编制要求

a. 支付分解表中所列的每期付款金额,应为"进度付款申请单的编制"中第一项的估算金额。

b. 实际进度与施工进度计划不一致的,合同当事人可按照商定或确定的约定修改支付分解表。

c. 不采用支付分解的,承包人应向发包人和监理人提交按季度编制的支付估算分解表,用于支付参考。

② 总价合同支付分解表的编制与审批

a. 除专用合同条款另有约定外,承包人应根据施工进度计划约定的施工进度计划、签约合同价和工程量等因素对总价合同按月进行分解,编制支付分解表。承包人应当在收到监理人和发包人批准的施工进度计划后 7 天内,将支付分解表及编制支付分解表的支持性资料报送监理人。

b. 监理人应在收到支付分解表后 7 天内完成审核并报送发包人。发包人应在收到经监理人审核的支付分解表后 7 天内完成审批,经发包人批准的支付分解表为有约束力的支付分解表。

c. 发包人逾期未完成支付分解表审批,也未及时要求承包人进行修正和提供补充资料的,承包人提交的支付分解表视为已经获得发包人批准。

③ 单价合同的总价项目支付分解表的编制与审批

除专用合同条款另有约定外,单价合同的总价项目由承包人根据施工进度计划和总价项目的总价构成、费用性质、计划发生时间和相应工程量等因素按月进行分解,形成支付分解表,其编制与审批参照总价合同支付分解表的编制与审批执行。

(4) 进度款审核和支付

① 除专用合同条款另有约定外,监理人应在收到承包人进度付款申请单以及相关资料后7天内完成审查并报送发包人,发包人应在收到后7天内完成审批并签发进度款支付证书。发包人逾期未完成审批且未提出异议的,视为已签发进度款支付证书。

发包人和监理人对承包人的进度付款申请单有异议的,有权要求承包人修正和提供补充资料,承包人应提交修正后的进度付款申请单。监理人应在收到承包人修正后的进度付款申请单及相关资料后7天内完成审查并报送发包人,发包人应在收到监理人报送的进度付款申请单及相关资料后7天内,向承包人签发无异议部分的临时进度款支付证书。存在争议的部分,按照争议解决的约定处理。

② 除专用合同条款另有约定外,发包人应在进度款支付证书或临时进度款支付证书签发后14天内完成支付。发包人逾期支付进度款的,应按照中国人民银行发布的同期同类贷款基准利率支付违约金。

③ 发包人签发进度款支付证书或临时进度款支付证书,不表明发包人已同意、批准或接受了承包人完成的相应部分的工作。

发包人应将合同价款支付至合同协议书中约定的承包人账户。

(5) 进度付款的修正

在对已签发的进度款支付证书进行阶段汇总和复核中发现错误、遗漏或重复的,发包人和承包人均有权提出修正申请。经发包人和承包人同意的修正,应在下期进度付款中支付或扣除。

【案例 4-9】   **工程款支付**

背景:某建筑公司承包了某房地产开发公司开发的商品房建设工程,并签订了施工合同,就工程价款、竣工日期等做了详细约定。该工程如期完成并经验收合格,但房地产开发公司尚欠建筑公司工程款1 250万元。经建筑公司多次催要无果,便将房地产开发公司起诉至法院。在诉讼中,房地产开发公司以还欠另一公司的债务为由,拒绝支付其尚欠的工程价款。

问题:房地产开发公司不向建筑公司支付工程价款的理由是否成立?建筑公司应当在什么时限内向法院提起诉讼?

分析:《民法典》第807条规定:发包人未按照约定支付价款的,承包人可以催告发包人在合理期限内支付价款。发包人逾期不支付的,除根据建设工程的性质不宜折价、拍卖外,承包人可以与发包人协议将该工程折价,也可以请求人民法院将该工程依法拍卖。建设工程的价款就该工程折价或者拍卖的价款优先受偿。最高人民法院《关于审理建设工程施工合同纠纷案件适用法律问题的解释(一)》第36条规定:承包人享有的建设工程价款优先受偿权优于抵押权和其他债权。依据上述规定,房地产开发公司以欠另一公司债务而不向建筑公司支付工程价款的理由不能成立。

根据《关于审理建设工程施工合同纠纷案件适用法律问题的解释(二)》第十七条规定,与发包人订立建设工程施工合同的承包人,可以请求其承建工程的价款就工程折价或者拍卖的价款优先受偿的,人民法院应予支持。另外第二十二条规定,承包人行使建设工程价款优先受偿权的期限为六个月,自发包人应当给付建设工程价款之日起算。据此,建筑公司应当自发包人应当给付建设工程价款之日起 6 个月内向人民法院提起诉讼。如果过了这个时限,该建筑公司将失去建设工程价款的优先受偿权。

【案例 4-10】　　　　　　　　　　　　**综合案例**

背景:某施工单位通过竞标承建一工程项目,甲乙双方通过协商,对工程合同协议书(编号 HT-XY-201909001),以及专用合同条款(编号 HT-ZY-201909001)和通用合同条款(编号 HT-TY-201909001)修改意见达成一致,签订了施工合同。确认包括投标函、中标通知书等合同文件按照《建设工程施工合同(示范文本)》(GF—2017—0201)规定的优先顺序进行解释。

施工合同中包含以下工程价款主要内容:

工程中标价为 5 800 万元,暂列金额为 580 万元,主要材料所占比例为 60%;

工程预付款为工程造价的 20%;

工程进度款逐月计算;

工程质量保修金占 3%,在每月工程进度款中扣除,质保期满后返还。

工程 1 月至 5 月完成产值见表 4-4。

表 4-4　工程 1 月至 5 月完成产值

时间	1 月	2 月	3 月	4 月	5 月
完成产值/万元	180	500	750	1 000	1 400

项目部材料管理制度要求对物资采购合同的标的、价格、结算、特殊要求等条款加强重点管理。其中,对合同标的管理要包括物资的名称、花色、技术标准、质量要求等内容。

项目部按照劳动力均衡使用、分析劳动需用总工日、确定人员数量和比例等劳动力计划编制要求,编制了劳动力需求计划。重点解决了因劳动力使用不均衡,给劳动力调配带来的困难,避免出现过多、过大的需求高峰等问题。

问题:

(1) 指出合同签订中的不妥之处。写出背景资料中 5 个合同文件解释的优先顺序。

(2) 计算工程的预付款、起扣点是多少? 分别计算 3 月、4 月、5 月应付进度款、累计支付进度款是多少?(计算精确到小数点后两位,单位:万元)

(3) 物资采购合同重点管理的条款还有哪些? 物资采购合同标的包括的主要内容还有哪些?

(4) 施工劳动力计划编制要求还有哪些? 劳动力使用不均衡时还会出现哪些方面的问题?

分析:

(1) 不妥之处 1:专用合同条款与通用合同条款编号不一致。

不妥之处 2:修改通用合同条款。

构成合同文件的优先顺序如下:合同协议书、中标通知书、投标函、专用合同条款、通用合同条款。

(2) 预付款为:$(5\ 800-580)\times20\%=1\ 044$(万元)。

起扣点为:$(5\ 800-580)-1\ 044/60\%=3\ 480$(万元)。

3 月份应付进度款:$750\times(1-3\%)=727.5$(万元)。

累计应付进度款:$(180+500)\times(1-3\%)+727.5=1\ 387.1$(万元)。

4 月份应付进度款:$1\ 000\times(1-3\%)=970$(万元)。

累计应付进度款:$1\ 387.1+970=2\ 357.1$(万元)。

5 月份完成产值 1 400 万元,扣除质保金后 $1\ 400\times(1-3\%)=1\ 358.0$(万元)。

$2\ 357.1+1\ 358=3\ 715.1>3\ 480$,应从 5 月开始扣回预付款。

则 5 月份应付进度款:$1\ 358-(3\ 715.1-3\ 480)\times60\%=1\ 216.94$(万元)。

累计应付进度款:$2\ 357.1+1\ 216.94=3\ 574.04$(万元)。

(3) 物资采购合同重点管理条款还有:数量、包装、运输方式、违约责任。

标的内容还有:品种、型号、规格、等级。

(4) 劳动力计划编制要求还有:准确计算工程量和施工期限(工期)。

劳动力使用不均衡时增加了劳动力的管理成本、住宿、交通、饮食、工具等方面问题。

4.4.4　合同价格调整

4.4.4.1　市场价格波动引起的调整

除专用合同条款另有约定外,市场价格波动超过合同当事人约定的范围,合同价格应当调整。合同当事人可以在专用合同条款中约定选择以下一种方式对合同价格进行调整。

(1) 采用价格指数进行价格调整

① 价格调整公式

因人工、材料和设备等价格波动影响合同价格时,根据专用合同条款中约定的数据,按以下公式计算差额并调整合同价格:

$$\Delta P = P_0\left[A+\left(B_1\frac{F_{t_1}}{F_{0_1}}+B_2\frac{F_{t_2}}{F_{0_2}}+B_3\frac{F_{t_3}}{F_{0_3}}+\cdots+B_n\frac{F_{t_n}}{F_{0_n}}\right)-1\right]$$

式中　ΔP——需调整的价格差额。

P_0——约定的付款证书中承包人应得到的已完成工程量的金额。此项金额应不包括价格调整,不计质量保证金的扣留和支付、预付款的支付和扣回;约定的变更及其他金额已按现行价格计价的,也不计在内。

A——定值权重(不调部分的权重)。

$B_1,B_2,B_3,\cdots,B_n$——各可调因子的变值权重(可调部分的权重),为各可调因子在签约合同价中所占的比例。

$F_{t_1},F_{t_2},F_{t_3},\cdots,F_{tn}$——各可调因子的现行价格指数,指约定的付款证书相关周期最后一天的前 42 天的各可调因子的价格指数。

$F_{01},F_{02},F_{03},\cdots,F_{0n}$——各可调因子的基本价格指数,指基准日期的各可调因子的价格指数。

以上价格调整公式中的各可调因子、定值和变值权重，以及基本价格指数及其来源，在投标函附录价格指数和权重表中约定；非招标订立的合同，由合同当事人在专用合同条款中约定。价格指数应首先采用工程造价管理机构发布的价格指数，无前述价格指数时，可采用工程造价管理机构发布的价格代替。

② 暂时确定调整差额

在计算调整差额时，无现行价格指数的，合同当事人同意暂用前次价格指数计算。实际价格指数有调整的，合同当事人可进行相应调整。

③ 权重的调整

因变更导致合同约定的权重不合理的，按照商定或确定的约定执行。

④ 因承包人原因导致工期延误后的价格调整

因承包人原因未按期竣工的，对合同约定的竣工日期后继续施工的工程，在使用价格调整公式时，应采用计划竣工日期与实际竣工日期的两个价格指数中较低的一个作为现行价格指数。

（2）采用造价信息进行价格调整

合同履行期间，因人工、材料、工程设备和机械台班价格波动影响合同价格时，人工、机械使用费按照国家或省、自治区、直辖市建设行政管理部门、行业建设管理部门或其授权的工程造价管理机构发布的人工、机械使用费系数进行调整；需要进行价格调整的材料，其单价和采购数量应由发包人审批，发包人确认需调整的材料单价及数量，作为调整合同价格的依据。

① 人工单价发生变化且符合省级或行业建设主管部门发布的人工费调整规定的，合同当事人应按省级或行业建设主管部门或其授权的工程造价管理机构发布的人工费等文件调整合同价格，但是承包人对人工费或人工单价的报价高于发布价格的除外。

② 材料、工程设备价格变化的价款调整按照发包人提供的基准价格，按以下风险范围规定执行：

a. 承包人在已标价工程量清单或预算书中载明材料单价低于基准价格的，除专用合同条款另有约定外，合同履行期间材料单价涨幅以基准价格为基础超过 5% 时，或材料单价跌幅以在已标价工程量清单或预算书中载明材料单价为基础超过 5% 时，其超过部分据实调整。

b. 承包人在已标价工程量清单或预算书中载明材料单价高于基准价格的，除专用合同条款另有约定外，合同履行期间材料单价跌幅以基准价格为基础超过 5% 时，或材料单价涨幅以在已标价工程量清单或预算书中载明材料单价为基础超过 5% 时，其超过部分据实调整。

c. 承包人在已标价工程量清单或预算书中载明材料单价等于基准价格的，除专用合同条款另有约定外，合同履行期间材料单价涨跌幅以基准价格为基础超过 $\pm5\%$ 时，其超过部分据实调整。

d. 承包人应在采购材料前将采购数量和新的材料单价报发包人核对，发包人确认用于工程时，发包人应确认采购材料的数量和单价。发包人在收到承包人报送的确认资料后 5 天内不予答复的，视为认可，作为调整合同价格的依据。未经发包人事先核对，承包人自行采购材料的，发包人有权不予调整合同价格。发包人同意的，可以调整合同价格。

前述基准价格是指由发包人在招标文件或专用合同条款中给定的材料、工程设备的价格，该价格原则上应当按照省级或行业建设主管部门或其授权的工程造价管理机构发布的信息价编制。

③ 施工机械台班单价或施工机械使用费发生变化超过省级或行业建设主管部门或其授权的工程造价管理机构规定的范围时，按规定调整合同价格。

（3）专用合同条款约定的其他方式

对于一些变化幅度太大或信息价与市场价偏差过大的材料，合同也可能约定建设方认质认价程序，实报实销进行调差。

4.4.4.2　法律变化引起的调整

基准日期之后，由于法律变化导致承包人在合同履行过程中所需要的费用发生除市场价格波动引起的调整约定以外的增加时，由发包人承担增加的费用；费用减少时，应从合同价格中予以扣减。基准日期之后，因法律变化造成工期延误时，工期应予以顺延。

因法律变化引起的合同价格和工期调整，合同当事人无法达成一致的，由总监理工程师按商定或确定的约定处理。

因承包人原因造成工期延误，在工期延误期间出现法律变化的，由此增加的费用和（或）延误的工期由承包人承担。

【知识拓展 4-7】　　　　　　　　　基准日期

为了合理划分发承包双方的合同风险，施工合同中应约定一个基准日，对于基准日之后发生的作为一个有经验的承包人在招投标阶段不可能合理预见的风险，应由发包人承担。对于实行招标的工程，以提交投标文件的截止时间前的第 28 天作为基准日；对于不实行招标的工程，以施工合同签订前的第 28 天作为基准日。

【案例 4-11】　　　　　　　　　合同价格分析

背景：某房地产开发公司（发包人）和某建筑工程公司（承包人）签订了某小区工程的建筑工程承包合同。合同约定工程造价由承包人先行作出竣工结算报告，以发包人审定为准。工程于 2022 年年末全部竣工，经发包人和有关部门验收合格并交付使用。虽然合同双方当事人按合同进行了工程结算，但承包人认为材料涨价属于变更，仍按合同约定进行结算不合理，故而自行委托别人进行了鉴定，要求发包人按鉴定价格结算工程款。发包人认为由于工程中未发生增项，承包人要求以鉴定价格结算其工程款的请求没有合同依据。由此，双方当事人产生争议。

问题：工程款是否应该产生变更？

分析：承包合同约定以发包人审定的预算为准。发包人与承包人签订的合同，是在双方自愿、平等、意思表示真实的情况下签订的，是合法、有效的，应受法律的保护。承包人提出其自行进行了委托鉴定，要求发包人按鉴定价格给付其工程款的请求，既无事实根据又无法律依据。承包人在订立合同之前应当预见到原材料涨价的风险。

4.4.5　竣工结算与质保金

4.4.5.1　竣工结算

按照国家法律法规相关的规定。工程竣工验收后，发包人与承包人双方应及时办理工程竣工结算,否则工程不得交付使用,政府有关部门不予办理权属登记。

在实际工作中,当年开工、当年竣工的工程,只需办理一次性结算。跨年度的工程,根据企业财务工作的要求,可在年终办理一次年终结算,将未完工程转结到下一年度,此时竣工结算等于各年结算的总和。

有关竣工结算的合同约定一般包括 3 个方面的内容:对于竣工付款申请单的要求、竣工付款证书、支付时间。竣工结算程序如图 4-4 所示。

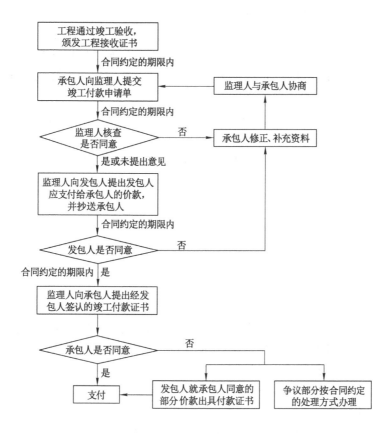

图 4-4 竣工结算程序

(1)竣工结算申请

除专用合同条款另有约定外,承包人应在工程竣工验收合格后 28 天内向发包人和监理人提交竣工结算申请单,并提交完整的结算资料,有关竣工结算申请单的资料清单和份数等要求由合同当事人在专用合同条款中约定。

除专用合同条款另有约定外,竣工结算申请单应包括以下内容:

① 竣工结算合同价格。

② 发包人已支付承包人的款项。

③ 应扣留的质量保证金。已缴纳履约保证金的或提供其他工程质量担保方式的除外。

④ 发包人应支付承包人的合同价款。

(2)竣工结算审核

① 除专用合同条款另有约定外,监理人应在收到竣工结算申请单后 14 天内完成核查

并报送发包人。发包人应在收到监理人提交的经审核的竣工结算申请单后14天内完成审批,并由监理人向承包人签发经发包人签认的竣工付款证书。监理人或发包人对竣工结算申请单有异议的,有权要求承包人进行修正和提供补充资料,承包人应提交修正后的竣工结算申请单。

发包人在收到承包人提交竣工结算申请单后28天内未完成审批且未提出异议的,视为发包人认可承包人提交的竣工结算申请单,并自发包人收到承包人提交的竣工结算申请单后第29天起视为已签发竣工付款证书。

② 除专用合同条款另有约定外,发包人应在签发竣工付款证书后的14天内,完成对承包人的竣工付款。发包人逾期支付的,按照中国人民银行发布的同期同类贷款基准利率支付违约金;逾期支付超过56天的,按照中国人民银行发布的同期同类贷款基准利率的2倍支付违约金。

③ 承包人对发包人签认的竣工付款证书有异议的,对于有异议部分,应在收到发包人签认的竣工付款证书后7天内提出异议,并由合同当事人按照专用合同条款约定的方式和程序进行复核,或按照争议解决的约定处理。对于无异议部分,发包人应签发临时竣工付款证书,并按第② 项完成付款。承包人逾期未提出异议的,视为认可发包人的审批结果。

(3)甩项竣工协议

发包人要求甩项竣工的,合同当事人应签订甩项竣工协议。在甩项竣工协议中应明确,合同当事人按照竣工结算申请及竣工结算审核的约定,对已完合格工程进行结算,并支付相应合同价款。

(4)最终结清

当缺陷责任终止证书颁发后,承包人已履行完其全部合同义务,但是合同价款尚未结清,因此承包人需提交最终结清的申请单,说明未结清的名目和金额,并附有关的证明材料。最终结清时,如果发包人扣留的质量保证金不足以补偿发包人损失的,承包人应承担不足部分的赔偿责任。

① 最终结清申请单

a. 除专用合同条款另有约定外,承包人应在缺陷责任期终止证书颁发后7天内,按专用合同条款约定的份数向发包人提交最终结清申请单,并提供相关证明材料。最终结清申请单应列明质量保证金、应扣除的质量保证金、缺陷责任期内发生的增减费用。

b. 发包人对最终结清申请单内容有异议的,有权要求承包人进行修正和提供补充资料,承包人应向发包人提交修正后的最终结清申请单。

② 最终结清证书和支付

a. 除专用合同条款另有约定外,发包人应在收到承包人提交的最终结清申请单后14天内完成审批并向承包人颁发最终结清证书。发包人逾期未完成审批,又未提出修改意见的,视为发包人同意承包人提交的最终结清申请单,且自发包人收到承包人提交的最终结清申请单后第15天起视为已颁发最终结清证书。

b. 除专用合同条款另有约定外,发包人应在颁发最终结清证书后7天内完成支付。发包人逾期支付的,按照中国人民银行发布的同期同类贷款基准利率支付违约金;逾期支付超过56天的,按照中国人民银行发布的同期同类贷款基准利率的2倍支付违约金。

c. 承包人对发包人颁发的最终结清证书有异议的,按争议解决的约定办理。

4.4.5.2 质保金

经合同当事人协商一致扣留质量保证金的,应在专用合同条款中予以明确。在工程项目竣工前,承包人已经提供履约担保的,发包人不得同时预留工程质量保证金。

(1)承包人提供质量保证金方式

承包人提供质量保证金有以下 3 种方式:

① 质量保证金保函;

② 相应比例的工程款;

③ 双方约定的其他方式。

除专用合同条款另有约定外,质量保证金原则上采用上述第①种方式。

(2)质量保证金的扣留

质量保证金的扣留有以下三种方式:

① 在支付工程进度款时逐次扣留。在此情形下,质量保证金的计算基数不包括预付款的支付、扣回以及价格调整的金额。

② 工程竣工结算时一次性扣留质量保证金。

③ 双方约定的其他扣留方式。

除专用合同条款另有约定外,质量保证金的扣留原则上采用上述第一种方式。

发包人累计扣留的质量保证金不得超过工程价款结算总额的 3%,如承包人在发包人签发竣工付款证书后 28 天内提交质量保证金保函,发包人应同时退还扣留的作为质量保证金的工程价款,保函金额不得超过工程价款结算总额的 3%。

发包人在退还质量保证金的同时,按照中国人民银行发布的同期同类货款基准利率支付利息。

(3)质量保证金的退还

缺陷责任期内,承包人认真履行合同约定的责任,到期后,承包人可向发包人申请返还保证金。

发包人在接到承包人返还保证金申请后,应于 14 天内会同承包人按照合同约定的内容进行核实。如无异议,发包人应当按照约定将保证金返还给承包人。对返还期限没有约定或者约定不明确的,发包人应当在核实后 14 天内将保证金返还承包人,逾期未返还的,依法承担违约责任。发包人在接到承包人返还保证金申请后,14 天内不予答复,经催告后 14 天内仍不予答复,视同认可承包人的返还保证金申请。

发包人和承包人对保证金预留,返还以及工程维修质量、费用有争议的,按本合同第 20条约定的争议和纠纷解决程序处理。

【案例 4-12】   **工程款计算**

背景:某工程项目发包人与承包人签订了施工合同,工期 4 个月。工程内容包括 A、B两项分项工程,全费用综合单价分别为 500.00 元/m、350.00 元/m。各分项工程每月计划和实际完成工程量及单价措施项目费用见表 4-5。

表 4-5　各分项工程每月计划和实际完成工程量及单价措施项目费用

工程量和费用名称		第 1 个月	第 2 个月	第 3 个月	第 4 个月	合计
A 分项工程/m³	计划工程量	200	300	300	200	1 000
	实际工程量	200	320	360	300	1 180
B 分项工程/m³	计划工程量	180	200	200	120	700
	实际工程量	180	210	220	90	700

合同有关工程价款结算与支付约定如下:开工 10 天前,发包人应向承包人支付合同价款的 20% 作为工程预付款,工程预付款在 2、3 个月的工程价款中平均扣回;发包人,按每月承包人应得的工程进度款 90% 支付,预后 10% 为质量保证金。

问题:

(1) 该工程合同价为多少万元? 工程预付款为多少万元?

(2) 每月发包人应支付给承包人 A、B 项的工程价款为多少万元?(结果保留三位小数)

(3) 质量保证金为多少万元?

分析:

(1) 合同价=(500×1 000+350×700)/10 000=74.50(万元)。

工程预付款=74.50×20%=14.90(万元)。

(2) A、B 项工程价款

第 1 个月工程价款=(200×500+180×350)×0.9/10 000=14.67(万元)。

第 2 个月发包人应支付给承包人的工程款=(320×500+210×350)×0.9/10 000—14.9/2=13.565(万元)。

第 3 个月应支付给承包人的工程款=(360×500+220×350)×0.9/10 000—14.90/2=15.68(万元)。

第 4 个月应支付给承包人的工程款=(300×500+90×350)×0.9/10 000=16.335(万元)。

(3) 质量保证金=(1 180×500+700×350)×0.1/10 000=8.35(万元)。

【案例 4-13】　　　　　　　　　　工程款结算

背景:某开发商投资新建一住宅小区工程,包括住宅楼 5 幢、会所 1 幢以及小区市政管网和道路设施,总建筑面积为 24 000 m²。经公开招标投标,某施工总承包单位中标,双方签订施工总承包合同,合同约定部分条款如下:施工总承包合同中约定的部分条款如下:① 合同造价为 3 600 万元,除设计变更、钢筋与水泥价格变动,及承包合同范围外的工作内容据实调整外,其他费用均不调整;② 合同工期为 306 天,自 2021 年 3 月 1 日起至 2021 年 12 月 31 日止。工期奖罚标准为 2 万元/天。

施工总承包单位进场后,建设单位将水电安装及住宅楼塑钢窗指定分包给 A 专业公司,并指定采用某品牌塑钢窗。A 专业公司为保证工期,又将塑钢窗分包给 B 公司施工。

因钢筋价格上涨较大,建设单位与施工总承包单位签订了《关于钢筋价格调整的补充协议》,协议价款为 60 万元。

2021 年 3 月 22 日,施工总承包单位在基础底板施工期间,因连续降雨发生了排水费用 6 万元,2021 年 4 月 5 日,某批次国产钢筋常规检测合格,建设单位以保证工程质量为由，要求施工总承包单位还需对该批次钢筋进行化学成分分析，施工总承包单位委托具备资质的检测单位进行了检测，化学成分检测费用 8 万元，检测结果合格。针对上述问题，施工总承包单位按索赔程序和时限要求，分别提出 6 万元排水费用和 8 万元检测费用的索赔。

工程竣工验收后，施工总承包单位于 2021 年 12 月 28 日向建设单位提交了竣工验收报告，建设单位于 2021 年 1 月 5 日确认验收通过，并开始办理工程结算。

问题：

(1) 发包行为是否有错误之处？并说明理由。

(2) 指出本工程的竣工验收日期是哪一天，工程结算总价是多少万元？

分析：

(1) 错误之处 1：建设单位将水电安装及住宅楼塑钢窗指定分包给 A 专业公司。

理由：发包人不得将应当由一个承包人完成的建设工程肢解成若干部分发包给几个承包人。

错误之处 2：建设单位指定采用某品牌塑钢窗。

理由：根据《建筑法》规定，按照合同约定，建筑材料、建筑构配件和设备由工程承包单位采购，发包单位不得指定承包单位购入用于工程的建筑材料、建筑构配件和设备或者指定生产厂家、供应商。

错误之处 3：A 专业公司又将塑钢窗分包给 B 公司施工。

理由：根据《建筑法》规定，禁止分包单位将其承包的工程再分包。

(2) 本工程的竣工验收日期是 2021 年 12 月 28 日。

工程结算总价包括：

合同造价：3 600 万元。

钢筋涨价费：60 万元。

索赔费用：8 万元。

工期提前 3 天，奖励：3×2 万元＝6 万元。

工程结算总价＝3 600 万元＋60 万元＋8 万元＋6 万元＝3 674 万元。

4.5　施工合同变更管理

根据《建设工程工程量清单计价规范》(GB 50500—2013)关于工程变更的定义，工程变更是指合同工程实施过程中由发包人提出或由承包人提出经发包人批准的工程任一项工作的增、减、取消或施工工艺、顺序、时间的改变；设计图纸的修改；施工条件的改变；招标工程量清单的错漏从而引起合同条件的改变或工程量的增减变化。

4.5.1　工程变更情形

除专有合同条款另有约定外，合同履行过程中发生以下情形即为工程变更：

(1) 增加或减少合同中的任何工作，或增加额外的工作。

(2) 取消合同中的任何工作，但转由他人实施的工作除外。

(3) 改变合同中任何工作的质量标准或其他特性。

（4）改变工程的基线、标高、位置和尺寸。

（5）改变工程的时间安排或实施顺序。

4.5.2 工程变更权与变更程序

4.5.2.1 工程变更权

发包人提出变更的，应通过监理人向承包人发出变更指示，变更指示应说明计划变更的工程范围和变更的内容，并附相关图纸和文件。

监理人提出变更建议的，需要向发包人以书面形式提出变更计划，说明计划变更工程范围和变更的内容、理由，以及实施该变更对合同价格和工期的影响。发包人同意变更的，由监理人向承包人发出变更指示；发包人不同意变更的，监理人无权擅自发出变更指示。

承包人提出合理化建议的，应向监理人提交合理化建议说明，说明建议的内容和理由，以及实施建议对合同价格和工期的影响。监理人应在收到承包人提交的合理化建议之后7天内审查完毕并报送发包人，发现其中存在技术型缺陷的，应通知承包人修改。发包人在收到监理人报送的合理化建议后7天内审批完毕。合理化建议经发包人批准的，监理人应及时发出变更指示，由此引起的合同价格调整按照变更估价合同条款约定执行。发包人不同意变更的，监理人应书面通知承包人。

4.5.2.2 工程变更程序

承包人收到监理人下达的变更指示后，认为不能执行的，应立即提出不能执行该变更指示的理由；承包人认为可以执行变更的，应当书面说明实施该变更指示对合同价格和工期的影响，且合同当事人应当按照变更估价的约定确定变更估价。

典型的变更程序如图4-5所示。

4.5.3 变更估价及合同价格调整

4.5.3.1 变更估价原则

除专用合同条款另有约定外，因变更引起的价格调整按以下原则处理：

（1）已标价工程量清单或预算书有相同项目的，按照相同项目单价认定。

（2）已标价工程量清单或预算书中无相同项目但有类似项目的，参照类似项目的单价认定。

（3）变更导致实际完成的变更工程量与已标价工程量清单或预算书中列明的该项目工程量的变化幅度超过15%的，或已标价工程量清单或预算书中无相同项目及类似项目单价的，按照合理的成本与利润构成的原则，由合同当事人按照商定或确定的约定确定变更工作的单价。

4.5.3.2 变更引起的工期调整

因变更引起工期变化的，合同当事人均可以要求调整合同工期，由合同当事人按照商定或确定的约定并参考工程所在地的工期定额标准确定增减工期天数。

4.5.3.3 变更估价程序

承包人应在收到变更指示后14天内向监理人提交变更估价申请。监理人应在收到承包人提交的变更估价申请后7天内审查完毕并报送发包人，监理人对变更估价申请有异议的，通知承包人修改后重新提交。发包人应在承包人提交变更估价申请后14天内审批完

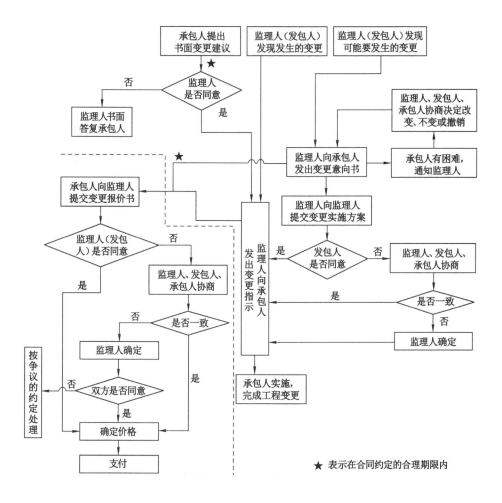

图 4-5　变更程序

毕。发包人逾期未完成审批或未提出异议的,视为认可承包人提交的变更估价申请。

因变更引起的价格调整应计入最近一期的进度款中。

【案例 4-14】　　　　　　　　**变更估价分析**

背景:某建设单位欲在某市高新区投资建设一特种工艺集成电路芯片制造厂区,该项目作为该区重点开发项目饱受关注,经过激烈的竞标工作后,该建设单位与某施工单位依据《建设工程施工合同(示范文本)》(GF—2017—0201)签订了施工合同。在合同履行过程中,主体结构工程发生了多次设计变更,施工单位在编制竣工结算书中提出由于主体结构工程的设计变更增加的合同价款共计 150 万元,但建设单位不同意该设计变更增加费。在施工过程中,一号厂房由于用途发生变化,建设单位要求设计人编制一号厂房的设计变更文件,并授权监理人就设计变更引起的有关问题与施工单位进行协商。在协商变更单价过程中,授权人未能与施工单位达成一致意见,总监理工程师决定以双方提出的变更单价的平均值作为最终的结算单价。

问题：

（1）本案例中建设单位不同意主体结构工程的设计变更增加费合理吗？

（2）总监理工程师以双方提出的变更单价的平均值作为最终结算单价合理吗？

分析：

（1）按照《建设工程施工合同（示范文本）》（GF—2017—0201）的相关规定，承包人应在收到变更指示后14天内向监理人提交变更估价申请。本例是在主体结构施工过程中发生的设计变更，但承包人（即施工单位）在竣工结算时提出报价，已超出合同约定的提出报价的时限，建设单位可以按合同约定视为施工单位同意设计变更但不涉及合同价款调整，因此建设单位有权拒绝该施工单位增加合同价款的请求。特别需要注意的是，施工合同中的各种时限对于合同双方来说是一种合同管理要求。

（2）不合理。总监理工程师提出一个暂定价格作为临时支付工程进度款的依据。变更费用价格在工程最终结算时以建设单位与总承包单位达成的协议为依据。

4.6　施工合同违约与风险管理

4.6.1　施工合同的违约情形

（1）发包人违约的情形

在合同履行过程中发生的下列情形属于发包人违约：

① 因发包人原因未能在计划开工日期前7天内下达开工通知的。

② 因发包人原因未能按合同约定支付合同价款的。

③ 发包人取消工作自行实施或转由第三人实施的。

④ 发包人提供的材料、工程设备的规格、数量或质量不符合合同约定，或因发包人原因导致交货日期延误或交货地点变更等情况的。

⑤ 因发包人违反合同约定造成暂停施工的。

⑥ 发包人无正当理由没有在约定期限内发出复工指示导致承包人无法复工的。

⑦ 发包人明确表示或者以其行为表明不履行合同主要义务的。

⑧ 发包人未能按照合同约定履行其他义务的。

发包人发生除第⑦种以外的违约情况时，承包人可以向发包人发出通知，要求发包人采取有效措施纠正违约行为。发包人收到承包人通知后28天内仍不纠正违约行为的，承包人有权暂停相应部位工程施工，并通知监理人。

（2）承包人违约的情形

在合同履行过程中发生的下列情形，属于承包人违约：

① 承包人违反合同约定进行转包或者违法分包的。

② 承包人违反合同约定采购和使用不合格的材料和工程设备的。

③ 因承包人原因导致工程质量不符合合同要求的。

④ 承包人违反材料与设备专用要求的约定，未经批准私自将已按照合同约定进入施工现场的材料或设备撤离施工现场的。

⑤ 承包人未能按施工进度计划及时完成合同约定的工作造成工期延误的。

⑥ 承包人在缺陷责任期及保修期内,未能在合理期限内对工程缺陷进行修复,或拒绝按发包人要求进行修复的。

⑦ 承包人明确表示或者以其行为表明不履行合同主要义务的。

⑧ 承包人未能按照合同约定履行其他义务的。

承包人发生除第⑦种约定以外的其他违约情况时,监理人可向承包人发出整改通知,要求其在指定的期限内改正。

4.6.2　违约责任与合同解除

4.6.2.1　违约责任

(1) 发包人违约的责任

发包人应承担因其违约给承包人增加的费用和(或)延误的工期,并支付承包人合理的利润。此外,合同当事人可以在专用条款中另行约定发包人违约责任的承担方式和计算方法。

(2) 承包人违约的责任

承包人应承担因其违约行为而增加的费用和(或)延误的工期。此外,合同当事人可以在专用条款中另行约定承包人违约责任的承担方式和计算方法。

4.6.2.2　合同解除

(1) 因发包人违约解除合同

承包人按发包人违约暂停施工满 28 天后,发包人仍不纠正其违约行为并致使合同目的不能实现的,或出现发包人违约的情形第⑦种约定的违约情况的,承包人有权解除合同,发包人应承担由此增加的费用,并支付承包人合理的利润。

(2) 因承包人违约解除合同

出现承包人违约的情形第⑦种约定的违约情况时,或监理人发出整改通知后,承包人在指定的合理期限内仍不纠正违约行为并致使合同目的不能实现的,发包人有权解除合同。合同解除后,因继续完成工程的需要,发包人有权使用承包人在施工现场的材料、设备、临时工程、承包人文件和由承包人或以其名义编制的其他文件,合同当事人应该在专用条款中约定相应费用的承担方式。发包人继续使用的行为不免除或减轻承包人应承担的违约责任。

【案例 4-15】　　　　　　　　**违约情形及违约责任**

背景:某施工单位根据领取的某 2 000 m² 两层厂房工程项目招标文件和全套施工图纸,采用低报价策略编制了投标文件,并获得中标。该施工单位(乙方)与某年某月某日与建设单位(甲方)签订了该工程项目的固定价格施工合同,合同工期为 8 个月。甲方在乙方进入施工现场后,因资金紧缺,无法如期支付工程款,口头要求乙方暂停施工一个月。乙方也口头答应。工程按合同规定期限验收时,甲方发现工程质量有问题,要求返工。两个月后,返工完毕。结算时甲方认为乙方延迟交付工程,应按合同约定偿付逾期违约金。乙方认为临时停工是甲方要求的。乙方为抢工期,加快施工进度才出现了质量问题,因此延迟交付的责任不在乙方。甲方则认为临时停工和不顺延工期是当时乙方答应的。乙方应履行承诺,承担违约责任。

问题:该施工合同的变更形式是否妥当? 此合同争议依据合同法律规范应如何处理?

分析:根据《中华人民共和国合同法》和《建设工程施工合同(示范文本)》的有关规定,建设工程合同应当采取书面形式,合同变更亦应当采取书面形式。若在应急情况下,可采取口头形式,但事后应予以书面形式确认。否则,在合同双方对合同变更内容有争议时,往往因口头形式协议很难举证,而不得不以书面协议约定的内容为准。本案例中甲方要求临时停工,乙方也答应,是甲、乙双方的口头协议,且事后并未以书面的形式确认,所以该合同变更形式不妥。在竣工结算时双方发生了争议,对此只能以书面合同规定为准。在施工期间,甲方因资金紧缺要求乙方停工一个月,此时乙方应享有索赔权。乙方虽然未按规定程序及时提出索赔,丧失了索赔权,但是根据《民法通则》的规定,在民事权利的诉讼时效期内仍享有通过诉讼要求甲方承担违约责任的权利。甲方未能及时支付工程款,应对停工承担责任,故应当赔偿乙方一个月的实际经济损失,工期顺延一个月。工程因质量问题返工,造成逾期交付,责任在乙方,故乙方应当支付逾期交工一个月的违约金,因质量问题引起的返工费用由乙方承担。

4.6.3　不可抗力事件后果

4.6.3.1　责任承担

《建设工程工程量清单计价规范》(GB 50500—2013)规定:因不可抗力事件导致的人员伤亡、财产损失及其费用增加,发承包双方应按下列原则分别承担并调整合同价款和工期。

(1) 合同工程本身的损害、因工程损害导致第三方人员伤亡和财产损失以及运至施工场地用于施工的材料和待安装的设备的损害,应由发包人承担。

(2) 发包人、承包人人员伤亡应由其所在单位负责,并应承担相应费用。

(3) 承包人的施工机械设备损坏及停工损失应由承包人承担。

(4) 停工期间,承包人应发包人要求留在施工场地的必要的管理人员及保卫人员的费用应由发包人承担。

(5) 工程所需清理、修复费用,应由发包人承担。不可抗力解除后复工的,若不能按期竣工的,应合理延长工期。发包人要求赶工的,赶工费用应由发包人承担。

《建设工程施工合同(示范文本)》规定:不可抗力导致的人员伤亡、财产损失、费用增加和(或)工期延误等后果,由合同当事人按以下原则承担:

(1) 永久工程、已运至施工现场的材料和工程设备的损坏,以及因工程损坏造成的第三方人员伤亡和财产损失由发包人承担。

(2) 承包人施工设备的损坏由承包人承担。

(3) 发包人和承包人承担各自人员伤亡和财产的损失。

(4) 因不可抗力影响承包人履行合同约定的义务,已经引起或将引起工期延误的,应当顺延工期,由此导致承包人停工的费用损失由发包人和承包人合理分担,停工期间必须支付的工人工资由发包人承担。

(5) 因不可抗力引起或将引起工期延误,发包人要求赶工的,由此增加的赶工费用由发包人承担。

(6) 承包人在停工期间按照发包人要求照管、清理和修复工程的费用由发包人承担。

4.6.3.2　不可抗力解除合同

因不可抗力导致合同无法履行连续超过84天或累计超过140天的,发包人和承包人均

有权解除合同。合同解除后,由双方当事人按照商定或确定的约定商定或确定发包人应支付的款项。该款项包括:

(1)合同解除前承包人已完成工作的价款。

(2)承包人为工程订购的并已交付给承包人,或承包人有责任接受交付的材料、工程设备和其他物品的价款。

(3)发包人要求承包人退货或解除订货合同而产生的费用,或者因不能退货或解除合同而造成的损失。

(4)承包人撤离施工现场以及遣散承包人人员的费用。

(5)按照合同约定在合同解除前应支付给承包人的其他款项。

(6)扣减承包人按照合同约定应向发包人支付的款项。

(7)双方商定或确定的其他款项。除专用合同条款另有约定外,合同解除后,发包人应在商定或确定上述款项后 28 天内完成上述款项的支付。

【案例 4-16】 **不可抗力事件后果**

背景:某工程的发包人和承包人按《标准施工招标文件》签订了承包合同。在施工合同履行过程中发生如下事件:主体结构施工时,由于发生不可抗力事件,造成施工现场用于工程的材料损坏以及工地围墙倒塌,导致经济损失和工期拖延,承包人按程序提出了工程延期和费用索赔。

问题:承包人所提出的工程延期和费用索赔是否合理?

分析:发生上述情况,按照双方当事人的合同约定,工期索赔成立,不可抗力导致工期延误可给予延期。不可抗力导致施工现场用于工程的材料损坏,所造成的损失由发包人承担。但是工地围墙不属于永久工程,而属于临时设施,其损失应由承包人承担。

4.6.4　工程保险

保险是指投保人根据合同约定,向保险人支付保险费,保险人对于合同约定的可能发生的事故因其发生所造成的财产损失承担赔偿保险金责任,或者当被保险人死亡、伤残、疾病或者达到合同约定的年龄、期限时承担给付保险金责任的商业保险行为。保险是一种受法律保护的分散危险、消化损失的法律制度。保险的目的是分散危险。保险制度上的危险就是损失发生的不确定性,其表现为:发生与否的不确定性;发生时间的不确定性;发生后果的不确定性。

由于建设项目是一个周期长、规模大、工艺复杂、工序较多的比较完备且复杂的系统,再加上工程项目的多主体性,这两个方面就决定了建筑工程保险需要多险种配合才能满足这个庞大的工程项目系统的投保需求。所以,建筑工程保险是由众多项目参与主体保险以及工程项目全周期保险相互影响、互相配合而构成的,如表 4-6 和表 4-7 所示。

表 4-6　不同项目参与主体保险构成

参与主体	险种名称
建设单位	建筑工程一切险、安装工程一切险、工伤保险
施工单位	工伤保险、施工设备险、意外伤害险、货物运输险

表4-6(续)

参与主体	险种名称
监理单位	工程监理责任险
设计单位	工程设计责任险
咨询单位	咨询决策责任险

表 4-7　工程项目全周期保险构成

工程项目全周期的不同阶段	险种名称
工程决策阶段	咨询决策责任险
工程设计阶段	工程设计责任险
工程施工阶段	建筑工程一切险、安装工程一切险、意外伤害险、货物运输险、机械设备险、工程监理责任险、工程设计责任险
工程竣工阶段	工程质量险

由此可见,在项目的施工阶段主要涉及的险种有建筑工程一切险、安装工程一切险、机械设备险、意外伤害险、货物运输险等。下面主要介绍建筑工程一切险和安装工程一切险。

4.6.4.1　建筑工程一切险及第三方责任险

建筑工程一切险是承保各类民用、工业和公用事业建筑工程项目,包括道路、桥梁、水坝、港口等,在建造过程中因自然灾害或意外事故而引起的一切损失险种。因在建工程抗灾能力差、危险程度高,一旦发生损失,不仅会对工程本身造成巨大的物质财产损失,甚至可能殃及邻近人员和财物。因此,建筑工程一切险作为转嫁工程风险和取得经济保障的有效手段,受到广大工程业主、承包人、分包人等工程有关人士的青睐。

建设工程一切险往往还加保第三方责任险。第三方责任险是指凡在工程期间的保险有效期内,因在工地上发生意外事故造成在工地及邻近地区的第三方人身伤亡或财产损失,依法应由被保险人承担的经济赔偿责任。

(1)投保人(被保险人)与保险人

我国《建设工程施工合同(示范文本)》规定,在工程开工前,发包人应当为建设工程办理保险,支付保险费用。所以,应当由发包人投保建设工程一切险。

建设工程一切险的被保险人范围较宽。所有在工程进行期间,对该项工程承担一定风险的有关各方,均可以作为被保险人。

(2)责任范围

如表 4-8 所示,保险人对下列原因造成的损失和费用负责赔偿。

表 4-8　建筑工程一切险的责任范围

类别	范围
自然灾害	地震、海啸、雷电、飓风、台风、龙卷风、风暴、暴雨、洪水、水灾、冻灾、冰雹、地崩、山崩、雪崩、火山爆发、地面下陷下沉及其他人力不可抗拒的破坏力强大的自然现象
意外事故	不可预料的以及被保险人无法控制并造成物质损失或人身伤亡的突发性事件,包括火灾和爆炸

（3）除外责任

保险人对下列各项原因造成的损失不负赔偿责任：

① 设计错误引起的损失和费用。

② 自然磨损、内在或潜在缺陷、物质本身变化、自燃、自热、氧化、锈蚀、渗漏、鼠咬、虫蛀、大气（气候或气温）变化、正常水位变化或其他渐变原因造成的保险财产自身的损失和费用。

③ 因原材料缺陷或工艺不善引起的保险财产本身的损失以及为换置、修理或矫正这些缺点和错误所支付的费用。

④ 非外力引起的机械或电气装置的本身损失，或施工用机具、设备、机械装置失灵造成的本身损失。

⑤ 维修保养或正常检修的费用。

⑥ 档案、文件、账簿、票据、现金、各种有价证券、图表资料及包装物料的损失。

⑦ 盘点时发现的短缺。

⑧ 领有公共运输行驶执照的，或已由其他保险予以保障的车辆、船舶和飞机的损失。

⑨ 除非另有约定，在被保险工程开始以前已经存在或形成的位于工地范围内或其周围的属于被保险人的财产的损失。

⑩ 除非另有约定，在本保险单保险期限终止以前，保险财产中已由工程所有人签发完工验收证书或验收合格或实际占有、使用或接收的部分。

（4）第三方责任险

建筑工程一切险如果加保第三方责任险，则保险人对下列原因造成的损失和费用负责赔偿：

① 在保险期限内，因发生与所保工程直接相关的意外事故引起工地内及邻近区域的第三方人身伤亡、疾病或财产损失。

② 对被保险人因上述原因而支付的诉讼费用以及事先经保险人书面同意而支付的其他费用。

（5）赔偿金额

在发生保险单内以下损失后，保险人按下列方式确定赔偿金额：

① 可以修复的部分损失：以将保险财产修复至其基本恢复受损前状态的费用扣除残值后的金额为准。

② 全部损失或推定全损：以保险财产损失前的实际价值扣除残值后的金额为准，但保险公司有权不接受被保险人对受损财产的委付。

③ 发生损失后，被保险人为减少损失而采取必要措施所产生的合理费用，保险人可予以赔偿。但本项费用以保险财产的保险金额为限。

保险人对每次事故引起的赔偿金额以法院或者政府有关部门根据现行法律裁定的应由被保险人偿付的金额为准。但在任何情况下，均不得超过保险单明细表中对应列明的每次事故赔偿限额。在保险期限内，保险人经济赔偿的最高限额责任不得超过本保险单明细表中列明的累计赔偿限额。

（6）保险期限

建筑工程一切险的保险责任自保险工程在工地动工或用于保险工程的材料、设备运抵工地之时起,至工程所有人对部分或全部工程签发完工验收证书或验收合格,或工程所有人实际占有、使用或接受该部分或全部工程之时止,以先发生者为准。但在任何情况下,保险人承担损害赔偿义务的期限不超过保险单明细表中列明的保险终止日。

4.6.4.2　安装工程一切险及第三方责任险

安装工程一切险是一种针对各种设备、装置安装工程的保险,包括电气、通风、给排水、管道、钢结构、施工机械等设备及装置的安装。它主要保障在安装、调试过程中,被保险人可能因为自然灾害及意外事故造成的损失得到经济补偿。

安装工程一切险往往还加保第三方责任险。安装工程一切险的第三方责任险负责被保险人在保险期限内,因发生意外事故,造成在工地及邻近地区的第三责任人死亡、疾病或财产损失,依法应由被保险人赔偿的经济损失,以及因此而支付的诉讼费和经保险人书面同意支付的其他费用。

(1)责任范围

安装工程一切险与建筑工程一切险的责任范围一致。

(2)除外责任

下列原因造成的损失、费用,保险人不负责赔偿:

设计错误、铸造或原材料缺陷或工艺不善引起的保险财产本身的损失以及为换置、修理或矫正这些缺点和错误所支付的费用。

① 自然磨损、内在或潜在缺陷、物质本身变化、自燃、自热、氧化、锈蚀、渗漏、鼠咬、虫蛀、大气(气候或气温)变化、正常水位变化或其他渐变原因造成的保险财产自身的损失和费用。

② 由于超负荷、超电压、碰线、电弧、漏电、短路、大气放电及其他电气原因造成电气设备或电气用具本身的损失。

③ 施工用机具、设备、机械装置失灵造成的本身损失。

④ 维修保养或正常检修的费用。

⑤ 档案、文件、账簿、票据、现金、各种有价证券、图表资料及包装物料的损失。

⑥ 盘点时发现的短缺。

⑦ 领有公共运输行驶执照的,或已由其他保险予以保障的车辆、船舶和飞机的损失。

⑧ 除非另有约定,在保险工程开始以前已经存在或形成的位于工地范围内或其周围的属于被保险人的财产的损失。

⑨ 除非另有约定,在本保险合同保险期间终止以前,保险财产中已由工程所有人签发完工验收证书或验收合格或实际占有或使用或接收部分的损失。

⑩ 除非另有约定,在本保险合同保险期间终止以前,保险财产中已由工程所有人签发完工验收证书或验收合格或实际占有或使用或接收部分的损失。

(3)第三方责任险

安装工程一切险如果加保第三方责任险,则保险人对下列原因造成的损失和费用负责赔偿:

① 在保险期限内,因发生与保险单所承保工程直接相关的意外事故引起工地内及邻近区域的第三方人身伤亡、疾病或财产损失。

② 对被保险人因上述原因而支付的诉讼费用以及事先经保险人书面同意而支付的其

他费用。

（4）赔偿金额

在发生保险单内以下损失后，保险人按下列方式确定赔偿金额：

① 可以修复的部分损失：以将保险财产修复至其基本恢复受损前状态的费用扣除残值后的金额为准。

② 全部损失或推定全损：以保险财产损失前的实际价值扣除残值后的金额为准，但保险人有权不接受被保险人对受损财产的委付。

③ 任何属于成对或成套的设备项目，若发生损失，保险人的赔偿责任不超过该受损项目在所属整对或整套设备项目的保险金额中所占的比例。

④ 发生损失后，被保险人为减少损失而采取必要措施所产生的合理费用，保险人可予以赔偿。但本项费用以保险财产的保险金额为限。

保险人对每次事故引起的赔偿金额以法院或政府有关部门根据现行法律裁定的应由被保险人偿付的金额为准。但是在任何情况下，均不得超过本保险单明细表中对应列明的每次事故赔偿限额。

（5）保险期限

安装工程一切险的保险期限通常以整个工期为保险期限，一般是从被保险项目被卸至施工地点时生效，到工期预计竣工验收交付使用之日终止。如果验收完毕先于保险单列明的终止日，则验收完毕时保险期终止。

【知识拓展 4-8】　　　　建筑工程一切险与安装工程一切险的区别

建筑工程一切险：

（1）标的从开工以后逐步增加，保险额也逐步提高。

（2）在一般情况下，自然灾害造成的建筑工程一切保险标的的损坏可能性比较大。

（3）建筑工程一切险范围内承保的安装工程一般是附带部分。其保险金额一般不超过整个工程项目保险金额的 20％。如果保险金额超过 20％，则按安装工程保险费率计算保险费；如果超过 50％，则应按安装工程险另行投保。

安装工程一切险：

（1）安装工程一切险所保的设备从一开始就存放于工地，保险公司承担着全部货价的风险，风险比较集中。在设备安装好后，试车、考核带来的危险以及在试车过程中发生机器损坏的危险是相当大的，这些危险在建筑工程一切险中是没有的。

（2）安装工程一切险的保险标的大多数是建筑物内的安装和设备，受自然灾害损坏的可能性较小，受人为事故损害的可能性较大。

（3）安装工程一切险范围内承保的建筑工程一般是附带部分，同样有土木工程项目不超过 20％和 50％的规定。

【案例 4-17】　　　　　　　　工程保险

背景：某年 9 月，A 市引水工程指挥部向保险公司投保了《水利水电站建筑、安装工程保险》，保额 2 200 万元。第二年 3 月 6 日，保险公司接到工程指挥部报案，称其承保的水利工程的引水渠因黄河涨水被冲毁，损毁渠长百余米，估损人民币 30 余万元，施救费用人民币 20 余万元。

事故发生后，保险公司业务人员及时进行了现场查勘，发现引水渠发生多处塌陷，前排的笼石有许多已被冲走，黄河水已退去。经施工人员介绍，承保工程除部分收尾工程外，引水渠等主体项目已竣工。

本案的异议：

经查阅施工记录，发现引水工程的主体——引水渠已基本完工，但还未成为独立运行的项目。按照工程的设计方案和施工进度，已完工的工程已具备抵御黄河涨水的能力，按照正常的涨水不应造成水渠的损失。且按照常理，春季在内陆省份如不发生暴雨，一般不会造成洪水事故。

于是，保险公司内部有两种意见：

（1）应该拒赔。持此意见者认为，本季节不是发生洪水的季节，按照工程设计，基本竣工的引水渠应具备抵抗黄河涨水的能力，不应造成损失。此次事故纯属施工质量问题，属于被保险人的过失，属于《水利水电站建筑、安装工程保险》除外责任第一条"被保险人的故意行为或过失引起的损失或费用"的责任范围，应予拒赔。

（2）应该赔偿。持此意见者认为虽然本季节不是发生洪水的季节，但是本工程在黄河边，受黄河水冲刷造成的损失属于意外事故的范畴，应按"洪水"责任受理，进行赔偿。

分析：鉴于本案案情较为复杂，保险公司的业务人员走访了有关水利方面的专家。据专家介绍，黄河在每年的开春季节，由于气温升高，河面开冻，冰水齐下，冰凌壅塞，水位上涨，形成凌汛洪水，此时期为黄河凌汛期。由于此时正值下游的桃花开花季节，又称桃花汛。这一时期洪水的特点是冲刷力大、钻透力强，容易造成堤坝垮塌。

从查阅的资料来看，施工方按照工程的设计、工艺进行施工，所用材料也符合相关标准，不存在施工材料、质量的问题。据工程监理的分析，造成事故的原因是：黄河上游解冻时间短，水量大，河水泛滥、漫滩，造成主河槽改道，河水冲刷导致垮塌。

根据专家和工程监理的意见，本案应属于"洪水"责任范围，应予赔偿。

【法院判例】 一起建设工程施工合同纠纷案

2021年7月16日，江苏省徐州市经济技术开发区人民法院开庭审理，A工程有限公司与B科技发展有限公司（以下分别简称A、B公司）建设工程施工合同纠纷案，当庭判决被告B公司于本判决生效之日起十日内向原告A公司一次性支付工程款人民币212 481元。

原告诉称，2017年7月，A公司与B公司签订《行政办公生活区墙体整修工程施工合同》，约定由A公司承包行政办公生活区墙体整修工程，工程位于徐州市经济开发区，工程总量为7 767平方米，工程合同总价暂估为75万元。2018年1月23日，A公司结算送审。2018年1月27日，B公司结算完毕。实际工程总量共增加2 916.09平方米，在扣除不合格项及工期延误扣减，B公司最终认可合同外工程量共增加1 371平方米。工程实际总价款经决算为849 924元。工程完工后，B公司按合同约定支付工程总价款的70%即594 946.8元。剩余30%工程款即254 977.2元作为工程保修金，自2018年1月27日起已满两年，依照合同约定B公司应支付剩余工程款。经A公司多次催要，B公司拒不支付。

被告辩称，原告的诉请没有事实依据。原告2017年与我公司签订了行政办公生活区墙体整修工程施工合同，至2018年1月完工，完工后工程一直存在缺陷和质量问题。我公司自2018年到2020年期间多次打电话、发邮件催促原告进行消缺工作，原告均不积极配合。原告直到2020年7月份派两个人前来维修，但至今没有达标。2020年10月25日我们委托第三方维修公司报价维修,第三方公司报价是 232 560 元。根据双方签订的施工合同及合同附件 3 工程质量保修书的约定,我公司未付的 30％的质保金按合同的约定应该在质保期满无质量问题后支付,但原告的工程在质保期内已经出现严重的质量问题,并且经原告催告后两年均不积极配合、维修,根据原合同的约定,应当承担逾期一天按合同约定的 1‰承担违约金,请法院依法驳回其起诉。

该案经组织庭前证据交换并经公开开庭审理,当庭宣判,作出一审判决。原告主张的 254 977.2 元属于双方约定的工程质保金。在案涉工程通过竣工验收之后、缺陷责任期届满之前,存在被告通知原告对工程缺陷进行维修的情况。根据合同附件 3 第四条的约定,原告在进行维修后应申请被告组织验收。原告没有相关证据予以证实,故其要求被告全额返还质保金尚不具备条件。

但是,合同法第五条规定:当事人应当遵循公平原则确定各方的权利和义务。建设工程所涉及利益和风险较大,建设工程合同是有关风险的事先安排,但是在履行过程中可能出现合同订立时不可预见的情况,需要立足施工行业特点,在坚持“合同严守”原则、维护合同对当事人的法律约束力的同时,综合运用公平、诚实信用等民法基本原则,维持建设施工合同中所约定的一定工作及报酬的对价关系,合理分配承发包双方的风险,以实现双方的利益平衡。具体到本案中,原告与被告之间系墙体整修合同关系,与一般的工程建设施工合同关系还有所区别,即对原有墙体存在的缺陷进行维修,而原有缺陷形成的原因可能是多方面的,可能不会因原告履行双方约定的维修方案而完全消除。那么,在原告完成约定的工程量、双方对维修工程进行验收结算后,被告向原告支付大致对价的工程款方显妥当,双方约定工程总价的 30％为质保金,显然过高,有失公平。2017 年 7 月 1 日施行的《建设工程质量保证金管理办法》的规定,发包人对质保金总预留比例不得高于工程价款结算总额的 3％。虽然该办法属于住建部和财政部颁发的部门规章,但可参照适用,故本院综合具体案情,酌情按工程总价的 5％确认质保金 42 496.2 元在原告保修义务完成后再行结算,其余未付款 212 481元应予支付。该款项系本院以职权酌情调整,对于原告主张的本判决确定的履行之日前的利息,不再予以支持。

本章习题

一、单项选择题

1. 按照施工合同示范文本规定,下列事项中属于发包人应承担的义务的是(   )。
A. 提供施工现场和施工的基础资料
B. 采取安全文明措施
C. 编制竣工资料
D. 提供工程施工进度计划

2. 隐蔽工程重新检查增加的费用,由(   )承担。
A. 发包人　　　　B. 承包人　　　　C. 监理人　　　　D. 根据质量结果决定

3. 施工合同履行过程中,合同文件约定不一致时,正确的解释顺序应为(   )。

A. 中标通知书、工程量清单、标准

B. 合同通用条款、合同专用条款、图纸

C. 投标函、合同通用条款、已标价的工程量清单

D. 中标通知书、工程报价单、投标书

4. 施工合同的组成文件中,结合项目特点针对通用合同条款内容进行补充或修正.使之与通用合同条款共同构成对某一方面问题内容完备约定的文件是( )。

A. 协议书   B. 专用合同条款   C. 标准条款   D. 质量保修书

5. 某工程项目施工中,发包人供应的材料经过承包人检验后用于工程。后来发现部分工程存在缺陷,原因为材料质量问题,该部分工程需拆除重建,则( )。

A. 承包人承担返工费用,工期不予顺延

B. 承包人承担返工费用,工期给予顺延

C. 发包人承担返工费用,工期不予顺延

D. 发包人承担返工费用,工期给予顺延

6. 某施工合同约定,建筑材料由发包人供应。材料使用前需要进行检验时,检验由( )。

A. 发包人负责,并承担检验费用

B. 发包人负责,检验费用由承包人承担

C. 承包人负责,并承担检验费用

D. 承包人负责,检验费用由发包人承担

7. 某工程项目缺陷责任期内发现存在质量缺陷,监理人出具了鉴定结论。发包人认为承包人不具有维修能力,直接联系维修公司进行了维修,则维修费用应由( )承担。

A. 发包人   B. 监理人   C. 承包人   D. 维修公司

8. 采用工程量清单计价的承包合同中的综合单价,如果由于设计变更引起工程量增减,对其超过合同约定幅度部分的工程量,除合同另有约定外,其综合单价的调整办法是( )。

A. 由承包人提出,经监理人确认后作为结算依据

B. 由发包人提出,经承包人同意后作为结算依据

C. 由承包人提出,报工程造价管理机构备案后作为结算依据

D. 由承包人提出,经发包人确认后作为结算依据

9. 工程师审查承包商提交的施工组织设计和进度计划时,认为承包商使用的施工设备数量不够而不能保证工程进度,则工程师( )。

A. 有权要求增加施工设备,增加的费用由业主承担

B. 无权要求增加施工设备,但有权要求加快施工进度

C. 有权要求增加施工设备,增加的费用由承包商承担

D. 无权要求增加施工设备,也无权要求加快施工进度

10. 施工过程中发生变更,而合同中没有相同或类似项目的单价,应( )。

A. 由监理人提出适当的变更价格,经发包人批准后执行

B. 由承包人提出适当的变更价格,经监理人确认后执行

C. 由发包人提出适当的变更价格,经承包人同意后执行

D. 按照成本加利润原则,由合同当事人商定

二、多项选择题

1. 施工合同示范文本规定,可以顺延工期的条件有(　　)。

A. 不可抗力
B. 承包人的违约

C. 施工机械发生故障
D. 发包人延迟提供材料

E. 提供图纸延误

2. 施工合同示范文本中,可以约定合同价款的方式有(　　)。

A. 单价合同
B. 总价合同

C. 成本加酬金合同
D. 单一价格合同

E. 固定价格合同

3. 按照施工合同内不可抗力条款的规定,下列事件中属于不可抗力的有(　　)。

A. 龙卷风导致吊车倒塌

B. 地震导致主体建筑物开裂

C. 承包人管理不善导致的仓库爆炸

D. 承包人拖欠雇员工资导致的动乱

E. 非承包人和发包人责任发生的火灾

4. 施工组织设计包括的内容有(　　)

A. 施工机械的选用
B. 施工现场平面布置图

C. 施工方案
D. 质量保证体系

E. 合同条款

5. 确定变更价款时,应维持承包人投标报价单内的竞争性水平,具体原则包括(　　)。

A. 合同中已有适用于变更工程的价格,按合同已有的价格计算,变更合同价款

B. 合同中只有类似于变更工程的价格,可以参照此价格确定变更价格,变更合同价款

C. 合同中没有适用或类似于变更工程的价格,由发包方单方面决定

D. 合同中没有适用或类似于变更工程的价格,由合同当事人按照约定确定

E. 合同中没有适用或类似于变更工程的价格,由工程师自己确定变更价格并执行

三、简答题

1. 简述施工合同的概念和特征。

2. 按照工程计价方式的不同,对施工合同如何分类?

3. 简述施工合同文件的组成和优先解释顺序。

4. 简述施工合同双方的一般权利和义务。

5. 在施工合同履行中,如何进行质量、进度、成本、索赔和风险管理?

6. 施工组织设计应包含哪些内容?

7. 简述工程变更的程序和原因。

8. 简述变更估价的原则。

9. 缺陷责任期和保修期有何区别?

10. 简述建筑工程一切险与安装工程一切险的区别。

四、案例分析

背景：建设单位投资兴建写字楼工程，地下1层，地上5层，建筑面积为6 000 m²，总投资额4 200万元。建设单位编制的招标文件部分内容："质量标准为合格；工期自2020年5月1日起至2021年9月30日止；采用工程量清单计价模式；项目开工日前7天内支付工程预付款，工程款预付比例为10％"。经公开招投标，在7家施工单位中选定A施工单位中标，B施工单位因为在填报工程量清单价格（投标文件组成部分）时，所填报的工程量与建设单位提供的工程量不一致以及其他原因导致未中标，A施工单位经合约、法务等部门认真审核相关条款，并上报相关领导同意后，与建设单位签订了工程施工总承包合同，签约合同价部分明细："分部分项工程费为2 188.50万元，脚手架费用为49万元，措施项目费为92.16万元，其他项目费为110万元，总包管理费为30万元，暂列金额为80万元，规费及税金为266.88万元。"

建设单位于2020年4月26日支付了工程预付款，A施工单位收到工程预付款后，用部分工程预付款购买了用于本工程所需的塔吊、轿车、模板，支付其他工程拖欠劳务费、其他工程的材料欠款。

在地下室施工过程中，突遇百年不遇特大暴雨，A施工单位在雨后立即组织工程抢险抢修，抽排基坑内雨污水，发生费用8万元；检修受损水电线路，发生费用1万元；抢修工程项目红线外受损的施工便道，以保证工程各类物资、机械进场的需要，发生费用7万元。A施工单位及时将上述抢险抢修费用以签证方式上报建设单位。建设单位审核后的意见是：上述抢险抢修工作内容均属于A施工单位已经计取的措施费范围，不同意另行支付上述三项费用。

问题：

1. B施工单位在填报工程量清单价格时，除工程量外，还有哪些内容必须与建设单位提供的内容一致？

2. 除合约、法务部门外，A施工单位审核合同条款时还需要哪些部门参加？

3. A施工单位的签约合同价、工程预付款分别是多少万元（保留小数点后两位）？指出A施工单位使用工程预付款的不妥之处，工程预付款的正确使用用途还有哪些？

4. 分别说明建设单位对A施工单位上报的三项签证费用的审核意见是否正确？并说明理由。

第 5 章　建设工程索赔与合同争议

学习内容：本章主要介绍建设工程索赔与合同争议的基本知识。通过学习，掌握索赔原因和依据，理解并掌握索赔的程序与策略，掌握工期索赔、费用索赔的计算方法，了解索赔的概念、分类和特征，施工合同的争议解决方式及工程合同争议的防范措施。

思政目标：树立工程索赔意识，形成系统性思维。

5.1　建设工程索赔概述

5.1.1　建设工程索赔概念与特征

5.1.1.1　建设工程索赔概念

索赔（claim）其原意为"有权要求"，法律上称为"权利主张"。索赔从本质上讲是合同双方当事人保护自己的合法权益，降低自身因风险发生而遭受损失的一种合法合理的权力主张，是在正确完全履行合同所规定义务的基础上为自身争取合理补偿的一种方式方法，并非是一种惩罚的手段。建设工程索赔通常是指在工程合同履行过程中，合同当事人一方因对方不履行或未能正确履行合同或者由于其他非自身原因而受到经济损失或权利损害时，通过一定的合法程序向对方提出经济或时间补偿要求的行为。一般情况下，习惯把承包人提出的索赔称为施工索赔，而把发包人提出的索赔称为反索赔。

根据《民法典》第五百七十七条的规定，当事人一方不履行合同义务或者履行合同义务不符合约定的，应当承担继续履约、采取补救措施或者赔偿损失等违约责任。这是"索赔"的法律依据。

【知识拓展 5-1】　　　　　索赔与违约的区别

（1）索赔事件的发生，不一定在合同文件中约定；而合同的违约责任一般是在合同中约定的。

（2）索赔事件的发生，可以是一定行为造成的，也可以是不可抗力事件造成的；而追究违约责任，必须要有合同不能履行或不能完全履行的违约事实的存在，发生不可抗力可以免除或者部分免除当事人的违约责任。

（3）一定要有造成损失的后果才能提出索赔，索赔具有补偿性；而合同的违约不一定要造成损害后果，有时具有惩罚性。

（4）索赔的损失与被索赔人的行为不一定存在法律上的因果关系，如物价上涨造成承包人损失的，承包人可以向发包人索赔等；而违约行为与违约事实之间存在因果关系。

5.1.1.2 建设工程索赔特征

(1)索赔是双向的,不仅承包人可以向发包人索赔,发包人同样可以向承包人索赔。由于实践中发包人向承包人索赔发生的频率相对较低,而且在索赔处理中,发包人始终处于主动和有利的地位,可以直接从应付工程款中扣抵或没收履约保函、扣留保留金甚至留置承包商的材料设备作为抵押等来实现自己的索赔要求。因此在工程实践中,大量发生的、处理比较困难的是承包人向发包人的索赔,也是索赔管理的主要对象和重点内容。

(2)只有实际发生了经济损失或权利损害,一方才能向对方索赔。经济损失是指因对方原因造成合同外的额外支出,如人工费、材料费、机械费、管理费等额外开支;权利损害是指虽然没有经济上的损失,但造成了一方权利上的损害,如由于恶劣气候条件对工程进度的不利影响,承包人有权要求工期延长等。经济损失与权利损害有时同时存在,有时单独存在。例如,发包人未及时交付合格的施工现场,既造成了承包人的经济损失,又侵害了承包人的工期权利。又如,发生不可抗力,承包人根据合同规定或者惯例,只能要求延长工期,不应要求经济补偿。

(3)索赔是一种未经对方确认的单方行为,与通常所说的签证不同。在施工过程中,签证是承发包双方就额外费用补偿或工期延长等达成一致的书面确认、证明材料或补充协议。它可以直接作为工程款结算或最终增减工程造价的依据,而索赔是单方面行为,对对方尚未形成约束力,这种索赔要求最终能否实现,必须通过确认。索赔是一种正当的权利或要求,是合情、合理、合法的行为,是在正确履行合同的基础上争取合理的补偿,并非无中生有、无理争利,不具有惩罚性质。

【案例 5-1】   **索赔的对象**

背景:某开发商新建办公楼,建筑面积为 50 000 m²,通过招投标手续,确定了由某装饰公司进行室内精装修施工,并及时签署了施工合同。双方签订施工合同后,该装饰公司又进行了劳务招标,最终确定某劳务公司为中标单位,并与其签订了劳务分包合同,在合同中明确了双方的权利和义务。在装修施工过程中,建设单位未按合同约定的时间支付某装饰公司工程进度款,该装饰公司以此为由,拒绝劳务公司提出的支付人工费的要求。

问题:本装修工程的施工过程中,劳务公司是否可以就劳务费问题向建设单位提出索赔?

分析:不可以。因为劳务公司作为某装饰公司的分包单位,应该按照分包合同的约定对总承包单位(某装饰公司)负责,同时,按合同约定向劳务分包公司支付劳动报酬也是总承包单位的义务,所以,劳务公司应该就劳务费问题向该装饰公司提出索赔。

5.1.2 施工索赔分类

索赔贯穿工程项目全过程,可能发生的范围比较广泛,从不同的角度有不同的分类方法。表 5-1 对施工索赔的分类进行了总结。

表 5-1 施工索赔的分类

索赔分类		详细说明
按索赔主体	发包人索赔	发包人索赔的内容是要求赔付金额和(或)延长缺陷责任期
	承包人索赔	承包人索赔的内容是要求追加付款和(或)延长工期
按索赔目的	工期索赔	由于非承包人自身原因导致施工进程延误,承包人要求发包人延长工期、推迟原规定竣工日期的一种补偿
	费用索赔	费用索赔的目的是要求经济补偿。当施工的客观条件改变导致承包人增加开支,承包人要求对超出计划成本的附加开支给予补偿,以挽回不应由其承担的经济损失
按索赔依据	合同内索赔	指索赔所涉及的内容可以在合同文件中找到依据,并可以根据合同规定明确划分责任
	合同外索赔	指索赔所涉及内容和权利难以在合同文件中找到依据,但是可从合同条文引申含义和合同适用法律或政府颁发的有关法规中找到索赔的依据
	道义索赔	指承包人在合同内或合同外都找不到可以索赔的依据,因而没有提出索赔的条件和理由,但是承包人认为自己有要求补偿的道义基础,而对其遭受的损失提出具有优惠性质的补偿要求
按索赔事件性质	工程延误索赔	因发包人未按合同要求提供施工条件,如未及时交付设计图、施工现场、道路等,或因为发包人指令工程暂停或不可抗力事件等原因造成工期拖延的,承包人对此提出索赔
	工程变更索赔	由于发包人或监理工程师的指令增加或减少工程量或增加附加工程、修改设计、变更工程顺序等,造成工期延长和费用增加,承包人对此提出索赔
	工程终止索赔	由于发包人或承包人违约以及不可抗力事件等原因造成合同非正常终止,无责任的受害方因其蒙受经济损失而向对方提出索赔
	工程加速索赔	由于发包人或工程师的指令,承包人加快施工速度,缩短工期,引起承包人的人、财、物的额外开支而提出的索赔
	意外风险和不可预见因素索赔	在工程实施过程中,因人力不可抗拒的自然灾害、特殊风险以及一个有经验的承包人通常不能合理预见的不利施工条件或外界障碍,如地下水、地质断层、溶洞、地下障碍物等引起的索赔
	其他索赔	如因货币贬值、汇率变化、物价上涨、工资上涨、政策法令变化等原因引起的索赔
按索赔处理方式	单项索赔	在合同实施过程中,出现了干扰原合同执行的索赔事件,承包商为此事件提出的索赔。索赔是干扰事件发生时或发生后立即进行的,并在合同规定的有效期内向发包人提交索赔意向书
	总索赔	又称一揽子索赔,是指承包人在工程竣工前将工程建设过程中所有发生的未解决的索赔事件作为一个整体向发包人提出总索赔

5.1.3 施工索赔发生原因

在施工过程中,由于干扰事件的发生,就必然使在签订合同状态下所确定的合同价款不再合适,打破原有的平衡状态,合同双方必须根据新的状态调整原合同工期和价款,形成新的平衡。在工程实施过程中,施工索赔的发生几乎是必然的,这是由工程自身的属性所决定的。

(1)工程项目自身的特殊性。现代工程规模大、技术性强、投资额大、工期长、材料设备价格变化快,工程项目的差异性大、综合性强、风险大,使得工程项目在实施过程中存在许多不确定因素,而合同必须在工程开始前签订,其不可能对工程项目中所有可能出现的问题都作出合理的预见和规定,而且业主在实施过程中还会有许多新的决策,这一切使得合同变更极为频繁,而合同变更必然会导致项目工期和成本的变化。

（2）工程项目内外部环境的复杂性和多变性。工程项目的技术环境、经济环境、社会环境、法律环境的变化,如地质条件变化、材料价格上涨、货币贬值、国家政策法规变化等,在工程实施过程中会经常发生,使得工程的计划实施过程与实际情况不一致,而这些因素同样会导致工程工期和费用的变化。

（3）参与工程建设主体的多元化。由于工程参与单位多,一个工程项目往往有业主、总包商、监理工程师、分包商、指定分包商、材料设备供应商等众多参加单位,各方面的技术、经济关系错综复杂,相互联系又相互影响,只要一方失误,不但会造成自己的损失,而且会影响其他合作者,造成他人的损失,从而导致索赔和争执。

（4）工程合同的复杂性和出错性。建设工程合同文件多且复杂,经常会出现措辞不当、缺陷、图样错误,以及合同文件前后自相矛盾或者可做不同解释等问题,容易造成合同双方对合同文件的理解不一致,从而出现索赔。

（5）投标的竞争性。现代土木工程市场竞争激烈,承包人的利润水平逐步降低,在竞标时,大部分靠低标价甚至保本价中标。在实践中往往发包人与承包人风险分担不公,把主要风险转嫁给承包人一方,稍遇条件变化,承包人即处于亏损的边缘,这必然迫使他寻找一切可能的索赔机会来减轻自己承担的风险。因此索赔实质上是工程实施阶段承包人和发包人之间在承担工程风险比例上的合理再分配。

5.2 施工索赔程序与合同规定

5.2.1 施工索赔程序和时限

《建设工程施工合同（示范文本）》（GF—2017—0201）和《建设工程工程量清单计价规范》（GB 50500—2013）中对承包人索赔的程序和时间要求有明确且严格的规定。一般索赔流程如图 5-1 所示。

（1）承包人提出索赔

在合同履行过程中,承包人根据合同约定认为非承包人原因发生的事件造成承包人的损失,承包人有权得到追加付款和（或）延长工期的,应按以下程序向监理人提出索赔：

① 承包人应在知道或应当知道索赔事件发生后 28 天内,向监理人递交索赔意向通知书,并说明发生索赔事件的事由和要求,并附必要的记录和证明材料;承包人逾期未发出索赔意向通知书的,丧失要求追加付款和（或）延长工期的权利。

② 承包人应在发出索赔意向通知书后 28 天内向监理人正式递交索赔报告;索赔报告应详细说明索赔理由以及要求追加的付款金额和（或）延长的工期,并附必要的记录和证明材料。

③ 索赔事件具有连续影响的,承包人应按合理时间间隔继续递交延续索赔通知,说明连续影响的实际情况和记录,列出累计的追加付款金额和（或）工期延长天数。

④ 在索赔事件影响结束后 28 天内,承包人应向监理人递交最终索赔报告,说明最终要

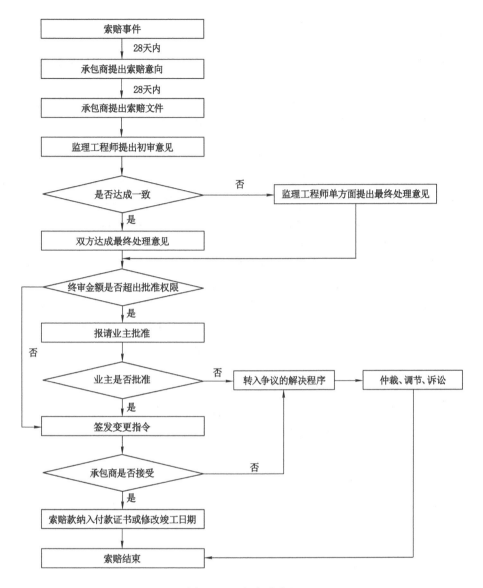

图 5-1　一般索赔流程

求索赔的追加付款金额和（或）延长的工期，并应附必要的记录和证明材料。

（2）对承包人索赔的处理

监理人或发包人收到承包人的索赔通知书后，应及时查验承包人的记录和证明材料。对承包人索赔的处理程序如下：

①　监理人应在收到索赔报告后 14 天内完成审查并报送发包人。监理人对索赔报告存在异议的，有权要求承包人提交全部原始记录副本。

②　发包人应在监理人收到索赔报告或有关索赔的进一步证明材料后的 28 天内，由监理人向承包人出具经发包人签认的索赔处理结果。发包人逾期答复的，则视为认可承包人的索赔要求。

③　承包人接受索赔处理结果的，索赔款项在当期进度款中进行支付。承包人不接受索

赔处理结果的,按照合同约定的争议解决方式处理。

(3)承包人提出索赔的期限

① 承包人按"竣工结算审核"的约定接收竣工付款证书后,应被视为已无权再提出在工程接收证书颁发前所发生的任何索赔。

② 承包人按"最终结清"约定提交的最终结清申请单中,只限于提出工程接收证书颁发后发生的索赔。提出索赔的期限自接受最终结清证书时终止。

【案例 5-2】　　　　　　　　　　　**索赔期限**

背景:某建筑公司与某开发公司签订某房地产项目施工合同,工期为 600 天。因种种原因,建筑公司在工程完成至±0.00 m 以下工程后(此时距开工已 1 000 天)停止了施工。建筑公司起诉,要求开发公司支付拖欠的工程进度款 2 000 余万元。开发公司随即提起反诉,要求赔偿因工期延误造成的经济损失 4 000 余万元。

分析:庭审中,建筑公司就工期问题答辩称,工期延误属实,但延误的原因在于工程量增加、设计变更以及开发公司未按合同约定足额支付工程进度款等,故延误的责任应由发包人承担。被告开发公司则认为,虽然有设计变更、工程量增加等事实,但由于承包人在施工过程中从未提出过工期顺延请求,未按合同规定办理过任何工期签证,因此可以认为承包人放弃了增加工期的权力。因此,索赔一定要注意索赔期限。

5.2.2　索赔文件

工程索赔文件是承包商向业主索赔的正式书面材料,也是业主审核承包商索赔请求的主要依据。工程索赔文件一般由索赔意向通知书、索赔报告书及附件组成。

5.2.2.1　索赔意向通知书

索赔意向通知书是承包商致业主或其代表的一封简短信函,主要是提出索赔请求。索赔意向通知要在合同规定的时间内提出,简明扼要地说明以下四个方面内容:

(1)索赔事件发生的时间、地点和简单事实情况描述。

(2)索赔事件的发展动态。

(3)索赔依据和理由,可加附件说明。

(4)索赔事件对工程成本和工期产生的不利影响,提出索赔要求。

【案例 5-3】　　　　　　　　　　　**索赔意向通知书**

背景:某汽车制造厂厂房建设施工土石方工程中,承包商在合同中标明有松软石的地方没有遇到松软石,因此工期提前 1 个月。但在合同中另一个未标明有坚硬岩石的地方遇到了更多的坚硬岩石,开挖工作变得更加困难,由此造成了实际生产率比原计划低得多,经测算影响工期 3 个月。由于施工速度减慢,使得部分施工任务拖到雨季才进行,按一般公认标准推算,又影响工期 2 个月。为此,承包商准备提出索赔。

问题:请协助承包商拟定一份索赔意向通知书。

分析:

索赔意向通知书

致甲方代表(或监理工程师):

　　我方希望你方对工程地质条件变化问题引起重视;在合同文件未标明有坚硬岩石的地方遇到了坚硬岩石,致使我方实际生产率降低,从而引起进度拖延,并不得不在雨季施工。

　　上述施工条件变化,造成我方施工现场设计与原设计有很大不同,为此向你方提出工期索赔及费用索赔,具体工期索赔及费用索赔依据与计算书在随后的索赔报告中。

承包商:×××
××年××月××日

5.2.2.2　索赔报告

　　索赔报告书的质量和水平,与索赔成败的关系极为密切。对重大的索赔事项,有必要聘请合同专家或技术权威人士担任咨询,并邀请资深的专业人士参与活动,才能保证索赔成功。

　　索赔报告的具体内容随索赔事项的性质和特点有所不同,但大致由四个部分组成。

　　(1)总论部分

　　概要叙述引起索赔事件发生的日期和过程,承包商为该事件付出的努力和附加开支,承包商的具体索赔要求,主要包括以下内容:① 序言。② 索赔事项概述。③ 具体索赔要求:工期延长天数或索赔款额。④ 报告书编写及审核人员。

　　(2)论证部分

　　论证部分是索赔报告的关键部分,也是索赔成立的基础,其目的是说明自己有索赔权和索赔理由,立论的基础是索赔的依据,一般包括以下内容:① 概述索赔事项的处理过程。② 发出索赔通知书的时间。③ 论证索赔要求的合同条款。④ 指明所附证据资料的名称及编号,以便于查阅。

　　(3)索赔款项(或工期)计算部分

　　索赔款项(或工期)计算部分是索赔报告书的主要部分,如果说论证部分是解决索赔权能否成立,款项则是为解决能得到多少补偿。前者定性,后者定量。

　　① 索赔款项计算的主要组成部分是由于索赔事项引起的额外开支的人工费、材料费、设备费、土地管理费、总部管理费、投资利息、税收、利润等。每一项费用开支,应附上相应的证据或单据,并通过详细的论证和计算,使业主和工程师对索赔款的合理性有充分了解,这对索赔要求的迅速解决十分重要。

　　② 工期延长计算部分。在索赔报告中计算工期的方法主要有横道图表法、关键路线法、进度评估法三种。承包商在索赔报告中应该对工期延长、实际工期、理论工期等进行详细论述,说明自己要求工期延长(天数)的依据。

　　(4)证据部分

　　证据部分通常以索赔报告书附件的形式出现,包括该索赔事项所涉及一切有关证据以及对这些证据的说明。索赔证据资料的范围很广,可能包括施工过程中所涉及的有关政治、经济、技术、财务、气象等方面的资料。对于重大的索赔事项,承包商还应提供直观记录资料,如录像、摄影等。

　　【知识拓展 5-2】　　　　施工索赔的依据及证据有哪些?

　　(1)招标文件、合同文件及附件等资料。例如,招标文件、中标人的投标文件、工程施工合同及附件、中标通知书,发包方认可的实施组织设计、工程图、技术规范,以及发包人提供

· 191 ·

的水文地质资料、地下管网资料、红线图、坐标控制点资料等。

(2)往来的书面文件。例如,发包方的变更指令、各种认可信、通知、对承包方问题的答复信等。这些文件内容常常包括对某一时期工程进展情况的总结以及与工程有关的当事人及具体事项。这些文件的签发日期对计算工程延误时间具有参考价值。

(3)施工合同协议书及附属文件。

(4)业主或监理签认的认证。例如,承包人要求预付通知、工程量合适确认单。

(5)施工现场记录。主要包括施工日志、施工检查记录、工时记录、质量检查记录、设备或材料使用记录、施工进度记录或者工程照片、录像等。对于重要记录,如质量检查、验收记录,还应有工程师派遣的现场监理或现场监理员的签名。

(6)工程会议记录。建设单位(发包方)与承包方、总承包方与分包方之间召开现场会议讨论工程情况的记录。

(7)气象资料、工程检查验收报告和各种技术鉴定报告,工程中送停电、送停水、道路开通和封闭的记录和证明。

(8)工程财务资料。一般包括施工进度款支付申请单,工人工资单,工人分布记录,材料、设备、配件等的采购单,付款收据,收款单据,工地开支报告,会计报表,会计总账,批准的财务报告,会计往来信函及文件,通用货币汇率变化表等。

(9)工程检查和验收报告。由监理工程师签字的工程检查和验收报告反映某一单项工程在某一特定阶段竣工的进度,并汇录了该单项工程竣工和验收的时间。

(10)国家法律、法令、政策文件。

5.2.3 索赔的原则和合同规定

5.2.3.1 索赔的要求

承包商提出的索赔,以及索赔的处理必须符合表5-2中的要求。

表5-2 索赔的要求

序号	要求	内容
1	客观性	(1)干扰事件确实存在。 (2)干扰事件的影响存在。 (3)造成工程拖延,承包商损失。 (4)有证据证明
2	合法性	按合同、法律或惯例规定应予补偿
3	合理性	(1)索赔要求符合合同要求。 (2)符合实际情况。 (3)索赔值的计算符合以下几个方面: ① 符合合同规定的计算方法和计算基础; ② 符合公认的会计核算原则; ③ 符合工程惯例; ④ 干扰事件、责任、干扰事件的影响、索赔值之间有关系,索赔要求符合逻辑

5.2.3.2　索赔的成立条件

承包商提出的索赔要求成立必须同时具备以下三个条件,缺一不可:

(1) 承包商在事件发生后的规定时限内提出了书面索赔的意向通知和索赔报告。

(2) 造成费用增加和(或)工期损失的原因不是承包商的责任,也不是应该由承包商承担风险。

(3) 与合同比较,已造成实际的额外费用和(或)工期损失。

5.2.3.3　索赔的合同约定

发包方、承包方双方应在合同中约定可以索赔的事项及索赔的内容。2017 版的《建设工程施工合同(示范文本)》中规定了承包人可向发包人索赔的事项及索赔的内容。

不同原因引起索赔的内容(工期、费用、利润)有一定的规律性,总结如下:

(1) 发包人的违约责任可索赔工期、费用和利润。发包人的违约责任引起的工程延误可以同时索赔工期、费用和利润,除非发生这一事件不引起工期的顺延,就不用提出工期索赔。

(2) 客观原因只可以索赔工期。在发包人应承担的风险范围中,异常恶劣的气候条件和不可抗力引起的工期延误,只能得到工期补偿。

(3) 发包人应承担的风险无利润补偿。

(4) 缺陷责任期的责任导致的索赔只有费用和利润。

【案例 5-4】　　　　　　　　　**索赔成立的情形**

背景:某施工单位(乙方)与某建设单位(甲方)签订了建造无线电发射试验基地施工合同,合同工期为 38 天,网络进度图如图 5-2 所示。由于该项目急于投入使用,在合同中规定,工期每提前(或拖后)1 天奖励(或罚款)5 000 元。乙方按时提交了施工方案和施工网络进度计划(图 5-2),并得到了甲方代表的批准。实际施工过程中发生了如下几项事件:

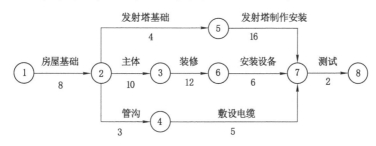

图 5-2　网络进度图

事件 1:在房屋基坑开挖后,发现局部有软弱下卧层。按甲方代表指示,乙方配合地质复查,配合用工为 10 个工日。地质复查后,根据经甲方代表批准的地基处理方案,增加直接费 4 万元,因地基复查和处理使房屋基础作业时间延长 3 天,人工窝工 15 个工日。

事件 2:在发射塔基础施工时,因发射塔原设计尺寸不当,甲方代表要求拆除已施工的基础,重新定位施工。由此造成增加用工 30 个工日,材料费 1.2 万元,机械台班费 3 000 元,发射塔基础作业时间拖延 2 天。

事件 3:在房屋主体施工中,因施工机械故障,造成人工窝工 8 个工日,该项工作作业时间延长 2 天。

事件 4：在房屋装修施工基本结束时，甲方代表对某项电气暗管的敷设位置是否准确有疑义，要求乙方进行剥漏检查。检查结果为某部位的偏差超出了规范允许范围。乙方根据甲方代表的要求进行返工处理，合格后甲方代表予以签字验收。该项返工及覆盖用工 20 个工日，材料费为 1 000 元。因该项电气暗管的重新检验和返工处理，使安装设备的开始作业时间推迟了 1 天。

事件 5：在敷设电缆时，因乙方购买的电缆线材质量差，甲方代表令乙方重新购买合格线材。由此造成该项工作多用人工 8 个工日，作业时间延长 4 天，材料损失费为 8 000 元。

事件 6：鉴于该工程工期较紧，经甲方代表同意，乙方在安装设备作业过程中采取了加快施工的技术组织措施，使该项工作的作业时间缩短 2 天，该项技术组织措施费为 6 000 元。

其余各项工作的实际作业时间和费用均与原计划相符。

问题：在上述事件中，乙方可以就哪些事件向甲方提出工期补偿和费用补偿要求？为什么？

分析：事件 1：可以提出工期补偿和费用补偿要求。因为地质条件变化属于甲方应承担的责任（或有经验的承包商无法预测的原因），且房屋基础工作位于关键线路上。

事件 2：可以提出费用补偿和工期补偿要求。因为发射塔设计位置变化是甲方的责任，由此增加的费用应由甲方承担，但该项工作的时间拖延 2 天，没有超出其总时差 8 天，所以工期补偿为 0 天。

事件 3：不能提出工期补偿和费用补偿要求。因为施工机械故障属于乙方应承担的责任。

事件 4：不能提出工期补偿和费用补偿要求。因为乙方应该对自己的施工质量负责。

事件 5：不能提出工期补偿和费用补偿要求。因为乙方应该对自己购买的材料质量和完成的产品质量负责。

事件 6：不能提出补偿要求。因为通过采取施工技术组织措施使工期提前，可按合同规定的工期奖罚法处理，因赶工而发生的施工技术组织措施费应由乙方承担。

5.3 施工索赔的计算

5.3.1 工期索赔

工期是施工合同中的重要条款之一，工期延误对合同双方一般都会造成损失。工期延误的后果形式上是时间的损失，实质上是经济的损失，无论是业主还是承包商，都不愿意无缘无故地承担由工程延误给自己造成的经济损失。因此，工期是业主和承包商之间经常发生的争议焦点。工期在整个索赔中占据了很高的比例，也是承包商索赔的重要内容之一。工期索赔主要依据合同规定的总工期计划、进度计划以及双方共同认可的工期修改文件、调整计划和受干扰后实际工程进度记录，如施工日记、工程进度表等。施工单位应在每月月底以及在干扰事件发生时，分析对比上述资料，以便及时发现工期拖延并分析拖延的原因，提出有说服力的索赔要求。

5.3.1.1　工期索赔的分析

工期索赔的分析流程包括工期延误原因分析、网络计划分析、发包人责任分析和索赔结果分析等步骤,具体流程如图 5-3 所示。

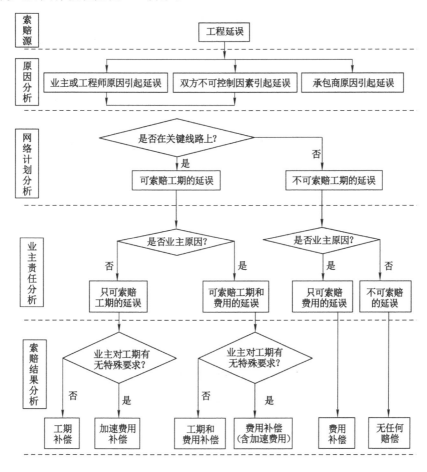

图 5-3　工程索赔分析流程图

(1) 工期延误原因分析。分析工期延误是哪一方的原因,如果某一干扰事件是由于承包人自身原因造成的或是承包人应承担的风险,则不能索赔,反之则可以索赔。

(2) 网络计划分析。运用网络计划方法分析延误事件是否发生在关键线路上,以决定延误是否可以索赔。在施工索赔中,一般考虑关键线路上的延误,或者一条非关键线路因延误变成关键线路。

(3) 发包人责任分析。结合网络计划分析结果,进行发包人责任分析。若发生在关键线路上的延误是由发包人原因造成的,则这种延误不仅可索赔工期,还可索赔因延误而发生的费用。若由发包人原因造成的延误发生在非关键线路上,且非关键线路未转变为关键线路,则只能索赔费用。

(4) 索赔结果分析。在承包人索赔已经成立的情况下,根据发包人是否对工期有特殊要求,分析工期索赔的可能结果。如果由于某种特殊原因,工程竣工日期客观上不能改变,即不能实现工期延误的索赔,发包人也可以不给予工期延长。这时,发包人的行为已实质上构成隐含指令加速施工。因此,发包人应当支付承包人采取加速施工措施而额外增加的费用,即加速费用补偿。此费用补偿是指因发包人原因引起的延误造成承包人负担了额外的费用而得到的合理补偿。

【知识拓展 5-3】   **工期索赔争议的鉴定**

根据《建设工程造价鉴定规范》(GB/T 51262—2017)关于工期索赔争议,给出了如下鉴定方法:

(1)开工时间鉴定

① 合同中约定了开工时间,但发包人又批准了承包人的开工报告或发出了开工通知,采用发包人批准的开工时间。

② 合同中未约定开工时间,应采用发包人批准的开工时间;没有发包人批准的开工时间,可根据施工日志、验收记录等证据确定开工时间。

③ 合同中约定了开工时间,因承包人原因不能按时开工的,发包人接到承包人延期开工申请且同意的,开工时间相应顺延;发包人不同意延期要求或承包人未在约定时间内提出延期开工要求的,开工时间不予顺延。

④ 因不可抗力或因非承包人原因不能按照合同中约定的开工时间开工的,开工时间相应顺延。

⑤ 证据材料中,均无发包人或承包人推迟开工时间的证据,应采用合同约定的开工时间。

(2)工期鉴定

① 工程合同中明确约定了工期的,以合同约定工期进行鉴定。

② 工程合同对工期约定不明或没有约定的,应按工程所在地相关专业工程建设主管部门的规定或国家相关工程工期定额进行鉴定。

(3)实际竣工时间鉴定

① 竣工验收合格的,以竣工验收之日为竣工时间。

② 承包人已经提交竣工验收报告,发包人拖延验收的,以承包人提交竣工验收报告之日为竣工时间。

③ 未经竣工验收,发包人擅自使用的,以转移占有鉴定项目之日为竣工时间。

(4)顺延工期鉴定

① 因发包人原因暂停施工的,相应顺延工期。

② 因承包人原因暂停施工的,工期不予顺延。

③ 对工程质量发生争议停工待鉴定,如工程质量合格承包人无过错,工期顺延。

④ 当事人对鉴定项目因设计变更顺延工期有争议的,鉴定人应参考施工进度计划,判别是否增加了关键线路和关键工作的工程量并足以引起工期变化,如增加了工期,应相应顺延工期;如未增加工期,工期不予顺延。

⑤ 当事人对鉴定项目因工期延误索赔有争议的,鉴定人应按先确定实际工期,再与合同工期对比,以此确定是否延误。

5.3.1.2 工期索赔的计算方法

工期索赔的计算主要有网络图分析法和比例计算法。

（1）网络图分析法

网络图分析法是利用进度计划网络图,分析其关键线路,要求承包商使用网络图技术进行进度控制,依据网络计划提出的工期索赔。如果延误的工作为关键工作,则延误的时间为索赔的工期;如果延误的工作为非关键工作,当该工作由于延误超过时差限制而成为关键工作时,索赔的时间为延误时间与时差的差值;如果该工作延误后仍为非关键工作,则不存在工期索赔问题。

注意:关键线路并不是固定的,随着工程进展,关键线路也在变化,而且是动态变化。关键线路的确定,必须依据最新批准的工程进度计划。在工程索赔中,一般只限于考虑关键线路上的延误,或者一条非关键线路因延误已变成关键线路。

【知识拓展 5-4】　　　　　　　　关键线路与关键工作

关键线路是指线路上总的工作持续时间最长的路线,即工期最长的路线。一个项目的关键线路可能不止一条。关键线路在网络图上可用双箭线、粗实线来表示。

关键工作是指最迟完成时间与最早完成时间相差最小或者最迟开始时间与最早开始时间相差最小的工作,也就是总时差最小的工作。

【案例 5-5】　　　　　　　　　　网络图分析法

背景:已知某工程网络计划图如图 5-4 所示。

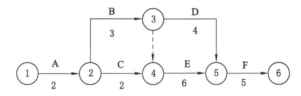

图 5-4　某工程网络计划图

问题:(1) 关键线路为哪一条? 总工期为多少天?

（2）若因发包人原因造成工作 C 延误 1 天,承包人是否可以向发包人提出 1 天的工期补偿?

（3）若因发包人原因造成工作 C 延误 3 天,承包人是否可以向发包人提出 3 天的工期补偿?

分析:(1) 总工期为 16 天,关键工作为 A、B、E、F。

（2）工作 C 总时差为 1 天,有 1 天的机动时间,发包人原因造成的 1 天延误对总工期不会有影响。实际上,将 1 天的延误代入原网络计划图,即 C 工作变为 3 天,计算结果工期仍为 16 天。

（3）若由于发包人原因,工作 C 延误 3 天,由于 C 本身有 1 天的机动时间,对总工期造成延误为 3－1＝2(天),故向发包人索赔 2 天。或将工作 C 延误的 3 天代入网络计划图中,即 C 为 2＋3＝5(天),计算可以发现网络计划图关键线路发生了变化,工作 C 由非关键工作变成了关键工作,总工期为 18 天,索赔 18－16＝2(天)。

网络图分析是一种科学、合理的计算方法,是通过分析干扰事件发生前、后网络计划之差异而计算工期索赔值的,通常适用于各种干扰事件引起的工期索赔。但是对于大型、复杂的工程,手工计算比较困难,需借助计算机来完成。

（2）比例计算法

比例计算法是通过分析增加或减少的分部分项工程量（工程造价）与合同总量的比值,推断出增加或减少的工程工期。

① 按工程量进行比例计算。当计算出某一分部分项工程的工期延长后,将局部工期转变为整体工期,此时可以用局部工程的工程量占整个工程量的比例来折算。

$$工期索赔值=原合同总工期\times\frac{额外增加的工作量}{原合同的工作量}$$

② 按造价进行比例类推。若施工中出现了很多大小不等的工期索赔事由,较难准确地单独计算且又麻烦时,可经双方协商,采用造价比较法确定工期补偿天数。

$$工期索赔值=原合同总工期\times\frac{额外增加的工作量价格}{原合同总价}$$

【案例 5-6】 **按工程量比例计算法**

背景:某工程基础施工中出现了不利的地质障碍,发包人指令承包人进行处理,土方工程量由原来的 2 560 m³ 增至 3 170 m³,原工期定为 40 天。

问题:承包人可提出的工期索赔值应为多少?

分析:工程索赔值=原合同总工期$\times\dfrac{额外增加的工程量}{原合同工程量}=40\times\dfrac{3\,170-2\,560}{2\,560}=9.53$（天）

【案例 5-7】 **按工程造价比例计算索赔额**

背景:某工程合同总价为 1 500 万元,总工期为 26 个月,现发包人指令增加额外工程100 万元。

问题:承包人提出的工期索赔应为多少?

分析:工程索赔值=原合同总工期$\times\dfrac{额外增加的工程量价格}{原合同总价}=26\times\dfrac{100}{1\,500}=1.73$（月）

比例计算法简单、方便,易被人们理解和接受,但不尽科学、合理,有时不符合工程实际情况,且对有些情况如业主变更施工次序等不适用,甚至会得出错误的结果,在实际工作中应予以注意,正确掌握其适用范围。

5.3.2　费用索赔

费用索赔是指承包商在非自身因素影响下遭受经济损失时,向业主提出补偿其额外费用损失的要求。因此,费用索赔是承包商根据合同条款的有关规定,向业主索取的合同价款以外的费用。索赔费用不应被视为承包商的意外收入,也不应被视为业主的不必要开支。实际上,索赔费用的存在是由于建立合同时还无法确定的某些应由业主承担的风险因素导致的结果。承包商的投标报价中不会考虑业主风险,因此,一旦这类风险发生并影响承包商的工程成本时,承包商提出费用索赔是一种正常的现象和合情合理的行为。

5.3.2.1　索赔费用的构成

索赔费用的主要组成部分与建设工程施工合同价的组成部分相似。由于我国关于施工合同价的构成规定与国际惯例不完全一致,所以在索赔费用的组成上也有所差异。按照我国现行规定,建筑安装工程合同价一般包括直接费、间接费、计划利润和税金。而国际上的惯例是将建安工程合同价分为直接费、间接费、利润三个部分。

从原则上说，凡是承包人有索赔权的工程成本的增加，都可以列入索赔的费用。但是，对于不同原因引起的索赔，可索赔费用的具体内容则有所不同。索赔方应根据索赔事件的性质分析其具体的费用构成。表 5-3 分别列出了工期延误、工程加速、工程中断和工程量增加等索赔事件可能的费用项目。

表 5-3　索赔事件的费用项目构成表

索赔事件	可能的费用项目	详细说明
工期延误	人工费增加	包括工资上涨、现场停工、窝工、生产效率降低，不合理使用劳动力等损失
	材料费增加	因工期延长引起的材料价格上涨
	机械设备费增加	设备因延期引起的折旧费、保养费、进出场费或租赁费等
	现场管理费增加	包括现场管理人员的工资、津贴等，现场办公设施，现场日常管理费支出，交通费等
工期延误	因工期延长的通货膨胀使工程成本增加	
	相应保险费、保函费增加	
	分包商索赔	分包因延期向承包商提出的费用索赔
	总部管理费增加	因延期造成公司总部管理费增加
	推迟支付引起的兑换率损失	工程延期引起支付延迟
工程加速	人工费增加	因业主指令工程加速造成增加劳动力投入，不经济地使用劳动力，生产效率降低等
	材料费增加	不经济地使用材料，材料提前交货的费用补偿，材料运输费增加
	机械设备费增加	增加机械投入，不经济地使用机械
	因加速增加的现场管理费	也应扣除因工期缩短减少的现场管理费
	资金成本增加	费用增加和支出提前引起负现金流量所支付的利息
工程中断	人工费增加	如留守人员工资，人员的遣返和重新招雇费，对工人的赔偿等
	机械使用费增加	设备停置费，额外的进出场费，租赁机械的费用等
	保函、保险费、银行手续费增加	
	贷款利息增加	
	总部管理费增加	
	其他额外费用	如停工、复工所产生的额外费用，工地重新整理等费用
工程量增加	费用构成与合同报价相同	合同规定承包商应承担一定比例（如 10%）的工程量增加风险，超出部分才予以补偿。合同规定工程量增加超出一定比例时（如 15%～20%）可调整单价，否则合同单价不变

此外，索赔费用的项目构成会随工程所在地国家或地区的不同而不同，即使在同一国家或地区，随着合同条件具体规定的不同，索赔费用的项目构成也会不同。美国工程索赔专家

阿德里安(J. J. Adrian)在《工程索赔》一书中列出了四种类型索赔的费用项目构成并进行了分析(表 5-4)。

表 5-4　索赔类型与索赔费用的项目构成

序号	索赔费用项目	索赔类型			
		延误索赔	工程范围变更索赔	加速施工索赔	现场条件变更索赔
1	人工工时增加费	×	√	×	√
2	生产率降低引起人工损失	√	○	√	○
3	人工单价上涨费	√	○	√	○
4	材料用量增加费	×	√	○	○
5	材料单价上涨费	√	√	○	○
6	新增的分包工程量	×	√	×	○
7	新增的分包工程单价上涨费用	√	○	○	√
8	租赁设备费	○	√	√	○
9	自有机械设备使用费	√	√	○	○
10	自有机械台班费率上涨费	○	×	○	○
11	现场管理费(可变)	○	√	○	○
12	现场管理费(固定)	√	×	×	○
13	总部管理费(可变)	○	○	○	○
14	总部管理费(固定)	√	○	×	○
15	融资成本	√	○	○	○
16	利润	○	√	○	√
17	机会利润损失	○	○	○	○

注:"√"代表应列入项目;"○"代表有时可列入项目;"×"代表不应列入项目。

索赔费用的索要与工程造价的构成基本类似,归纳起来包括的主要项目如下:

(1) 人工费

人工费主要包括生产工人的工资、津贴、加班费、奖金等。对于索赔费用中的人工费部分来说,主要是指完成合同之外的额外工作所花费的人工费用;由于非承包人责任的工效降低所增加的人工费用;超过法定工作时间的加班费用;法定的人工费增长以及非承包人责任造成的工程延误导致的人员窝工费;相应增加的人身保险和各种社会保险支出等。

(2) 材料费

材料费在直接费中占有很大比重,是费用索赔的一项重要内容。在工程施工中,材料费索赔一般包括索赔事项导致材料的实际用量大大超过计划用量,客观原因导致材料价格大幅度上涨,非承包人责任工程拖延导致的材料价格变动和材料超期存储的费用等。

(3) 机械设备使用费

可索赔的机械设备费主要包括完成额外工作增加的机械设备使用费,非承包人责任致使的工效降低而增加的机械设备闲置、折旧和修理费分摊、租赁费用,发包人或监理人原因造成的机械设备停工的窝工费,非承包人原因增加的设备保险费、运费及进口关税等。

（4）管理费

管理费应按现场管理费和企业管理费分别计算索赔费用。现场管理费包括因承包人完成额外工程、索赔事项工作以及工期拖延期间造成的管理人员工资、办公费、交通费等增加费用。企业管理费的索赔主要是指在工程延误期间为整个企业的经营运作提供支持和服务所增加的管理费用，一般包括企业管理人员费用、企业经营活动费用、差旅交通费、办公费、通信费、固定资产折旧费、修理费、职工教育培训费用、保险费、税金等。

（5）利润

一般来说，由于工程范围的变更、发包人提供的文件有缺陷或错误、发包人未能提供施工场地以及因发包人违约导致的合同终止等事件引起的索赔，承包人都可以列入利润。比较特殊的是，对于因发包人原因暂停施工导致的工期延误，承包人有权要求发包人支付合理的利润。索赔利润的计算通常与原报价单中的利润百分率保持一致。

但应注意的是，由于工程量清单中的单价是综合单价，已经包含人工费、材料费、施工机具使用费、企业管理费、利润以及一定范围内的风险费用，在索赔计算中不应重复计算。同时，一些引起索赔的事件也可能是合同中约定的合同价款调整因素（如工程变更、法律法规的变化以及物价波动等），因此，对于已经进行合同价款调整的索赔事件，承包人在费用索赔计算时不能重复计算。

（6）利息

利息又称为融资成本或资金成本，是企业取得和使用资金所付出的代价。融资成本主要有两种：额外贷款的利息支出和使用自有资金引起的机会损失。只要因业主违约（如业主拖延或拒绝支付各种工程款、预付款或拖延退还扣留的保留金）或其他合法索赔事项直接引起了额外贷款，承包人有权向业主就相关的利息支出提出索赔。

（7）保险与保函费

因发包人原因导致工程延期时，承包人必须办理工程保险、施工人员意外伤害保险等各项保险的延期手续，对于由此增加的费用，承包人可以提出索赔。

因发包人原因导致工程延期时，承包人必须办理相关履约保函的延期手续，对于由此增加的手续费，承包人可以提出索赔。

（8）分包费用

由于发包人的原因导致分包工程费用增加时，分包人只能向总承包人提出索赔，但是分包人的索赔款项应当列入总承包人对发包人的索赔款项中。分包费用索赔指的是分包人的索赔费用，一般也包括与上述费用类似的内容索赔。

5.3.2.2　索赔费用的计算方法

索赔值的计算没有统一、共同认可的标准方法，但是计算方法的选择却对最终索赔金额影响很大，若估算方法选用不合理容易被对方驳回，这就要求索赔人员具备丰富的工程估价经验和索赔经验。费用索赔的计算方法主要有总费用法和分项法。

（1）总费用法

① 总费用法

总费用法的基本思路是将固定总价合同转化为成本加酬金合同，或索赔值按成本加酬金的方法来计算，是以承包人的额外增加成本为基础，再加上管理费、利息甚至利润的计算方法。但是，总费用法在工程实践中用得不多，往往不容易被业主、仲裁员或律师等认可，应用该方法时应该注意以下几点：

a. 工程项目实际发生的总费用应计算准确,合同生成的成本应符合普遍接受的会计原则,若需要分配成本,则分摊方法和基础的选择要合理。

b. 承包人的报价合理,符合实际情况,不能是采取低价中标策略后过低的标价。

c. 合同总成本超支全系其他当事人行为所致,承包人在合同实施过程中没有任何失误,但是这一般在工程实践中是不太可能的。

d. 因为实际发生的总费用中可能包括承包人的原因(如施工组织不善浪费材料等)而增加了的费用,同时投标报价估算的总费用由于想中标而过低。所以这种方法只有在难以按其他方法计算索赔费用时才使用。

e. 采用这种方法,往往是由于施工过程上受到严重干扰,造成多个索赔事件混杂在一起,导致难以准确进行分项记录和收集资料、证据,也不容易分项计算出具体的损失费用,只得采用总费用法进行索赔。

f. 该方法要求必须出具足够的证据,证明其全部费用的合理性,否则其索赔款额将不容易被接受。

② 修正的总费用法

修正的总费用法是对总费用法的改进,即在总费用计算的原则上,去掉一些不合理的因素,使其更合理。修正的内容如下:

a. 将计算索赔款的时段局限于受到外界影响的时间,而不是整个施工期。

b. 只计算受影响时段内的某项工作所受影响的损失,而不是计算该时段内所有施工工作所受的损失之和。

c. 与该项工作无关的费用不列入总费用中。

d. 对承包人投标报价费用重新进行核算:按受影响时段内该项工作的实际单价进行核算,乘以实际完成的该项工作的工作量,得出调整后的报价费用。

按修正后的总费用计算索赔金额的公式如下:

索赔金额＝某项工作调整后的实际总费用－该项工作的报价费用(含变更款)

修正的总费用法与总费用法相比有了实质性的改进,能够较准确地反映实际增加的费用。

(2) 分项法

分项法是在明确责任的前提下,对每个引起损失的干扰事件和各费用项目单独分析计算索赔值,并提供相应的工程记录、收据、发票等证据资料,最终求和。该方法虽然比总费用法复杂、困难,但是比较合理、清晰,能反映实际情况,且可为索赔文件的分析、评价及其最终索赔谈判和解决提供方便,是承包人广泛采用的方法。

① 直接费用索赔计算

a. 人工费

人工费是可索赔费用中的重要组成部分,其计算方法为:

$$CL = CL_1 + CL_2 + CL_3$$

式中　CL——索赔的人工费;

CL_1——人工单价上涨引起的增加费用;

CL_2——人工工时增加引起的费用;

CL_3——劳动生产率降低引起的人工损失费用。

b. 材料费

材料费在工程造价中占据较大比例,也是重要的可索赔费用。材料费索赔包括材料耗用量增加和材料单位成本上涨两个方面。其计算方法为:

$$CM = CM_1 + CM_2$$

式中　CM——可索赔的材料费;

CM_1——材料用量增加费;

CM_2——材料单价上涨导致的材料费增加。

c. 施工机械设备费

施工机械设备费包括承包人在施工过程中使用自有施工机械所发生的机械使用费,使用外单位施工机械的租赁费,以及按照规定支付的施工机械进出场费用等。索赔机械设备费的计算方法为:

$$C(E) = CE_1 + CE_2 + CE_3 + CE_4$$

式中　$C(E)$——可索赔的机械设备费;

CE_1——承包人自有施工机械工作时间额外增加费用;

CE_2——自有机械台班费率上涨费;

CE_3——外来机械租赁费(包括必要的机械进出场费);

CE_4——机械设备闲置损失费用。

d. 分包费

分包费索赔的计算方法为:

$$C(SC) = CS_1 + CS_2$$

式中　$C(SC)$——索赔的分包费;

CS_1——分包工程增加费用;

CS_2——分包工程增加费用的相应管理费(有时可包含相应利润)。

e. 现场管理费

现场管理费的索赔计算方法一般有以下两种情况:

Ⅰ. 直接成本的现场管理费索赔。对于发生直接成本的索赔事件,其现场管理费索赔额一般等于该索赔事件直接费乘以现场管理费费率,而现场管理费费率等于合同工程的现场管理费总额除以该合同工程直接成本总额。

Ⅱ. 工程延期的现场管理费索赔。如果某项工程延误索赔不涉及直接费的增加,由于工期延误时间较长,按直接成本的现场管理费索赔方法计算的金额不足以补偿工期延误所造成的实际现场管理费支出,则可以按如下方法计算:用实际(或合同)现场管理费总额除以实际(或合同)工期,得到单位时间现场管理费费率,然后用单位时间现场管理费费率乘以可索赔的延期时间,可得到现场管理费索赔额;对于在可索赔延误时间内发生的变更;其他索赔中已支付的现场管理费,应从中扣除。

② 间接费用索赔计算

a. 利息

利息索赔额的计算方法可按复利计算法计算。至于利息的具体利率应是多少,可采用不同标准,主要有以下三种情况:按承包人在正常情况下的当时银行贷款利率;按当时的银行透支利率;按合同双方协议的利率。

b. 利润

索赔利润的款额计算通常是与原报价单中的利润百分率保持一致,即在索赔款直接费的基础上,乘以原报价单中的利润率,即作为该项索赔款中的利润额。

c. 总部管理费

目前常用的总部管理费的计算方法有:按照投标书中总部管理费的比例(3%~8%)计算;按照公司总部统一规定的管理费比率计算;以工程延期的总天数为基础,计算总部管理费的索赔额。

对于索赔事件来讲,总部管理费的金额较大,经常会引起双方的争议,故常采用总部管理费分摊的方法。分摊方法的选择十分重要,主要有以下两种:

第一,总直接费分摊法。总部管理费一般首先在承包人的所有合同工程之间分摊,然后再在每一个合同工程的各个具体项目之间分摊。其分摊因素的确定与现场管理费类似,即可以将总部管理费总额除以承包人企业全部工程的直接成本(或合同价)之和,据此比例即可确定每项直接索赔中应包括的总部管理费。总直接费分摊法是将工程直接费作为比较基础来分摊总部管理费,其简单易行,说服力强,运用面较宽,其计算公式为:

单位直接费的总部管理费费率=总部管理费总额/合同期承包商完成的总直接费×100%

总部管理费索赔额=单位直接费的总部管理费费率×争议合同直接费

【案例5-8】 **总直接费分摊法**

背景:某工程争议合同的实际直接费为200万元,在争议合同执行期间,承包人同时完成的其他合同的直接费为1 800万元,该阶段承包人总部管理费总额为200万元。

问题:总部管理费索赔额是多少?

分析:单位直接费的总部管理费费率=200万元/(200+1 800)万元×100%=10%

总部管理费索赔额=10%×200万元=20万元

总直接费分摊法的缺点:如果承包人所承包的各工程的主要费用比例变化太大,误差就会很大。如有的工程材料费、机械费比例大,直接费高,分摊到的管理费就多;反之亦然。此外,如果合同发生延期且无替补工程,则延误期内工程直接费较小,分摊的总部管理费和索赔额都较小,承包人会因此而蒙受经济损失。

第二,日费率分摊法。日费率分摊法又称为艾曲利(Eichleay)法,得名于Eichleay公司一桩成功的索赔案例。其基本思路是按合同额分配总部管理费,再用日费率计算应分摊的总部管理费索赔值,其计算公式为:

$$争议合同应分摊的总部管理费 = \frac{争议合同额}{合同期承包商完成的合同总额} \times 同期总部管理费总额$$

$$日总部管理费费率 = \frac{争议合同应分摊的总部管理费}{合同履行天数}$$

$$总部管理费索赔额 = 日总部管理费费率 \times 合同延误天数$$

【案例5-9】 **日费率分摊法**

背景:某承包人承包工程,合同价为300万元,合同履行天数为120天,该合同实施过程中因业主原因拖延了 80 天。在这 120 天中,承包人承包其他工程的合同总额为 1 700 万元,总部管理费总额为 100 万元。

问题:总部管理费索赔额是多少?

分析:争议合同应分摊的总部管理费 $=\dfrac{300}{300+1\ 700}\times100=15(万元)$

日总部管理费费率 $=\dfrac{15}{120}=1\ 250(元/万)$

总部管理费索赔额 $=1\ 250\times80=100\ 000(元)$

该方法的优点是简单、实用、易被理解,在实际运用中也得到一定程度的认可。其存在的主要问题:a. 总部管理费按合同额分摊与按工程分摊结果不同,而后者在会计核算和实际工作中更容易被理解。

"合同履行天数"中包括了合同延误天数,降低了日总部管理费费率及承包人的总部管理费索赔值。

由上述内容可知总部管理费的分摊标准是灵活的,分摊方法的选用要能反映实际情况,既要合理,又要有利。

【案例 5-10】   **直接费用索赔计算**

背景:某建设项目业主与施工单位签订了可调价格合同,合同中约定:主导施工机械一台为施工单位自有设备,台班单价为 800 元/台班,折旧费为 100 元/天,人工日工资单价为 40 元/工日,窝工费为 10 元/工日。合同履行后第 30 天,因场外停电全厂停工 2 天,造成人工窝工 20 个工日;合同履行后的第 50 天,业主指令增加一项新工作,完成该工作需要 5 天时间,机械 5 台班,人工 20 个工日,材料费 5 000 元。

问题:该施工单位可获得的直接工程费补偿额为多少?

分析:(1) 因场外停电导致的直接工程费索赔额:

人工费 $=20\times10=200(元)$

机械设备费 $=2\times100=200(元)$

(2) 因业主指令增加新工作导致的直接工程费索赔额:

人工费 $=20\times40=800(元)$

材料费 $=5\ 000(元)$

机械设备费 $=5\times800=4\ 000(元)$

可获得的直接工程费补偿额 $=(200+200)+(800+5\ 000+4\ 000)=10\ 200(元)$

【案例 5-11】   **基于网络图分析的索赔**

背景:在案例 5-4 中已有 6 个事件。假设工程所在地人工费标准为 130 元/工日,应由甲方给予补偿的窝工人工补偿标准为 78 元/工日,间接费、利润等均不予补偿。

问题:(1) 该工程实际工期为多少? 乙方可否得到工期提前奖励?

(2) 在该工程中,乙方可得到的合理费用补偿为多少?

分析:(1) 从网络计划图中可以看出原网络进度计划的关键线路为:①→②→③→⑥→⑦→⑧,则按原网络计划计算的合同工期为关键线路上各关键工作的持续时间之和,即 8+10+12+6+2=38(天)。

实际施工中,关键线路上的工作时间发生了以下变化:

事件1:因地基复查和处理使房屋基础施工延长3天。

事件3:因施工机械故障,造成房屋主体施工延长2天。

事件4:因电气暗管重新检验和返工处理,使安装设备开始作业时间推迟1天。

事件6:乙方在安装设备作业过程中采取了加快施工技术措施,使设备安装作业时间缩短2天。

由于以上4个事件都发生在关键线路上,对总工期均有影响,所以实际工期为:$38+3+2+1-2=42$(天)。

由于甲方原因,处于关键线路上的房屋基础工作延误3天,应在原合同工期38天的基础上补偿3天,即实际合同工期为$38+3=41$(天)。而实际工期为42天,与合同工期相比推迟了1天,按照合同约定,乙方不能得到工期提前奖励,工期罚款为5 000元。

(2)在该工程中,乙方可得到的合理补偿费用如下:

事件1:增加人工费:$10\times130=1\ 300$(元),增加窝工费:$15\times78=1\ 170$(元),增加工程费:$4\ 0000$(元)。

事件2:增加人工费:$30\times130=3\ 900$(元),增加材料费:$12\ 000$(元),增加机械台班费:$3\ 000$(元)。

合计补偿:$1\ 300+1\ 170+40\ 000+3\ 900+12\ 000+3\ 000-5\ 000=56\ 370$(元)。

5.4 建设工程合同的争议解决

5.4.1 工程施工合同常见的争议

施工合同纠纷,是指施工合同当事人对合同条款的理解产生异议或因当事人违反合同约定,不履行合同中应承担的义务等原因而产生的纠纷。产生施工合同纠纷的原因十分复杂,主要是目前建筑市场不规范、建设法律法规不完善等外部环境问题,市场主体行为不规范、合同意识和诚信履约意识薄弱等主体问题,施工项目的特殊性、复杂性、长期性和不确定性等项目环境以及施工合同本身的复杂性和易出错性等众多原因导致的。常见的争议有以下几个方面。

(1)工程价款支付主体争议

承包人被拖欠巨额工程款已成为整个建设领域屡见不鲜的"正常事"。往往出现工程的发包人并非工程真正的建设单位,并非工程的权利人。在这种情况下,发包人通常不具备工程价款的支付能力,承包人该向谁主张权利以维护其合法权益会成为争议的焦点。在此情况下,承包人应理顺关系,寻找突破口,向真正的发包人主张权利,以保证合法权利不受侵害。

(2)工程价款结算及审价争议

尽管施工合同中已列出了工程量,约定了合同价款,但实际施工中会有很多变化,包括设计变更、工程师签发的变更指令、现场条件变化以及计量方法等引起的工程量增减。这种工程量的变化几乎每天或每月都会发生,而且承包人通常在其每月申请工程进度款报表中列出,希望得到(额外)付款,但常因与工程师有不同意见而遭拒绝或者拖延不决。这些实际已完成的工作未获得付款的金额,日积月累,在施工后期可能增大到一个很大的数字,发包人更加不愿支付,因而造成更大的分歧和争议。

在整个施工过程中,发包人在按进度支付工程款时往往会根据工程师的意见,扣除那些他们未予确认的工程量或存在质量问题的已完工程的应付款项,这种未付款项累积起来也可能形成一笔很大的金额,使承包人感到无法承受而引起争议,而且这一类争议在施工的中后期可能会越来越严重。承包人会认为由于未得到足够的应付工程款而不得不将工程进度放慢下来,而发包人则会认为在工程进度拖延的情况下更不能多支付给承包人任何款项,这就会形成恶性循环而使争端愈演愈烈。更主要的是,大量的发包人在资金尚未落实的情况下就开始工程建设,致使发包人千方百计要求承包人垫资施工、不支付预付款,尽量拖延支付进度款、拖延工程结算及工程审价进程,致使承包人的权益得不到保障,最终引起争议。

（3）工程工期拖延争议

一项工程的工期延误,往往是错综复杂的原因造成的,要分清各方的责任往往十分困难。在许多合同条件中都约定了竣工逾期违约金。经常可以发现,发包人要求承包人承担工程竣工逾期的违约责任,而承包人则提出因诸多发包人的原因及不可抗力等工期应相应顺延,有时承包人还就工期的延长要求发包人承担停工、窝工的费用。

（4）安全损害赔偿争议

安全损害赔偿争议包括相邻关系纠纷引发的损害赔偿,设备安全事故、施工人员安全事故导致第三人安全事故、工程本身发生安全事故等方面的争议,其中,工程相邻关系纠纷发生的频率越来越高,其牵涉主体和财产价值也越来越多,已成为人民群众十分关心的问题。《建筑法》第三十九条规定:施工现场对毗邻的建筑物、构筑物和特殊作业环境可能造成损害的,建筑施工企业应当采取安全防护措施。

（5）工程质量及保修争议

质量方面的争议包括工程中所用材料不符合合同约定的技术标准要求,提供的设备性能和规格不符,或者不能生产出合同规定的合格产品,或者是能通过性能试验但是不能达到规定的产量要求,施工和安装有严重缺陷等。这一类质量争议在施工过程中主要表现为:工程师或发包人要求拆除和移走不合格材料,或者返工重做,或者修理后予以降价处置。对于设备质量问题,则常见于在调试和性能试验后,发包人不同意验收移交,要求更换设备或部件,甚至退货并赔偿经济损失。而承包人则认为缺陷是可以改正的,或者业已改正;对生产设备质量则认为是性能测试方法错误,或者制造产品所投入的原料不合格或者是操作方面的问题等,质量争议往往变成责任问题争议。

此外,保修期的缺陷修复问题往往是发包人和承包人争议的焦点,特别是发包人要求承包人修复工程缺陷而承包人拖延修复,或发包人未经通知承包人就自行委托第三人对工程缺陷进行修复。在此情况下,发包人要在预留的保修金扣除相应的修复费用,承包人则主张产生缺陷的原因不在承包人或发包人未履行通知义务且其修复费用未经其确认而不予同意。

（6）合同终止争议

合同终止造成的争议有:承包人因这种终止造成的损失严重而得不到足够的补偿,发包人对承包人提出的就终止合同的补偿费用计算有异议;承包人因设计错误或发包人拖欠应支付的工程款而造成困难提出终止合同,发包人不承认承包人提出的终止合同的理由,也不同意承包人的责难及其补偿要求等。合同终止一般都会给某一方或者双方造成严重的损害。除不可抗力外,任何终止合同的争议往往是难以调和的矛盾造成的。如何合理处置合同终止后双方的权利和义务,往往是这一类争议的焦点。合同终止可能有以下几种情况:

① 属于承包人责任引起的终止合同。例如,发包人认为并证明承包人不履约,承包人严重拖延工程并证明已无能力改变局面,承包人破产或严重负债而无力偿还致使工程停滞;等等。在这些情况下,发包人可能宣布终止与该承包人的合同;将承包人驱逐出工地,并要求承包人赔偿工程终止造成的损失,甚至发包人可能立即通知开具履约保函和预付款保函的银行全额支付保函金额;承包人则否定自己的责任,并要求取得其已完工程付款,要求发包人补偿其已运到现场的材料、设备和各种设施的费用,还要求发包人赔偿其各项经济损失,并退还被扣留的银行保函等。

② 属于发包人责任引起的终止合同。例如,发包人不履约、严重拖延应付工程款并被证明已无力支付欠款,发包人破产或无力清偿债务,发包人严重干扰或阻碍承包人的工作;等等。在这种情况下,承包人可能宣布终止与该发包人的合同,并要求发包人赔偿其因合同终止而遭受的严重损失。

③ 不属于任何一方责任引起的终止合同。例如,由于不可抗力使任何一方不得不终止合同,大部分政治因素引起的履行合同障碍都属于此类。尽管一方可以引用不可抗力宣布终止合同,但是如果另一方对此有不同看法,或者合同中没有明确规定这一类终止合同的后果处理办法,双方应通过协商处理,若达不成一致,则按争议处理方式申请仲裁或诉讼。

④ 任何一方由于自身需要而终止合同。例如发包人因改变整个设计方案、改变工程建设地点或者其他任何原因而通知承包人终止合同,承包人因其总部的某种安排而主动要求终止合同等。这一类由于一方的需要而非对方的过失而要求终止合同,大多数发生在工程开始,而且要求终止合同的一方通常会认识到并且会同意给予对方适当补偿,但是仍然可能在补偿范围和金额方面发生争议。例如,在发包人因自身原因要求终止合同时,可能会承诺给承包人补偿的范围只限于其实际损失,而承包人可能要求还应补偿其失去承包其他工程机会而遭受的损失和预期利润。

5.4.2 工程施工合同争议的防范

施工合同纠纷的处理会花费双方当事人大量的时间、精力和金钱,影响双方的合作基础和未来的合作关系,并会影响施工项目最终目标的顺利实现。因此施工合同双方当事人必须采取有效的防范措施,避免和减少施工合同纠纷的产生,或以最小的代价合理处理施工合同纠纷。

5.4.2.1 总体防范措施

总体防范措施:

(1) 认真学习、理解和遵守合同及建设工程相关的法律、法规;

(2) 提高和强化合同意识和诚信履约意识;

(3) 建立和完善企业合同管理体系和合同管理制度;

(4) 设立相应的合同管理机构,配备专门的合同管理人员;

(5) 正确和合理使用《建设工程施工合同(示范文本)》或建立企业标准的合同文本系列;

（6）提高施工合同风险管理能力和水平等。

5.4.2.2　具体防范措施

施工合同履行过程中常见的纠纷主要涉及主体资格纠纷、工程款纠纷、施工质量和保修纠纷、工期纠纷、合同分包与转包纠纷、合同变更和解除纠纷、竣工验收纠纷及合同审计与审价纠纷等。常见施工合同纠纷的成因及其具体防范措施参见表 5-5。

表 5-5　常见施工合同纠纷的成因及其具体防范措施

种类	成因	防范措施
施工合同主体资格纠纷	（1）发包方存在主体资格问题； （2）承包方无资质或资质不够； （3）因联合体承包导致的纠纷； （4）因"挂靠"问题产生的纠纷； （5）因无权（表见）代理导致的纠纷	（1）加强对发包方主体资格的审查； （2）加强对承包方资质和相关人员资格的审查； （3）联合体承包应合法、规范、自愿； （4）避免"挂靠"； （5）加强对授权委托书和合同专用章的管理
施工合同工程款纠纷	（1）建筑市场竞争过分激烈； （2）合同存在缺陷； （3）工程量计算不正确及工程量增减； （4）单价和总价不匹配； （5）因工程变更导致的纠纷； （6）因施工索赔导致的纠纷； （7）因价格调整导致的纠纷； （8）恶意拖欠工程款	（1）加强风险预防和管理能力； （2）签订权责利清晰的书面合同； （3）加强工程量的计算和审核，避免合同缺项； （4）避免总价和分项工程单价之和的不符； （5）加强工程变更管理； （6）科学、规范地进行施工索赔； （7）正确签订和处理调价条款； （8）利用法律手段保护自身合法利益
施工合同质量及保修纠纷	（1）违反建设程序进行项目建设； （2）不合理压价和缩短工期； （3）设计施工中提出违反质量和安全标准的不合理要求； （4）将工程肢解发包或发包给无资质单位； （5）施工图设计文件未经审查； （6）使用不合格的建筑材料、构配件和设备； （7）未按设计图纸、技术规范施工以及施工中偷工减料； （8）不履行质量保修责任； （9）监理制度不严格，监理不规范、不到位	（1）严格按照建设程序进行项目建设； （2）对造价和工期的要求应符合客观规律； （3）遵守法律、法规和工程质量、安全标准要求； （4）合理划分标段，不能随意肢解发包工程； （5）施工图设计文件必须按规定进行审查； （6）加强对建筑材料、构配件和设备的管理； （7）应当按设计图纸和技术规范等要求进行施工； （8）完善质量保修责任制度； （9）严格监理制度，加强质量监督管理
施工合同工期纠纷	（1）合同工期约定不合理； （2）工程施工进度计划有缺陷； （3）施工现场不具备施工条件； （4）工程变更频繁和工程量增减； （5）不可抗力影响； （6）征地、拆迁遗留问题及周围相邻关系影响工期	（1）合同工期约定应符合客观规律； （2）加强施工进度计划管理； （3）施工现场应具备通水、电、气等施工条件； （4）加强工程变更管理； （5）避免、减少和控制不可抗力的不利影响； （6）加强外部关系的协调和处理

表5-5（续）

种类	成因	防范措施
施工合同分包与转包纠纷	（1）因资质问题导致的纠纷； （2）因承包范围不清产生的纠纷； （3）因转包导致的纠纷； （4）因对分包管理不严产生的纠纷； （5）因配合和协调问题产生的纠纷； （6）因违约和罚款产生的纠纷	（1）加强对分包商资质的审查和管理； （2）明确分包范围和履约范围； （3）严格禁止转包； （4）加强对分包的管理； （5）加强有关各方的配合和协调； （6）避免违约和罚款
施工合同变更和解除纠纷	（1）合同存在缺陷； （2）工程本身存在不可预见性； （3）设计与施工存在脱节； （4）"三边工程"导致大量变更； （5）因口头变更导致纠纷； （6）单方解除施工合同	（1）避免合同缺陷； （2）做好工程的预见性和计划性； （3）避免设计和施工的脱节； （4）避免"三边工程"； （5）规范口头变更； （6）规范单方解除合同
施工合同竣工验收纠纷	（1）因验收标准、范围和程序等问题导致的纠纷； （2）隐蔽工程验收产生的纠纷； （3）未经竣工验收而提前使用导致的纠纷	（1）明确验收标准、范围和程序； （2）严格按规范和合同约定对隐蔽工程进行验收； （3）避免工程未经竣工验收而提前使用
施工合同审计和审价纠纷	（1）有关各方对审计监督权的认识偏差； （2）审计机关的独立性得不到保证； （3）因工程造价的技术性问题导致的纠纷； （4）因审计范围、时间、结果和责任承担而产生的纠纷	（1）正确认识审计监督权； （2）确保审计机关的独立性； （3）确保审计的科学和合理； （4）规范审计工作

5.4.3 工程合同争议的解决方式

建设工程合同争议解决方法主要有五种：和解、调解、争议评审、仲裁和诉讼。建设工程合同发生争执后，当事人可以通过和解或者调解解决合同争议。当事人不愿和解、调解或者调解不成的，可以根据仲裁协议向仲裁机构申请仲裁。当事人没有订立仲裁协议或者仲裁协议无效的，可以向人民法院起诉。当事人应当履行发生法律效力的法院判决或裁定、仲裁裁决、法院或仲裁调解书；拒不履行的，对方当事人可以请求人民法院执行。

5.4.3.1 和解

合同争议发生后，发、承包双方任何时候都可以进行协商。协商达成一致的，双方应签订书面和解协议，和解协议对发、承包双方均有约束力。如果协商不能达成一致协议，发包人或者承包人都可以按合同约定的其他方式解决争议。

若发包人和承包人之间就工程质量、进度、价款支付与扣除、工期延期、索赔、价款调整等发生任何法律上、经济上或技术上的争议，首先应根据已签约合同的规定，提交合同约定职责范围内的总监理工程师或造价工程师解决。总监理工程师或造价工程师在收到此提交件后14天内应将暂定结果通知发包人和承包人。发、承包双方对暂定结果认可的，应以书面形式予以确认,暂定结果成为最终决定。

5.4.3.2 调解

(1)行政调解。行政调解是指工程合同发生争议后,根据双方当事人的申请,在有关行政主管部门主持下,双方自愿达成协议的解决合同争议的方式。工程合同争议的行政调解人一般是一方或双方当事人的业务主管部门。业务主管部门对下属企业单位的生产经营和技术业务等情况比较熟悉和了解,他们能在符合国家法律和政策的要求下,教育说服当事人自愿达成调解协议。

(2)法院调解或仲裁调解。法院(或仲裁)调解是指在合同争议的诉讼(或仲裁)过程中,在法院(或仲裁机构)的主持和协调下,双方当事人进行平等协商,自愿达成协议,并经法院(或仲裁机构)认可从而终结诉讼(或仲裁)程序的活动。调解书经双方当事人签收后,即发生法律效力,当事人不得反悔,必须自觉履行。调解未达成协议或者调解书签收前当事人一方或双方反悔的,调解即告终结,法院(或仲裁庭)应当及时裁决而不得久调不决。调解书发生法律效力后,如果一方不履行时,另一方当事人可以向人民法院申请强制执行。

(3)民间调解。民间调解是指合同发生争议后,当事人共同协商,请有威望、受信赖的第三人,包括人民调解委员会、企事业单位或其他经济组织、一般公民以及律师,专业人士等作为中间调解人,双方合理合法地达成解决争议的协议。无论是达成书面的还是口头的调解协议,均没有法律约束力,以双方当事人的信誉、道德良心,以及调解人的人格力量,威望等来保证履行。

5.4.3.3 争议评审

争议评审是指争议双方通过事前的协商,选定独立公正的第三人对其争议作出决定,并约定双方都愿意接受该决定约束的一种解决争议的程序。争议评审是近年来在国际工程合同争议解决中出现的一种新的方式,其特点介于调解与仲裁之间。在已采用争议评审委员会处理争议方式的项目中,建设主管部门、业主、承包商和贷款金融机构等各方面的反映都是良好的。归纳起来,争议评审方式具有以下优点:

(1)技术专家的参与,处理方案符合实际。争议评审委员会成员都是具有施工和管理经验的技术专家,其处理结果更符合实际,并有利于执行。

(2)节省时间,解决争议便捷。由于争议评审委员会成员定期到现场考察情况,他们对争议起因和争议引起的后果了解得更为清楚,无须大量准备文字材料和费尽口舌向仲裁庭或法院解释和陈述。

(3)争议评审的成本比仲裁和诉讼更便宜,而且双方平摊。在仲裁或诉讼中,任何一方都有可能要承担双方为处理争议而花费的一切费用的风险。

(4)争议评审委员会并不妨碍再进行仲裁或诉讼。争议评审委员会的建议不具有终局性和约束力,任一方不满意而不接受该建议。仍然可以再诉诸仲裁或诉讼。

《建设工程施工合同(示范文本)》(GF—2017—0201)给出了采取争议评审方式解决争议以及评审规则,并按下列约定执行:

(1)争议评审小组的确定。合同当事人可以共同选择一名或三名争议评审员,组成争议评审小组。

(2)争议评审小组的决定。合同当事人可在任何时间将与合同有关的任何争议共同提请争议评审小组进行评审。争议评审小组应秉持客观、公正原则,充分听取合同当事人的意见,依据相关法律、规范、标准、案例经验及商业惯例等,自收到争议评审申请报告后14天内作出书面决定,并说明理由。

(3)争议评审小组决定的效力。争议评审小组作出的书面决定经合同当事人签字确认后,对双方具有约束力,双方应遵照执行。任何一方当事人不接受争议评审小组决定或不履行争议评审小组决定的,双方可选择采用其他争议解决方式。

5.4.3.4 仲裁

如果发、承包双方的协商和解或调解均未达成一致意见,其中一方已就此争议事项根据合同约定的仲裁协议申请仲裁的,应同时通知另一方。

仲裁可在竣工之前或之后进行,但发包人、承包人、调解人各自的义务不得因在工程实施期间进行仲裁而有所改变。当仲裁是在仲裁机构要求停止施工的情况下进行时,承包人应对合同工程采取保护措施,由此增加的费用由败诉方承担。

5.4.3.5 诉讼

因建设工程合同纠纷提起的诉讼若双方通过和解或调解形成的有关暂定、和解协议、调解书已经有约束力的情况下,当发、承包中一方未能遵守时,另一方可在不损害对方其他权利的情况下,将未能遵守暂定或不执行和解协议或调解书达成的事项提交诉讼。建设工程施工合同纠纷,应当由工程所在地人民法院管辖。

【知识拓展 5-5】　　　　　　　**合同价款纠纷的处理依据**

建设工程合同履行过程中会产生大量纠纷,有些纠纷并不容易直接适用现有的法律条款予以解决。针对这些纠纷,可以通过相关司法解释的规定进行处理。这些司法解释和批复,不仅为人民法院审理建设工程合同纠纷提供了明确的指导意见,还为建设工程实践中出现的合同纠纷指明了解决的办法。司法解释中关于施工合同价款纠纷的处理原则和方法,更是可以为发、承包双方在工程合同履行过程中出现的类似纠纷的处理提供极佳参考。

其中,工程造价纠纷在合同争议纠纷中占比最大。工程造价争议解决可依据《建设工程造价鉴定规范》(GB/T 51262—2017),此规范以《民事诉讼法》《仲裁法》为法律依据,将工程造价鉴定活动中常见的疑难问题进行归纳总结,针对合同争议、证据欠缺、计量争议、计价争议、工期索赔争议、费用索赔争议、工程签证争议以及合同解除争议这八大焦点问题规定了相应的鉴定方法和处理原则,给工程造价争议解决提供了重要参考。

【案例 5-12】　　　　　　　　**建设工程施工合同纠纷解决**

背景:2016年8月17日,协胜公司作为发包方与林安公司作为承包方签订一份《劳务合同》,合同约定:由林安公司承包泉州市江南新区高山安置区项目第四标段的施工。2016年8月19日,林安公司作为发包方与郭福发作为承包方签订一份《工程劳务合同》,合同约定:由郭福发承包泉州市江南新区高山安置区项目第四标段的模板(含内支撑架)制作安装工程。案涉工程于2019年5月竣工验收,高山安置区于2019年9月正式交房。在催讨工程款的过程中,郭福发在《施工班组/分包单位工程结算单》上签字:"承诺待业主方支付至工程款的总额95%时,甲方给予结清款项。郭福发"。并将该结算单交由林安公司持有。

双方因支付工程尾款等问题发生争议,郭福发向一审法院起诉,提出判令林安公司、张益荣一次性支付尚欠的工程款 343 023.36 元及利息损失,并由协胜公司在欠付工程款的范围内对上述债务承担连带责任等诉讼请求。一审法院认为:郭福发向林安公司承诺待业主方支付至工程款的总额 95% 时,再与林安公司结清剩余工程款。现郭福发亦未能提供证据证明业主方已向协胜公司支付合同总价款的 95% 以上。故郭福发承诺的新的付款条件尚未成就。判决:驳回郭福发的诉讼请求。

郭福发不服,向福建省泉州市中级人民法院上诉。二审判决:一、撤销一审判决;二、林安公司应于判决生效之日起十日内向郭福发支付工程款 343 023.36 元及利息损失(以 343 023.36 元为基数,自 2020 年 9 月 21 日起至实际清偿之日止,按全国银行间同业拆借中心公布的贷款市场报价利率计算的)。

分析:关于案涉工程款支付条件是否成就的问题。林安公司与郭福发签订的案涉《工程劳务合同》,因违反法律禁止性规定,应认定为无效。根据法律规定,除争议解决条款外,其他条款也应无效。而付款条件不属于争议解决条款的范畴,故林安公司与郭福发关于付款条件的约定,亦属无效。《最高人民法院关于审理建设工程施工合同纠纷案件适用法律问题的解释》(法释〔2004〕14 号)第二条规定:建设工程施工合同无效,但建设工程经竣工验收合格,承包人请求参照合同约定支付工程价款的,应予支持。因案涉工程已经竣工验收合格,现郭福发要求林安公司偿付尚欠的工程款 343 023.36 元并支付自起诉之日(2020 年 9 月 21 日)起按全国银行间同业拆借中心公布的贷款市场报价利率计算至实际履行完毕之日止的利息损失,符合法律规定。

【法院判例】　　　　　　　　　一起建筑工程施工合同纠纷案

N 集团新疆电力设计院有限公司、乌鲁木齐工程承包分公司(以下简称工程承包公司)与 H 矿业有限责任公司(以下简称 H 矿业)签订一份《和合 110 kV 输变电工程 EPC 总承包合同》。合同约定:工程承包范围为勘察设计、设备材料采购、工程施工、工程施工验收等;合同价款 43 000 000 元;第 39.3 条第(5)项约定因不可抗力事件导致的工程所需清理、修复费用,由发包人承担。合同签订后,工程承包公司组织人员开始施工。该工程于 5 月 10 日经巴州电力工程质量监督站验收合格并投入运行。

因 6 月 30 日工程所在地发生了地震,工程承包公司与四川省 Y 电力建设总公司签订《和合 110 kV 输变电工程施工合同补充合同》,对地震损坏的部分进行了抢险修复。工程承包公司支付抢修费 317 553.54 元。8 月 15 日,工程承包公司向 H 矿业发了一份《关于维修施工完工事宜函》的传真,说明维修完工,请 H 矿业验收认可。H 矿业收到了该函。此后,工程承包公司要求 H 矿业付款,H 矿业以工程未全部竣工验收,未达到付款条件为由拒付。工程承包公司遂诉至法院。

原审法院认为,依法成立的合同对当事人具有法律约束力,当事人应当按照约定履行自己的义务。工程承包公司与 H 矿业达成的《和合 110 kV 输变电工程 EPC 总承包合同》系承发包双方当事人真实意思表示,并不违反法律规定,该合同有效。关于对地震损坏部分由第三方进行抢险修复,工程承包公司支付抢修费 317 553.54 元有相应证据证实,依据承发包双方合同约定,工程承包公司要求 H 矿业支付,原审法院予以支持。

宣判后,原审被告 H 矿业不服原审判决,提起上诉,称地震抢修费无事实依据,不应支持。根据承发包双方合同通用条款第十一章第 3.9 条的约定,发生自然灾害后,48 小时内承包人应当向发包人工程师通报受害情况及损失情况,预计清理和修复费用。不可抗力时间结束后 14 天内,承包人向工程师提交清理和修复的正式报告及有关资料。但至今被上诉人未按合同约定向发包人提交资料,因此该费用主张不符合承发包双方合同约定,不应得到支持。

被上诉人答辩称地震抢修费用应由 H 矿业负担。6 月 30 日工程所在地发生地震,由于时间紧急,为避免损失进一步扩大,工程承包公司遂根据 H 矿业要求与四川省 Y 电力建设总公司签订《和合 110 kV 输变电工程施工合同补充合同》,对地震损坏的部分进行抢险修复工作。并于 8 月 15 日向其传真发送了《关于维修施工完工事宜》,请 H 矿业验收认可。后 H 矿业在该传真件上以文字加盖公章的形式对地震抢修工作予以验收认可,并于 8 月 23 日以传真件回复工程承包公司,H 矿业应支付抢修费。

二审法院新疆维吾尔自治区高级人民法院认为地震抢修费应当由 H 矿业承担。工程竣工后,工程所在地发生地震,造成一定损坏,后工程承包公司委托他方进行了抢险修复,发生修复费用 317 553.54 元,该事实清楚。工程承包公司也以书面方式向 H 矿业进行了汇报,并得到 H 矿业的确认。合同通用条款第十一章第 3.9 条旨在督促承发包双方当事人在自然灾害发生后及时处理,同时,第 39.3 条明确约定了因不可抗力事件导致工程所需修复费用由发包人承担。因此,原审法院认为由 H 矿业承担地震抢险修复费用正确,二审法院予以确认,判决驳回上诉,维持原判。

本章习题

一、单项选择题

1. 索赔是指在合同的实施过程中,( )因对方不履行或未能正确履行合同所规定的义务或未能保证承诺的合同条件实现而遭受损失后,向对方提出的补偿要求。

A. 业主方　　　　　　B. 第三方　　　　　　C. 承包商　　　　　　D. 合同中的一方

2. 索赔事件主要表现为( )。

A. 工期延长

B. 工程效率的降低

C. 工程的工期延长和资料的不全

D. 工期的延长和费用的增加

3. 当承包人提出索赔要求后,工程师无权就( )作出决定。

A. 费用索赔　　　　　　　　　　　　B. 要求承包人缩短合同工期

C. 合同内索赔　　　　　　　　　　　D. 工期延误索赔

4. 在( )内规定,当一方向另一方提出的索赔要求不成立时,提出索赔的一方应补偿由于此项索赔导致对方的费用支出。

A. 设计合同　　　　B. 监理合同　　　　C. 施工合同　　　　D. 物资采购合同

5. 索赔可以从不同角度分类,如按索赔处理方式分类,可分为( )。

A. 单项索赔和总索赔

B. 工期拖延索赔和工程变更索赔

C. 工期索赔和费用索赔

D. 合同内索赔和合同外索赔

6. 解决建设工程索赔最理想的方法是(　　)。

A. 提出仲裁解决　　　B. 工程师进行解决　　C. 通过协商解决　　　D. 诉讼

7. 依据施工合同示范文本规定,索赔事件发生后的 28 天内,承包人应向工程师递交(　　)。

A. 现场同期纪录　　　B. 索赔意向通知　　　C. 索赔报告　　　　　D. 索赔证据

8. 施工合同示范文本规定,承包商递交索赔报告 28 天后,工程师未对此索赔要求作出任何表示,则应视为(　　)。

A. 工程师已拒绝索赔要求

B. 承包人需提交现场记录和补充证据资料

C. 承包人的索赔要求已经认可

D. 需等待发包人批准

9. 下列关于建设工程索赔的说法,正确的是(　　)。

A. 承包人可以向发包人索赔,发包人不可以向承包人索赔

B. 索赔按处理方式的不同可以分为工期索赔和费用索赔

C. 工程师在收到承包人送交的索赔报告的有关资料后 28 天未予答复或未对承包人做进一步要求,视为该项索赔已经认可。

D. 索赔意向通知发出后的 14 d 内,承包人必须向工程师提交索赔报告及有关资料

10. 工程师直接向分包人发布了错误指令,分包人经承包人确认后实施,但该错误指令导致分包工程返工,为此分包人向承包人提出费用索赔,承包人(　　)。

A. 以不属于自己的原因拒绝索赔要求

B. 认为要求合理,先行支付后再向业主索赔

C. 不予支付,以自己的名义向工程师提交索赔报告

D. 不予支付,以分包商的名义向工程师提交索赔报告

二、多项选择题

1. 当承包人提出索赔后,工程师要对其提供的证据进行审查。属于有效的证据包括(　　)

A. 工程师书面指令

B. 施工会议纪要

C. 招标文件中的投标须知

D. 招标阶段发包人对承包人质疑的书面解答

E. 检查和试验记录

2. 某项目施工过程中,由于空中飞行物坠落给施工造成了重大损害,(　　)应当由发包方承担。

A. 承包方人员伤亡损失

B. 发包方人员伤亡损失

C. 承包方施工设备损坏的损失

D. 工程修复费用

E. 运至施工场地待安装工程设备的损害

3. 下列( )索赔属于承包商向业主的索赔。

A. 工期延误

B. 增加施工费用

C. 不利的自然条件与人为障碍引起的

D. 物价上涨引起的

E. 对指定分包商的付款

4. 按索赔目的分类,索赔可分为( )。

A. 工期索赔　　　　　　　　　B. 费用索赔

C. 工程加速索赔　　　　　　　D. 合同被迫终止索赔

E. 工程变更索赔

5. 建设工程索赔成立的条件有( )。

A. 与合同对照,事件已造成承包人的额外支出或直接工期损失

B. 造成费用增加或工期损失的原因,按合同约定不属于承包人的行为责任或风险责任

C. 承包人按合同规定的程序提交索赔意向通知和索赔报告

D. 造成费用增加或工期损失额度巨大

E. 索赔费用容易计算

三、思考题

1. 索赔的概念是什么?

2. 简述建设工程索赔特征。

3. 施工索赔常见的原因和分类是什么?

4. 索赔的成立条件是什么?

5. 简述索赔的处理程序。

6. 怎样进行工程索赔文件的编写?

7. 工期及费用索赔的计算方法有哪些?

8. 工程合同常见的争议有哪些?

9. 合同争议的解决通常有哪几种方法?

10. 简述工程合同争议的防范措施。

四、案例分析

背景:某建筑公司(乙方)于某年4月20日与某厂(甲方)签订了修建建筑面积为3 000 m² 工业厂房(带地下室)的施工合同。乙方编制的施工方案和进度计划已获监理工程师批准。该工程的基坑施工方案规定:土方工程采用一台斗容量为 1 m² 的反铲挖掘机施工(租赁费为450元/台班)。甲、乙双方合同约定5月11日开工,5月20日完工。在实际施工中发生了如下几项事件:

(1)因租赁的挖掘机大修,晚开工2天,造成人员窝工10个工日。

(2)施工过程中,因遇软土层,接到监理工程师5月15日停工的指令,进行地质复查,配合用工15个工日。

(3)5月20日至5月22日,因下大雨迫使基坑开挖暂停,造成人员窝工10个工日。

（4）5 月 23 日用 30 个工日修复冲坏的永久道路,5 月 24 日恢复挖掘工作,最终基坑于 5 月 30 日开挖完毕。

问题:

1. 建设工程索赔按索赔目的不同分为哪几类?

2. 建筑公司对上述哪些事件可以向甲方提出索赔,哪些事件不可以提出索赔? 说明原因。

3. 每项事件工期索赔各是多少天? 总计工期索赔是多少天?

4. 有关费用索赔方面,可以索赔的共有多少个工日?

5. 在工程施工中,通常可以提供的索赔证据有哪些?

第6章 工程建设相关合同

学习内容:本章主要介绍工程建设相关合同,包括工程勘察设计合同、工程监理合同、工程物资采购合同以及国际工程常用合同文本。要求能够熟悉合同的组成、明确合同参与方的权利和义务,掌握不同类型合同的编制方法。并了解常用的国际工程合同。

思政目标:树立严格的法律意识,了解国际工程合同环境。

6.1 工程勘察设计合同

6.1.1 工程勘察设计合同概述

工程勘察合同是指根据建设工程的要求,查明、分析、评价建设场地的地质地理环境、特征和岩土工程条件,编制建设工程勘察文件的协议。工程设计合同是指根据建设工程的要求,对建设工程所需的技术、经济、资源、环境等条件进行综合分析和论证,编制建设工程设计文件的协议。

6.1.2 工程勘察合同

6.1.2.1 工程勘察合同的组成

工程勘察合同一般由合同协议书、通用合同条款和专用合同条款三个部分组成。

(1) 合同协议书

合同协议书主要包括工程概况、勘察范围和阶段、技术要求及工作量、合同工期、质量标准、合同价款、合同文件构成、承诺、词语定义、签订时间、签订地点、合同生效和合同份数等内容,集中约定了合同当事人基本的合同权利义务。

(2) 通用合同条款

通用合同条款是合同当事人根据《民法典》《建筑法》《招标投标法》等相关法律法规的规定,就工程勘察的实施及相关事项对合同当事人的权利和义务作出原则性约定。

通用合同条款包括一般约定、发包人、勘察人、工期、成果资料、后期服务、合同价款与支付、变更与调整、知识产权、不可抗力、合同生效与终止、合同解除、责任与保险、违约、索赔、争议解决及补充条款等内容。

(3) 专用合同条款

专用合同条款是对通用合同条款原则性约定的细化、完善、补充、修改或另行约定的条款。合同当事人可以根据不同建设工程的特点及具体情况,通过双方的谈判、协商,对相应的专用合同条款进行修改和补充。

6.1.2.2 发包人

(1) 发包人权利

发包人权利包括：发包人对勘察人的勘察工作，有权依照合同约定实施监督，并对勘察成果予以验收；发包人对勘察人无法胜任工程勘察工作的人员，有权提出更换；发包人拥有勘察人为其项目编制的所有文件资料的使用权，包括投标文件、成果资料和数据等。

（2）发包人义务

发包人义务包括：① 发包人应以书面形式向勘察人明确勘察任务和技术要求。② 发包人应提供开展工程勘察工作所需要的图纸和技术资料，包括总平面图、地形图、已有水准点和坐标控制点等。若上述资料由勘察人负责搜集，发包人应承担相关费用。③ 发包人应提供工程勘察作业所需的批准和许可文件，包括立项批复、占用和挖掘道路许可等。

（3）发包人代表

发包人应在专用合同条款中明确其负责工程勘察的发包人代表的姓名、职务、联系方式及授权范围等事项。发包人代表在发包人的授权范围内负责处理合同履行过程中与发包人有关的具体事宜。

6.1.2.3　勘察人

（1）勘察人权利

勘察人权利包括：① 勘察人在工程勘察期间，根据项目条件和技术标准及法律、法规规定等方面的变化，有权向发包人提出增减合同工作量或修改技术方案的建议。

② 除建设工程主体部分的勘察外，根据合同约定或经发包人同意，勘察人可以将建设工程其他部分的勘察分包给其他具有相应资质等级的建设工程勘察单位。发包人对分包的特殊要求，应在专用合同条款中另行约定。

③ 勘察人对其编制的所有文件资料，包括投标文件、成果资料、数据和专利技术等，拥有知识产权。

（2）勘察人义务

勘察人义务包括：

① 勘察人应按勘察任务书和技术要求，并依据有关技术标准进行工程勘察工作。

② 勘察人应建立质量保证体系，按本合同约定的时间提交质量合格的成果资料，并对其质量负责。

③ 勘察人在提交成果资料后，应该为发包人继续提供后期服务。

④ 勘察人在工程勘察期间遇到地下文物时，应及时向发包人和文物主管部门报告并妥善保护。

⑤ 勘察人开展工程勘察活动时，应该遵守有关职业健康及安全生产方面的各项法律、法规的规定，采取安全防护措施，确保人员、设备和设施的安全。

⑥ 勘察人在燃气管道、热力管道、动力设备、输水管道、输电线路、临街交通要道及地下通道（地下隧道）附近等风险性较大的地点，以及在易燃易爆地段和放射、有毒环境中进行工程勘察作业时，应编制安全防护方案并制订应急预案。

⑦ 勘察人应在勘察方案中列明环境保护的具体措施，并在合同履行期间采取合理措施，保护作业现场环境。

（3）勘察人代表

勘察人接受任务时，应在专用合同条款中明确其负责工程勘察的勘察人代表的姓名、职务、联系方式及授权范围等。勘察人代表在勘察人的授权范围内负责处理合同履行过程中与勘察人有关的具体事宜。

6.1.2.4　工期

（1）开工及延期开工

勘察人应按合同约定的工期进行工程勘察工作，并接受发包人对工程勘察工作进度的监督、检查。

因发包人原因不能按照合同约定的日期开工，发包人应以书面形式通知勘察人，推迟开工日期并相应顺延工期。

（2）成果提交日期

勘察人应按照合同约定的日期或双方同意顺延的工期提交成果资料，具体可在专用合同条款中约定。

6.1.2.5　成果资料

（1）成果质量

① 成果质量应符合相关技术标准和深度规定，且满足合同约定的质量要求。

② 双方对工程勘察成果质量有争议时，由双方同意的第三方机构鉴定，所需费用及因此造成的损失，由责任方承担；双方均有责任的，由双方根据其责任分别承担。

（2）成果份数

勘察人应向发包人提交成果资料四份，发包人要求增加的份数，在专用合同条款中另行约定，发包人另行支付相应的费用。

6.1.2.6　合同价款与支付

（1）合同价款与调整

① 依照法定程序进行招标工程的合同价款由发包人和勘察人依据中标价格载明在合同协议书中；非招标工程的合同价款由发包人和勘察人议定，并载明在合同协议书中。合同价款在合同协议书中约定后，除合同条款约定的合同价款调整因素外，任何一方不得擅自改变。

② 合同当事人可任选下列一种合同价款的形式，双方可在专用合同条款中约定。

a. 总价合同。双方在专用合同条款中约定合同价款包含的风险范围和风险费用的计算方法，在约定的风险范围内合同价款不再调整。风险范围以外的合同价款调整因素和方法，应在专用合同条款中约定。

b. 单价合同。合同价款根据工作量的变化而调整，合同单价在风险范围内一般不予调整，双方可在专用合同条款中约定合同单价调整因素和方法。

c. 其他合同价款形式。合同当事人可在专用合同条款中约定其他合同价格形式。

③ 需调整合同价款时，合同一方应及时将调整原因和调整金额以书面形式通知对方，双方共同确认调整金额后作为追加或减少的合同价款与进度款同期支付。

（2）定金或预付款

① 实行定金或预付款的，双方应在专用合同条款中约定发包人向勘察人支付定金或预付款的数额，支付时间应不迟于约定的开工日期前7天。发包人不按约定支付的，勘察人向发包人发出要求支付的通知，发包人收到通知后仍不能按要求支付的，勘察人可在发出通知后推迟开工日期，并由发包人承担违约责任。

② 定金或预付款可以在进度款中抵扣,抵扣办法可以在专用合同条款中约定。

（3）进度款支付

① 发包人应按照专用合同条款约定的进度款支付方式、支付条件和支付时间进行支付。

② 合同价款与调整和变更合同价款确定,确定调整的合同价款及其他条款中约定的追加或减少的合同价款,应与进度款同期调整支付。

③ 发包人超过约定的支付时间不支付进度款,勘察人可向发包人发出要求付款的通知,发包人收到勘察人通知后仍不能按要求付款的,可与勘察人协商签订延期付款协议,经勘察人同意后可延期支付。

④ 发包人不按合同约定支付进度款,双方又未达成延期付款协议的,勘察人可停止工程勘察作业和后期服务,由发包人承担违约责任。

（4）合同价款结算

除专用合同条款另有约定外,发包人应在勘察人提交成果资料后 28 天内,依据合同价款与调整和变更合同价款确定的约定进行最终合同价款确定,并予以全额支付。

6.1.3　工程设计合同

工程设计合同是指设计人依约定向发包人提供工程设计文件,发包人受领该成果并按约定支付酬金的合同。住房和城乡建设部和原国家工商行政管理总局为工程设计合同制定了两种文本:《建设工程设计合同示范文本（房屋建筑工程）》（GF—2015—0209）和《建设工程设计合同示范文本（专业建设工程)》（GF—2015—0210）。

【知识拓展 6-1】　　　　为何设计合同范本有两个版本？

两个版本的适用范围不同。

《建设工程设计合同示范文本（房屋建筑工程）》适用于建设用地规划许可范围内的建筑物构筑物设计、室外工程设计、民用建筑修建的地下工程设计及住宅小区、工厂厂前区、工厂生活区、小区规划设计及单体设计等,以及所包含的相关专业的设计内容(总平面布置、竖向设计、各类管网管线设计、景观设计、室内外环境设计及建筑装饰、道路、消防、智能、安保、通信、防雷、人防、供配电、照明、废水治理、空调设备、抗震加固等)等工程设计活动。

《建设工程设计合同示范文本（专业建设工程)》适用于房屋建筑工程以外的各行业建设工程项目的主体工程和配套工程(含厂/矿区内的自备电站、道路、专用铁路、通信、各种管网管线和配套的建筑物等全部配套工程)以及主体工程、配套工程相关的工艺、土木、建筑、环境保护、水土保持、消防、安全、卫生、节能、防雷、抗震、照明等工程设计活动。房屋建筑工程以外的各行业建设工程统称为专业建设工程,具体包括煤炭、化工石化医药、石油天然气(海洋石油)、电力、冶金、军工、机械、商物粮、核工业、电子通信广电、轻纺、建材、铁道、公路、水运、民航、市政、农林、水利、海洋等工程。

现以《建设工程设计合同示范文本（房屋建筑工程）》（GF—2015—0209）为例来介绍设计合同的主要内容。

6.1.3.1　设计内容

合同必须对设计的内容,如名称、规模、阶段及计划投资等有具体且详细的描述,使设计人可据此安排投资和组织设计。

工程设计一般包括初步设计和施工图设计两个阶段。对于技术复杂且缺乏经验的建设项目,可以在初步设计前进行方案设计。不同设计阶段设计人所承担的设计工作内容和设计责任有很大不同。工程估算总投资和费率是确定设计费的基本依据。当项目规模发生变化时,双方当事人可根据项目规模重新估算设计费。

方案设计阶段的主要任务:总体建筑方案构思,列明建筑面积、主要建筑物名称、层数、高度、容积率、绿化率等主要技术经济指标,反映总平面布置及周边环境情况,进行结构选型和给排水、电气、暖气、动力等专业说明,编制投资估算文件。

初步设计的主要任务:对设计方案或重大技术问题的解决方案进行综合技术经济分析,论证技术上的适用性、可靠性和经济上的合理性。主要内容包括:工程设计规模和设计范围,设计指导思想和特点,总平面布置,交通运输,主要技术经济指标和工程量,提供建筑、结构、给排水、电气、暖通、动力等各专业的设计图纸,编制设计概算。

施工图设计阶段的主要任务:依据已批准的初步设计绘制正确、完整、详尽的总平面图和竖向布置图、土方图、管道综合图、绿化布置图以及各专业设计图纸,编制施工图预算。

6.1.3.2　发包人

(1) 发包人的一般义务

① 发包人应遵守法律,并办理法律规定由其办理的许可、核准或备案,包括但不限于建设用地规划许可证、建设工程规划许可证、建设工程方案设计批准、施工图设计审查等许可、核准或备案。发包人负责本项目各阶段设计文件向规划设计管理部门的送审报批工作,并负责将报批结果书面通知设计人。因发包人原因未能及时办理完毕前述许可、核准或备案手续,导致设计工作量增加和(或)设计周期延长时,由发包人承担由此增加的设计费用和(或)延长的设计周期。

② 发包人应当负责工程设计的所有外部关系(包括但不限于当地政府主管部门等)的协调,为设计人履行合同提供必要的外部条件。

③ 专用合同条款约定的其他义务。设计人的设计文件的编制必须以发包人提供的国家审批文件和有关技术、环境资料为依据。下一个设计阶段以上一个设计阶段为依据。在合同中明确发包人应提供资料和文件的内容和时间,这对设计工作的正常开展起着举足轻重的作用。

(2) 发包人代表

发包人应在专用合同条款中明确其负责工程设计的发包人代表的姓名、职务、联系方式及授权范围等事宜。发包人代表在发包人的授权范围内负责处理合同履行过程中与发包人有关的具体事宜。发包人代表在授权范围内的行为由发包人承担法律责任。发包人更换发包人代表的,应在专用合同条款约定的期限内提前书面通知设计人。

发包人代表不能按照合同约定履行其职责和义务,并导致合同无法继续正常履行的,设计人可以要求发包人撤换发包人代表。

(3) 发包人决定

① 发包人在法律允许的范围内有权对设计人的设计工作、设计项目和(或)设计文件作出处理决定,设计人应按照发包人的决定执行;涉及设计周期和(或)设计费用等问题时,按合同工程设计变更与索赔的约定处理。

②发包人应在专用合同条款约定的期限内对设计人书面提出的事项作出书面决定,如发包人不在约定时间内作出书面决定,设计人的设计周期相应延长。

（4）支付合同价款

发包人应按合同约定向设计人及时足额支付合同价款。

（5）设计文件接收

发包人应按合同约定及时接收设计人提交的工程设计文件。

6.1.3.3　设计人

（1）设计人的一般义务

①设计人应遵守法律和有关技术标准的强制性规定,完成合同约定范围内的房屋建筑工程方案设计、初步设计、施工图设计,提供符合技术标准及合同要求的工程设计文件,提供施工配合服务。

设计人应当按照专用合同条款约定配合发包人办理有关许可、核准或备案手续。因设计人原因造成发包人未能及时办理许可、核准或备案手续,导致设计工作量增加和(或)设计周期延长时,由设计人自行承担由此增加的设计费用和(或)设计周期延长的责任。

②设计人应当完成合同约定的工程设计其他服务。

③设计人应当完成专用合同条款约定的其他义务。

（2）项目管理机构

①项目负责人

项目负责人应为合同当事人所确认的人选,并在专用合同条款中明确项目负责人的姓名、执业资格及等级、注册执业证书编号、联系方式及授权范围等事项,项目负责人经设计人授权后代表设计人负责履行合同。

②设计人员

a.除专用合同条款对期限另有约定外,设计人应在接到开始设计通知后 7 天内向发包人提交设计人项目管理机构及人员安排的报告,其内容应包括建筑、结构、给排水、暖通、电气等专业负责人名单及其岗位、注册执业资格等。

b.设计人员应相对稳定,设计过程中如有变动,设计人应及时向发包人提交工程设计人员变动情况的报告。设计人更换专业负责人时,应提前 7 天书面通知发包人,除专业负责人无法正常履职的情形外,还应征得发包人的书面同意。通知中应当载明继任人员的注册执业资格、执业经验等资料。

c.发包人要求撤换不能按照合同约定履行职责及义务的主要设计人员的,设计人认为发包人有理由的,应当撤换。设计人无正当理由拒绝撤换的,应按照专用合同条款的约定承担违约责任。

6.1.3.4　工程设计资料

（1）提供工程设计资料

发包人应当在工程设计前或专用合同条款中约定的时间向设计人提供工程设计所必需的工程设计资料,并对所提供资料的真实性、准确性和完整性负责。

按照法律规定确需在工程设计开始后方能提供的设计资料,发包人应及时在相应工程设计文件提交给发包人前的合理期限内提供,合理期限应以不影响设计人的正常设计为限。

（2）逾期提供的责任

发包人提交上述文件和资料超过约定期限的，若超过约定期限 15 天以内，设计人按本合同约定的交付工程设计文件时间相应顺延；超过约定期限 15 天以上时，设计人有权重新确定提交工程设计文件的时间。工程设计资料逾期提供导致增加了设计工作量的，设计人可以要求发包人另行支付相应设计费用，并相应延长设计周期。

6.1.3.5 工程设计要求

（1）工程设计一般要求

① 对发包人的要求

发包人应当遵守法律和技术标准，不得以任何理由要求设计人违反法律和工程质量、安全标准进行工程设计，降低工程质量。

发包人要求进行主要技术指标控制的，钢材用量、混凝土用量等主要技术指标控制值应当符合有关工程设计标准的要求，且应当在工程设计开始前书面向设计人提出，经发包人与设计人协商一致后以书面形式确定作为本合同附件。

发包人应当严格遵守主要技术指标控制的前提条件，发包人的原因导致工程设计文件超出主要技术指标控制值的，发包人承担相应责任。

② 对设计人的要求

设计人应当按法律和技术标准的强制性规定及发包人要求进行工程设计。有关工程设计的特殊标准或要求由合同当事人在专用合同条款中约定。

设计人发现发包人提供的工程设计资料有问题的，设计人应当及时通知发包人并经发包人确认。

除合同另有约定外，设计人完成设计工作所应遵守的法律以及技术标准，均应视为在基准日期适用的版本。基准日期之后，前述版本发生重大变化或者有新的法律和（或）技术标准实施的，设计人应就推荐性标准向发包人提出遵守新标准的建议，对强制性规定或标准应当遵照执行。因发包人采纳设计人的建议或遵守基准日期后新的强制性规定或标准，导致增加设计费用和（或）设计周期延长的，由发包人承担。

设计人应当严格执行其双方书面确认的主要技术指标控制值，设计人的原因导致工程设计文件超出在专用合同条款中约定的主要技术指标控制值比例的，设计人应当承担相应的违约责任。

设计人在工程设计中选用的材料、设备，应当注明其规格、型号、性能等技术指标及适应性，满足质量、安全、节能、环保等要求。

（2）工程设计文件的要求

① 工程设计文件的编制应符合法律、技术标准的强制性规定及合同的要求。

② 工程设计依据应完整、准确、可靠，设计方案论证充分，计算成果可靠，并能够实施。

③ 工程设计文件的深度应满足合同相应设计阶段的规定要求，并符合国家和行业现行有效的相关规定。

④ 工程设计文件必须保证工程质量和施工安全等方面的要求，按照有关法律、法规规定，在工程设计文件中提出保障施工作业人员安全和预防生产安全事故的措施建议。

⑤ 应根据法律、技术标准要求，保证房屋建筑工程的合理使用寿命年限，并应在工程设计文件中注明相应的合理使用寿命年限。

6.1.3.6　工程设计进度与周期

（1）工程设计进度计划

① 工程设计进度计划的编制

设计人应按照专用合同条款约定提交工程设计进度计划,工程设计进度计划的编制应当符合法律规定和一般工程设计实践惯例,工程设计进度计划经发包人批准后实施。发包人有权按照工程设计进度计划中列明的关键性控制节点检查工程设计进度情况。工程设计进度计划中的设计周期应由发包人与设计人协商确定,明确约定各阶段设计任务的完成时间区间。

② 工程设计进度计划的修订

工程设计进度计划不符合合同要求或与工程设计的实际进度不一致的,设计人应向发包人提交修订的工程设计进度计划,并附有关措施和相关资料。除专用合同条款对期限另有约定外,发包人应在收到修订的工程设计进度计划后 5 天内完成审核和批准或提出修改意见,否则视为发包人同意设计人提交的修订的工程设计进度计划。

（2）工程设计开始

发包人应按照法律规定获得工程设计所需的许可。发包人一般应在计划开始设计日期 7 天前向设计人发出开始工程设计工作通知,工程设计周期自开始设计通知中载明的开始设计的日期起算。设计人应当在收到发包人提供的工程设计资料和专用合同条款约定的定金或预付款后开始工程设计工作。各设计阶段的开始时间均以设计人收到的发包人发出开始设计工作的书面通知书中载明的开始设计的日期起算。

（3）工程设计进度延误

① 因发包人原因导致工程设计进度延误

在合同履行过程中,发包人导致工程设计进度延误的情形主要有以下几类:

a. 发包人未能按合同约定提供工程设计资料或所提供的工程设计资料不符合合同约定或存在错误或疏漏的。

b. 发包人未能按合同约定日期足额支付定金或预付款、进度款的。

c. 发包人提出影响设计周期的设计变更要求的。

d. 专用合同条款中约定的其他情形。

因发包人原因未按计划开始设计日期开始设计的,发包人应按实际开始设计日期顺延完成设计日期。

除专用合同条款对期限另有约定外,设计人应在发生上述情形后 5 天内向发包人发出要求延期的书面通知,在发生该情形后 10 天内提交要求延期的详细说明供发包人审查。除专用合同条款对期限另有约定外,发包人收到设计人要求延期的详细说明后,应在 5 天内进行审查并就是否延长设计周期及延期天数向设计人进行书面答复。

如果发包人在收到设计人提交要求延期的详细说明后,在约定的期限内未予答复,则视为设计人要求的延期已被发包人批准。如果设计人未能在约定的时间内发出要求延期的通知并提交详细资料,则发包人可以拒绝作出任何延期的决定。

发包人上述工程设计进度延误情形导致增加了设计工作量的,发包人应当另行支付相应设计费用。

② 因设计人原因导致工程设计进度延误

因设计人原因导致工程设计进度延误的,设计人应当按照设计人违约责任的约定承担责任。设计人支付逾期完成工程设计违约金后,不免除设计人继续完成工程设计的义务。

6.1.3.7 工程设计文件交付

(1)工程设计文件交付的内容

① 工程设计图纸及设计说明。

② 发包人可以要求设计人提交专用合同条款约定的具体形式的电子版设计文件。

(2)工程设计文件的交付方式

设计人交付工程设计文件给发包人,发包人应当出具书面签收单,内容包括图纸名称、图纸内容、图纸形式、图纸份数、提交和签收日期、提交人与接收人的亲笔签名。

(3)工程设计文件交付的时间和份数

工程设计文件交付的名称、时间和份数在专用合同条款中约定。

6.1.3.8 工程设计文件审查

(1)设计人的工程设计文件应报发包人审查同意。审查的范围和内容在发包人要求中约定。审查的具体标准应符合法律规定、技术标准要求和合同约定。

除专用合同条款对期限另有约定外,自发包人收到设计人的工程设计文件以及设计人的通知之日起,发包人对设计人的工程设计文件审查期不超过 15 天。

发包人不同意工程设计文件的,应以书面形式通知设计人,并说明不符合合同要求的具体内容。设计人应根据发包人的书面说明,对工程设计文件进行修改后重新报送发包人审查,审查期重新起算。

合同约定的审查期满,发包人没有给出审查结论也没有提出异议的,视为设计人的工程设计文件已获发包人同意。

(2)设计人的工程设计文件不需要政府有关部门审查或批准的,设计人应当严格按照经发包人审查同意的工程设计文件进行修改,如果发包人的修改意见超出或更改了发包人要求,发包人应当根据工程设计变更与索赔的约定,向设计人另行支付费用。

(3)工程设计文件需政府有关部门审查或批准的,发包人应在审查同意设计人的工程设计文件后在专用合同条款约定的期限内,向政府有关部门报送工程设计文件,设计人应予以协助。

对于政府有关部门的审查意见,不需要修改发包人要求的,设计人需按该审查意见修改设计人的工程设计文件;需要修改发包人要求的,发包人应重新提出发包人要求,设计人应根据新提出的发包人要求修改设计人的工程设计文件,发包人应当根据工程设计变更与索赔的约定,向设计人另行支付费用。

(4)发包人需要组织审查会议对工程设计文件进行审查的,审查会议的审查形式和时间安排,在专用合同条款中约定。发包人负责组织工程设计文件审查会议,并承担会议费用及发包人的上级单位、政府有关部门参加审查会议的费用。

设计人按工程设计文件交付的约定向发包人提交工程设计文件,有义务参加发包人组织的设计审查会议,向审查者介绍、解答、解释其工程设计文件,并提供有关补充资料。

发包人有义务向设计人提供设计审查会议的批准文件和纪要。设计人有义务按照相关设计审查会议的批准文件和纪要,并依据合同约定及相关技术标准,对工程设计文件进行修改、补充和完善。

（5）设计人原因，未能按照工程设计文件交付约定的时间向发包人提交工程设计文件，致使工程设计文件审查无法进行或无法按期进行，造成设计周期延长、窝工损失及发包人增加费用的，设计人应按设计人违约责任的约定承担责任。

发包人原因致使工程设计文件审查无法进行或无法按期进行，造成设计周期延长、窝工损失及设计人增加的费用，由发包人承担。

（6）设计人原因造成工程设计文件不合格致使工程设计文件审查无法通过的，发包人有权要求设计人采取补救措施，直至达到合同要求的质量标准，并按设计人违约责任的约定承担责任。

发包人原因造成工程设计文件不合格致使工程设计文件审查无法通过的，由此增加的设计费用和（或）延长的设计周期由发包人承担。

（7）工程设计文件的审查，不减轻或免除设计人依据法律应当承担的责任。

6.1.3.9　施工现场配合服务

（1）除专用合同条款另有约定外，发包人应为设计人派赴现场的工作人员提供工作、生活及交通等方面的便利条件。

（2）设计人应当提供设计技术交底，解决施工中设计技术问题并提供竣工验收服务。如果发包人在专用合同条款约定的施工现场服务时限外仍要求设计人负责上述工作，发包人应按所需工作量向设计人另行支付服务费用。

发包人要求设计人派专人留驻施工现场进行配合与解决有关问题时，双方应另行签订补充协议或技术咨询服务合同。

6.1.3.10　合同价款与支付

（1）合同价款组成

发包人和设计人应当在专用合同条款附件中明确约定合同价款各组成部分的具体数额，主要包括以下几个方面：

① 工程设计基本服务费用。

② 工程设计其他服务费用。

③ 在未签订合同前，发包人已经同意、接受或已经使用的设计人为发包人所做的各项工作的相应费用等。

（2）合同价格形式

发包人和设计人应在合同协议书中选择下列合同价格形式中的一种。

① 单价合同

单价合同是指合同当事人约定以建筑面积（包括地上建筑面积和地下建筑面积）每平方米单价或实际投资总额的一定比例等进行合同价格计算、调整和确认的工程设计合同，在约定的范围内合同单价不做调整。合同当事人应在专用合同条款中约定单价包含的风险范围和风险费用的计算方法，并约定风险范围以外的合同价格的调整方法。

② 总价合同

总价合同是指合同当事人约定以发包人提供的上一阶段工程设计文件及有关条件进行合同价格计算、调整和确认的工程设计合同，在约定的范围内合同总价不做调整。合同当事人应在专用合同条款中约定总价包含的风险范围和风险费用的计算方法,并约定风险范围以外的合同价格的调整方法。

③ 其他价格形式

合同当事人可以在专用合同条款中约定其他合同价格形式。

(3) 定金或预付款

① 定金或预付款的比例

定金的比例不应超过合同总价款的 20%。预付款的比例由发包人与设计人协商确定,一般不低于合同总价款的 20%。

② 定金或预付款的支付

定金或预付款的支付按照专用合同条款约定执行,但是最迟应在开始设计通知载明的开始设计日期前、专用合同条款约定的期限内支付。

发包人逾期支付定金或预付款超过专用合同条款约定的期限的,设计人有权向发包人发出要求支付定金或预付款的催告通知,发包人收到通知后 7 天内仍未支付的,设计人有权不开始设计工作或暂停设计工作。

(4) 进度款支付

① 发包人应当按照专用合同条款附件约定的付款条件及时间向设计人支付进度款。

② 进度付款的修正。在对已付进度款进行汇总和复核中发现错误、遗漏或重复的,发包人和设计人均有权提出修正申请。经发包人和设计人同意的修正,应在下一期进度付款中支付或扣除。

(5) 合同价款的结算与支付

① 对于采取固定总价形式的合同,发包人应当按照专用合同条款附件的约定及时支付尾款。

② 对于采取固定单价形式的合同,发包人与设计人应当按照专用合同条款附件约定的结算方式及时结清工程设计费,并将未支付的款项一次性支付给设计人。

③ 对于采取其他价格形式的,也应该按专用合同条款的约定及时结算和支付。

(6) 支付账户

发包人应将合同价款支付至合同协议书中约定的设计人账户。

6.1.3.11 工程设计变更与索赔

① 发包人变更工程设计的内容、规模、功能、条件等,应当向设计人提供书面要求,设计人在不违反法律规定和技术标准强制性规定的前提下,应当按照发包人要求变更工程设计。

② 发包人变更工程设计的内容、规模、功能、条件或因提交的设计资料存在错误或作较大修改时,发包人应按设计人所耗工作量向设计人增付设计费,设计人可以按本条约定和专用合同条款附件的约定,与发包人协商对合同价格和(或)完工时间作可共同接受的修改。

③ 如果由于发包人要求更改而造成的项目复杂性变更或性质变更,使得设计人的设计工作量减少,发包人可按本条约定和专用合同条款附件的约定,与设计人协商对合同价格和(或)完工时间作可共同接受的修改。

④ 基准日期后,与工程设计服务有关的法律、技术标准的强制性规定的颁布及修改,由此增加的设计费用和(或)延长的设计周期由发包人承担。

⑤ 如果发生设计人认为有理由提出增加合同价款或延长设计周期的要求事项,除专用

合同条款对期限另有约定外,设计人应于该事项发生后 5 天内书面通知发包人。除专用合同条款对期限另有约定外,在该事项发生后 10 天内,设计人应向发包人提供证明设计人要求的书面声明,其中包括设计人关于因该事项引起的合同价款和设计周期的变化的详细计算。除专用合同条款对期限另有约定外,发包人应在接到设计人书面声明后的 5 天内予以书面答复。逾期未答复的,视为发包人同意设计人关于增加合同价款或延长设计周期的要求。

6.1.3.12　专业责任与保险

① 设计人应运用一切合理的专业技术和经验知识,按照公认的职业标准尽其全部职责,谨慎、勤勉地履行其在合同中的责任和义务。

② 除专用合同条款另有约定外,设计人应具有发包人认可的、履行本合同所需的工程设计责任保险,并使其了解合同责任期内保持有效。

③ 工程设计责任保险应承担由于设计人的疏忽或过失而引发的工程质量事故,所造成的建设工程本身的物质损失以及第三者人身伤亡、财产损失或费用的赔偿责任。

6.1.3.13　知识产权

① 除专用合同条款另有约定外,发包人提供给设计人的图纸、发包人为实施工程自行编制或委托编制的技术规格书,以及反映发包人要求的或其他类似性质的文件的著作权属于发包人,设计人可以为实现合同目的而复制、使用此类文件,但不能用于与合同无关的其他事项。未经发包人书面同意,设计人不得为了合同以外的目的而复制、使用上述文件或将之提供给第三方。

② 除专用合同条款另有约定外,设计人为实施工程所编制的文件的著作权属于设计人,发包人可因实施工程的运行、调试、维修、改造等目的而复制、使用此类文件,但不能擅自修改或用于与合同无关的其他事项。未经设计人书面同意,发包人不得为了合同以外的目的而复制、使用上述文件,或将之提供给第三方。

③ 合同当事人保证在履行合同过程中不侵犯对方及第三方的知识产权。设计人在工程设计时,因侵犯他人的专利权或其他知识产权所引起的责任,由设计人承担;因发包人提供的工程设计资料导致侵权的,由发包人承担。

④ 合同当事人双方均有权在不损害对方利益和保密约定的前提下,在自己宣传用的印刷品或其他出版物上,或在申报奖项等情形下公布有关项目的文字和图片材料。

⑤ 除专用合同条款另有约定外,设计人在合同签订前和签订时已确定采用的专利、专有技术的使用费应包含在签约合同价中。

6.1.3.14　违约责任

(1) 发包人违约责任

① 合同生效后,发包人因非设计人原因要求终止或解除合同,设计人未开始设计工作的,不退还发包人已付的定金或发包人按照专用合同条款的约定向设计人支付违约金。已开始设计工作的,发包人应按照设计人已完成的实际工作量计算设计费,完成工作量不足一半时,按该阶段设计费的一半支付设计费;超过一半时,按该阶段设计费的全部支付设计费。

② 发包人未按专用合同条款附件约定的金额和期限向设计人支付设计费的,应按专用合同条款约定向设计人支付违约金。逾期超过 15 天时,设计人有权书面通知发包人中止设

计工作。自中止设计工作之日起 15 天内发包人支付相应费用的,设计人应及时根据发包人要求恢复设计工作;自中止设计工作之日起超过 15 天后发包人支付相应费用的,设计人有权确定重新恢复设计工作的时间,且设计周期相应延长。

③ 发包人的上级或设计审批部门对设计文件不进行审批或合同工程停建、缓建,发包人应在事件发生之日起 15 天内按合同中关于合同解除的约定向设计人结算并支付设计费。

④ 发包人擅自将设计人的设计文件用于本工程以外的工程或交第三方使用时,应承担相应法律责任,并应赔偿设计人因此蒙受的损失。

(2) 设计人违约责任

① 合同生效后,设计人因自身原因要求终止或解除合同,设计人应按发包人已支付的定金金额双倍返还给发包人或设计人,按照专用合同条款约定向发包人支付违约金。

② 由于设计人原因,未按专用合同条款附件约定的时间交付工程设计文件的,应按专用合同条款的约定向发包人支付违约金,前述违约金经双方确认后可在发包人应付设计费中扣减。

③ 设计人对工程设计文件出现的遗漏或错误负责修改或补充。由于设计人原因产生的设计问题造成工程质量事故或其他事故的,设计人除负责采取补救措施外,应当通过所投建设工程设计责任保险向发包人承担赔偿责任,或者根据直接经济损失程度按专用合同条款约定向发包人支付赔偿金。

④ 由于设计人原因,工程设计文件超出发包人与设计人书面约定的主要技术指标控制值比例的,设计人应当按照专用合同条款的约定承担违约责任。

⑤ 设计人未经发包人同意擅自对工程设计进行分包的,发包人有权要求设计人解除未经发包人同意的设计分包合同,设计人应当按照专用合同条款的约定承担违约责任。

6.1.3.15 合同解除

发包人与设计人协商一致,可以解除合同。有下列情形之一的,合同当事人一方或双方可以解除合同。

① 设计人工程设计文件存在重大质量问题,经发包人催告后,在合理期限内修改后仍不能满足国家现行深度要求或不能达到合同约定的设计质量要求的,发包人可以解除合同。

② 发包人未按合同约定支付设计费用,经设计人催告后,在 30 天内仍未支付的,设计人可以解除合同。

③ 暂停设计期限已连续超过 180 天,专用合同条款另有约定的除外。

④ 不可抗力致使合同无法履行。

⑤ 一方违约致使合同无法实际履行或实际履行已无必要。

⑥ 本工程项目条件发生重大变化使合同无法继续履行。

任何一方因故需解除合同时,应提前 30 天书面通知对方,对合同中的遗留问题应取得一致意见并形成书面协议。

合同解除后,发包人除应按合同的相应条款约定及专用合同条款约定期限向设计人支付已完工作的设计费外,应当向设计人支付由于非设计人原因合同解除导致设计人增加的设计费用,违约一方应当承担相应的违约责任。

6.2   工程监理合同

6.2.1   建设工程监理

建设工程监理是指监理人受委托人的委托,依照法律法规、工程建设标准、勘察设计文件及合同,在施工阶段对建设工程质量、进度、造价进行控制,对合同、信息进行管理,对工程建设相关方的关系进行协调,并履行建设工程安全生产管理法定职责的服务活动。

6.2.2   建设工程监理合同概念与特征

（1）建设工程监理合同的概念

建设工程监理合同是工程建设单位聘请监理单位代其对工程项目进行管理,明确双方权利和义务的协议。建设工程监理可以对工程建设的全过程进行监理,也可以根据工程建设阶段划分为可行性研究、勘察、设计、施工与保修等阶段的监理。

监理的授权行为应该由监理人的法定代表人代表监理人完成。而总监理工程师作为监理人的代理人,组织运行项目监理机构,在授权范围内行使代理权,具体实施监理工作。

（2）建设工程监理合同的特征

① 监理合同的当事人双方应当是具有民事权利能力和民事行为能力、取得法人资质的企事业单位或其他社会组织,个人在法律允许的范围内也可以成为合同当事人。委托人必须是具有国家批准的建设项目,落实投资计划的企事业单位、其他社会组织及个人;受托人必须是依法成立的具有法人资格的监理企业,并且所承担的工程监理业务应与企业资质等级和业务范围相符合。

《工程监理企业资质管理规定》中,工程监理企业资质分为综合资质、专业资质和事务所资质。其中,专业资质按照工程性质和技术特点划分为若干工程类别。综合资质和事务所资质不分级别。专业资质分为甲级、乙级,其中,房屋建筑、水利水电、公路和市政公用专业可以设立丙级。工程监理企业可以开展相应类别建设工程的项目管理、技术咨询等业务。

② 监理合同的标的是服务。建设工程实施阶段所签订的其他合同,如勘察合同、设计合同、施工合同、物资采购合同等的标的是产生新的物质成果或信息成果。而监理合同的标的是服务,即监理单位凭经验和技能受建设方委托,为其所签订的其他合同的履行实施监督和管理。

6.2.3   监理合同的订立

（1）监理合同订立的原则

监理合同的订立应遵守国家相关的法律法规,遵循平等互利、协商一致的原则。签订合同的当事人双方都具有平等的法律地位,任何一方都不得强迫对方接受不平等的合同条件。监理合同的签订意味着委托关系的形成,委托人与被委托人的关系都将受到合同的约束,因而签订合同必须是双方的法定代表人或经法定代表人授权的代表签署并监督执行。

（2）监理合同委托工作的范围

监理合同委托工作的范围是监理工程师为委托人提供服务的范围和工作量。委托人委托监理业务的范围非常广泛。从工程建设各阶段来说,可以包括项目决策阶段、设计阶段、施工阶段以及竣工验收和保修阶段的全部监理工作或某一阶段的监理工作。在每一个阶段内,又可以进行成本、质量、进度的三大控制和信息、合同两项管理。

(3) 监理合同的形式

由于委托人委托的监理任务有繁有简,监理工作的特点各异,因此,监理合同的形式和内容也不尽相同。有以下几种合同形式:

① 标准化的《建设工程委托监理合同》。为了使委托监理的行为规范化,减少合同履行过程中的争议和纠纷,政府部门和行业组织制定出标准化的《建设工程委托监理合同》示范文本,供委托监理任务时作为合同文件采用。标准化合同具有通用性强的特点,采用规范的合同格式,条款内容覆盖面广,双方只要就达成一致的内容写入相应的具体条款中即可。

② 双方协商签订合同。监理合同以法律和法规的要求作为基础,双方根据委托监理工作的内容和特点,通过友好协商订立有关条款,达成一致后签字盖章生效。合同的格式和内容不受任何限制,双方就权利和义务所关注的问题以条款形式具体约定。

③ 信件式合同。通常由监理人编制有关内容,由委托人签署批准意见,并留一份备案后退给监理人执行。这种合同形式适用于建立任务比较少或简单的小型工程。

④ 委托通知单。原签订的监理合同履行过程中,委托人以通知单形式,把监理人在争取委托合同时所提建议中的工作内容委托给监理人。这种委托只是在原定工作范围之外增加少量工作任务,一般情况下原订合同中的权利和义务不变。如果监理人不表示异议,委托通知单就成为监理人所接受的协议。

6.2.4 监理合同的履行

(1) 双方的权利

① 委托人的权利

a. 授予监理人权限的权利。在监理合同内除需要明确委托的监理任务外,还应规定监理人的权限。在委托人授权范围内,监理人可以对所监理的合同自主采取各种措施进行监督、管理和协调,如果超越权限时,应首先征得委托人的同意后方可发布有关指令。监理合同内授予监理人的权限,在执行过程中可随时通过书面附加协议予以扩大或减小。

b. 对其他合同承包人的选定权。委托人是建设资金的持有者和建筑产品的所有人,因此,对设计合同、施工合同、加工制造合同等的承包人有选定权和订立合同的签字权。监理人在选定其他合同承包人的过程中仅有建议权而无决定权。

c. 委托监理工程重大事项的决定权。委托人有对工程规模、规划设计、生产工艺设计、设计标准和使用功能等要求的认定权,以及对工程设计变更的审批权。

d. 对监理人履行合同的监督控制权。监理人所选择的监理工作分包单位必须事先征得委托人的认可。在取得委托人的书面同意前,监理人不得开始实行、更改或终止全部或部分服务的任何分包合同;监理人应向委托人报送委派的总监理工程师及其监理机构主要成员名单,以保证完成监理合同专用条件中约定的监理工作范围内的任务。当监理人调换总监理工程师时,须经委托人同意;有权约定监理人应提交报告的种类(包括监理规划、监理月报及约定的专项报告)、时间和份数。委托人按照合同约定检查监理工作的执行情况,如果发现监理人员不按监理合同约定履行职责,甚至与承包方串通,给委托人或工程造成损失的,有权要求监理人更换监理人员,直至终止合同,并承担相应的赔偿责任。

② 监理人的权利

完成监理任务后获得酬金的权利。监理人不仅可获得完成合同内规定的正常监理任务的酬金,如果合同履行过程中主、客观条件发生变化,完成附加工作后,也有权按照专用条件中约定的计算方法获得附加的工作酬金。监理人在工作过程中作出了显著成绩,如监理人提出的合理化建议使委托人获得实际经济利益,则应按照合同中规定的奖励办法,得到委托人给予的适当物质奖励。奖励办法通常参照国家颁布的合理化建议奖励办法,在专用条件相应的条款内约定。

（2）双方的义务

① 委托人的义务

a. 委托人应负责建设工程的所有外部关系的协调工作,满足开展监理工作所需要提供的外部条件。

b. 与监理人做好协调工作。委托人要授权一位熟悉建设工程情况、能迅速作出决定的常驻代表,负责与监理人联系。更换此人要提前通知监理人。将授予监理人的监理权利,以及监理人监理机构主要成员的职能分工、监理权限及时书面通知已选定的第三方,并在与第三方签订的合同中予以明确;在双方协定的时间内,免费向监理人提供与工程有关的监理服务所需要的工程资料;为监理人驻工地监理机构开展正常工作提供协助服务。

c. 及时作出书面决定的义务。委托人应在合理的时间内就监理人以书面形式提交并要求作出决定的一切事宜作出书面决定。

② 监理人的义务

监理人在履行合同的义务期间,应运用合理的技能认真勤奋地工作,公开维护有关方面的合法权利。

（3）监理酬金

根据《建设工程监理与相关服务费管理规定》,依法必须实行监理的工程施工阶段的监理收费实行政府指导价,其他工程施工监理收费和其他阶段的监理与相关服务收费实行市场调节价。

实行政府指导价的施工阶段监理收费,计费规则如下：

施工监理服务收费＝施工监理服务收费基准价×（1±浮动幅度值）

施工监理服务收费基准价＝施工监理服务收费基价×专业调整系数×
工程复杂程度调整系数×高程调整系数

浮动幅度值不超过20%,由发包人与监理人根据项目的实际情况协商确定。

【知识拓展 6-2】　　　　　　　施工监理服务收费基价

完成国家法律法规、规范规定的施工阶段监理基本服务内容的价格（表 6-1）,计费额为工程概算投资额,处于两个数值区间的采用直线内插法确定施工监理服务收费基价。

表 6-1　施工监理服务收费基价表　　　　　　　　　　　　单位:万元

序号	计费额	收费基价
1	500	16.5
2	1 000	30.1
3	3 000	78.1
4	5 000	120.8

表6-1(续)

序号	计费额	收费基价
5	8 000	181.0
6	10 000	218.6
7	20 000	393.4
8	40 000	708.2
9	60 000	991.4
10	80 000	1 255.8
11	100 000	1 507.0
12	200 000	2 712.5
13	400 000	4 882.6
14	600 000	6 835.6
15	800 000	8 658.4
16	1 000 000	10 390.1

计费额大于 1 000 000 万元的,以计费额乘以 1.039% 的收费率计算收费基价;未包含的其他收费由双方协商议定。

(4) 违约责任

① 委托人违约责任

委托人未履行合同义务的,应承担相应的责任。委托人违反合同约定造成监理人损失的,委托人应予以赔偿;委托人向监理人的索赔不成立时,应赔偿监理人由此引起的费用;委托人未能按期支付酬金超过 28 天的,应按专用条件的约定支付逾期付款利息。

② 监理人违约责任

监理人未履行合同义务的,应承担相应的责任。因监理人违反合同约定给委托人造成损失的,监理人应当赔偿委托人损失,监理人承担部分赔偿责任的,其承担赔偿金额由双方协商确定。监理人向委托人的索赔不成立时,监理人应赔偿委托人由此发生的费用。

③ 除外责任

因非监理人的原因且监理人无过错,发生工程质量事故、安全事故、工期延误等造成的损失,监理人不承担赔偿责任。因不可抗力导致合同全部或部分不能履行时,双方各自承担其因此而造成的损失、损害。

6.2.5 监理合同的相关管理

(1) 合同的变更

① 在合同履行期间,任何一方提出变更请求时,双方经协商一致后可进行变更。

② 除不可抗力外,非监理人原因导致监理人履行合同期限延长、内容增加时,增加的监理工作时间、工作内容应视为附加工作,属于变更范畴。

③ 合同签订后,遇有与工程相关的法律法规、标准颁布或修订的,双方应遵照执行。由此引起监理与相关服务的范围、时间、酬金变化的,双方应通过协商进行相应调整。

④ 因非监理人原因造成工程概算投资额或建筑安装工程费增加时,正常工作酬金应做

相应调整。调整方法在专用条件中约定。

　　⑤ 因工程规模、监理范围的变化导致监理人的正常工作量减少时,正常工作酬金应做相应调整。调整方法在专用条件中约定。

　　(2) 合同的暂停与解除

　　除双方协商一致可以解除合同外,当一方无正当理由未履行合同约定的义务时,另一方可以根据合同约定暂停履行合同直至解除合同。在合同有效期内,由于双方无法预见和控制的原因导致合同全部或部分无法继续履行或继续履行已无意义,经双方协商一致,可以解除合同或监理人的部分义务。在解除之前,监理人应作出合理安排,使开支降至最低。解除合同或解除监理人的部分义务导致监理人遭受的损失,除依法可以免除责任的情况外,应由委托人予以补偿,补偿金额由双方协商确定。解除合同的协议必须采取书面形式,协议未达成之前,合同仍然有效。

　　① 在合同有效期内,非监理人的原因导致工程施工全部或部分暂停,委托人可通知监理人要求暂停全部或部分工作。监理人应立即安排停止工作,并将开支降至最低。除不可抗力外,由此导致监理人遭受的损失应由委托人予以补偿。暂停部分监理与相关服务时间超过 182 天,监理人可发出解除合同约定的该部分义务的通知;暂停全部工作时间超过 182 天,监理人可发出解除合同的通知,合同自通知到达委托人时解除。委托人应将监理与相关服务的酬金支付至合同解除日,且应承担相应的责任。

　　② 当监理人无正当理由未履行合同约定的义务时,委托人应通知监理人限期改正。若委托人在监理人接到通知后的 7 天内未收到监理人书面形式的合理解释,则可以在 7 天内发出解除合同的通知,自通知到达监理人时合同解除。委托人应将监理与相关服务的酬金支付至限期改正通知到达监理人之日,但监理人应承担相应的责任。

　　③ 监理人在专用条件中约定的支付之日起 28 天后仍未收到委托人按合同约定应付的款项,可向委托人发出催付通知。委托人接到通知 14 天后仍未支付或未提出监理人可以接受的延期支付安排,监理人可向委托人发出暂停工作的通知,并可自行暂停全部或部分工作。暂停工作后 14 天内监理人仍未获得委托人应付酬金或委托人的合理答复,监理人可向委托人发出解除合同的通知,自通知到达委托人时合同解除。委托人应承担相应的责任。

　　④ 不可抗力致使合同部分或全部不能履行时,一方应立即通知另一方,可暂停或解除合同。

　　⑤ 合同解除后,合同约定的有关结算、清理、争议解决方式的条件仍然有效。

　　(3) 合同的终止

　　若监理人完成合同约定的全部工作且委托人与监理人结清并支付全部酬金时,合同终止。

6.3　工程物资采购合同

6.3.1　工程物资采购合同概述

　　(1) 工程物资采购合同的概念

　　工程物资采购合同是指平等主体的自然人、法人和其他组织之间,为实现建设工程物资买卖,设立、变更、终止相互权利和义务关系的协议。工程物资采购合同属于买卖合同,具有买卖合同的一般特点。

工程项目建设阶段需要采购的物资种类繁多,合同形式各异,但根据合同标的物供应方式的不同,可将涉及的各种合同大致划分为材料采购合同和大型设备采购合同两大类。

(2) 工程物资采购合同的特点

工程物资采购合同与项目的建设密切相关,其特点体现在四个方面。

① 工程物资采购合同的当事人

工程物资采购合同的买受人即采购人,可以是发包人或者是承包人,依据施工合同的承包方式来确定。永久工程的大型设备一般情况下由发包人采购。施工中使用的建筑材料采购供应方式,按照施工专用合同条款的约定执行,通常分为发包人采购供应(俗称甲供),承包人采购供应(俗称乙供),以及发包人限定材料品牌范围和核定采购价格、承包人采购(俗称甲控乙供)。

三种不同材料供应方式,对于发包人与承包人承担的风险不同。

② 工程物资采购合同的标的

工程物资采购合同的标的品种繁多,供货条件差异较大。

③ 工程物资采购合同的内容

工程物资采购合同视标的的不同,合同涉及的条款繁简程度差异较大。建筑材料采购合同的条款一般限于物资交货阶段,主要涉及交接程序、检验方式和质量要求、合同价款的支付等。大型设备的采购,除了交货阶段的工作外,往往还需包括设备生产阶段、设备安装调试阶段、设备试运行阶段、设备性能达标检验和保修等方面的条款约定。

④ 工程物资供应的时间

工程物资采购合同与施工进度密切相关,出卖人必须严格按照合同约定的时间交付订购的货物。延误交货将导致工程施工停工待料,不能使建设项目及时发挥效益。提前交货通常买受人也不同意接受,一方面货物将占用施工现场有限的场地影响施工,另一方面增加了买受人的仓储保管费用。如出卖人提前将 800 吨水泥发运到施工现场,而买受人仓库已满,只好露天存放,为了防潮则需要投入很多物资进行维护保管等。

6.3.2 材料采购合同

6.3.2.1 材料采购合同的内容

国内物资采购供应合同的示范文本规定,合同条款部分应包括以下几个方面内容。

① 合同标的。合同标的包括产品的名称、品种、商标、型号、规格、等级、花色、生产厂家、订购数量、合同金额、供货时间及每次供应数量等。

② 质量要求的技术标准、供货方对质量负责的条件和期限。

③ 交(提)货地点和方式。

④ 运输方式及到站、港和费用的负担责任。

⑤ 合理损耗及计算方法。

⑥ 包装标准、包装物的供应与回收。

⑦ 验收标准、方法及提出异议的期限。

⑧ 随机备品、配件工具数量及供应办法。

⑨ 结算方式及期限。

⑩ 如需提供担保,另立合同担保书作为合同附件。

⑪ 违约责任。

⑫ 解决合同争议的方法。

⑬ 其他约定事项。

6.3.2.2　合同的变更或解除

合同履行过程中,如需变更合同内容或解除合同,都必须依据《民法典》的有关规定执行。一方当事人要求变更或解除合同时,在未达成新的协议前,原合同仍然有效。要求变更或解除合同一方应及时将自己的意图通知对方,对方也应在接到书面通知后的 15 天或合同约定的时间内予以答复,逾期不答复的视为默认同意。

如果采购方要求变更到货地点或接货人,应在合同规定的交货期限届满前 40 天通知供货方,以便供货方修改发运计划和组织运输工具。迟于上述规定期限,双方应当立即协商处理。如果已不可能变更或变更后会发生额外费用支出,其后果均应由采购方负责。

6.3.2.3　支付结算管理

(1)支付货款的条件

合同中需明确是验单付款还是验货后付款,然后再约定结算方式和结算时间。验单付款是指委托供货方代运的货物,供货方把货物交付承运部门并将运输单证寄给采购方,采购方在收到运输单证后,在合同约定的期限内支付的结算方式。尤其是对分批交货的物资,每批交付后应在多少天内支付货款也应明确注明。

(2)拒付货款

采购方有权部分或全部拒付货款的情况大致包括以下几种:

① 交付货物的数量少于合同约定,拒付少交部分的货款。

② 拒付质量不符合合同要求部分货物的货款。

③ 供货方交付的货物多于合同规定的数量且采购方不同意接收部分的货物,在承付期内可以拒付。

(3)逾期付款的利息

合同内应规定采购方逾期付款应偿付违约金的计算办法。按照中国人民银行有关延期付款的规定,延期付款利率一般按每天 0.05% 计算。

6.3.3　大型设备采购合同

大型设备采购合同指采购方与供货方为提供工程项目所需的大型复杂设备而签订的合同。大型设备采购合同的标的物可能是非标准产品,需要专门加工制作,也可能虽为标准产品,但技术复杂而且市场需求量较小,一般没有现货供应,待双方签订合同后由供货方专门进行加工制作,因此属于承揽合同的范畴。

一个较为完备的大型设备采购合同,通常由合同条款和附件组成。

(1)合同条款

当事人双方在合同内根据具体订购设备的特点和要求,约定以下几个方面的内容:合同中的词语定义;合同标的;供货范围;合同价格;付款;交货和运输;包装与标记;技术服务;质量监造与检验;安装、调试、试运和验收;保证与索赔;保险;税费;分包与外购;合同的变更、修改、中止和终止;不可抗力;合同争议的解决;其他。

（2）附件

为了对合同中某些约定条款涉及内容较多部分作出更为详细的说明，还需要编制一些附件作为合同的一个组成部分。附件通常可能包括：技术规范；供货范围；技术资料的内容和交付安排；交货进度；监造、检验和性能验收试验；价格表；技术服务的内容；分包和外购计划；大部件说明表；等等。

6.3.3.1 设备制造期内双方的责任

（1）设备监造

设备监造也称为设备制造监理，是指在设备制造过程中采购方委托有资质的监造单位派出驻厂代表对供货方提供合同设备的关键部位进行质量监督。但质量监造不解除供货方对合同设备质量应负的责任。

（2）供货方的义务

① 在合同约定的时间内向采购方提交订购设备的设计、制造和检验的标准，包括与设备监造有关的标准、图纸、资料、工艺要求。

② 合同设备开始投料制造时，向监造代表提供整套设备的生产计划。

③ 每个月末均应提供月报表，说明本月包括工艺过程和检验记录在内的实际生产进度，以及下一个月的生产、检验计划。中间检验报告需说明检验的时间、地点、过程、试验记录，以及不一致性原因分析和改进措施。

④ 监造代表在监造中如果发现设备和材料存在质量问题或不符合规定的标准或包装要求而提出意见并暂不予以签字时，供货方需采取相应改进措施，以保证交货质量。无论监造代表是否要求或是否知道，供货方均有义务主动及时地向其提供合同设备制造过程中出现的较大的质量缺陷和问题，不得隐瞒，在监造代表不知道的情况下供货方不得擅自处理。

⑤ 监造代表发现重大问题要求停工检验时，供货方应当遵照执行。

⑥ 为监造代表提供工作、生活必要的方便条件。

⑦ 无论监造代表是否参与监造与出厂检验，或者监造代表参加了监造与检验并签署了监造与检验报告，均不能免除供货方对设备质量应负的责任。

（3）采购方的义务

① 制造现场的监造检验和见证，尽量结合供货方工厂实际生产过程进行，不应影响正常的生产进度（不包括发现重大问题时的停工检验）。

② 监造代表应按时参加合同规定的检查和试验。若监造代表不能按供货方通知时间及时到场，供货方工厂的试验工作可以正常进行，试验结果有效。但是监造代表有权事后了解、查阅、复制检查试验报告和结果（转为文件见证）。若供货方未及时通知监造代表而单独检验，采购方将不承认该检验结果，供货方应在监造代表在场的情况下进行该项试验。

6.3.3.2 现场交货

（1）供货方的义务

① 发运前应在合同约定的时间内向采购方发出通知，以便对方做好接货准备工作。

② 向承运部门办理申请发运设备所需的运输工具计划，负责合同设备从供货方到现场交货地点的运输。

③ 每批合同设备交货日期以到货车站(码头)的到货通知单时间戳记为准,以此来判定是否延误交货。

④ 在每批货物备妥及装运车辆(船)发出 24 小时内,应以电报或传真将该批货物的如下内容通知采购方:合同号;机组号;货物备妥发运日期;货物名称及编号和价格;货物总毛重;货物总体积;总包装件数;交运车站(码头)的名称、车号(船号)和运单号;质量超过 201 千克或尺寸超过 9 m×3 m×3 m 的每件特大型货物的名称、质量、体积和件数,以及对每件该类设备(部件)还必须标明重心和吊点位置,并附有草图。

(2) 采购方的义务

① 应在接到发运通知后做好现场接货的准备工作。

② 按时到运输部门提货。

③ 如果采购方原因要求供货方推迟设备发货,应及时通知对方,并承担推迟期间的仓储费和必要的保养费。

(3) 到货检验

① 到货检验的一般程序

a. 货物到达目的地后,采购方向供货方发出到货检验通知,邀请对方派代表共同进行检验。

b. 货物清点。双方代表共同根据运单和装箱单对货物的包装、外观和件数进行清点。如果发现任何不符之处,经过双方代表确认属于供货方责任后,由供货方处理解决。

c. 开箱检验。货物运到现场后,采购方应尽快与供货方共同进行开箱检验,如果采购方未通知供货方而自行开箱或每一批设备到达现场后在合同规定时间内不开箱,产生的后果由采购方承担。双方共同检验货物的数量、规格和质量,检验结果和记录对双方有效,并作为采购方向供货方提出索赔的证据。

② 损害、缺陷、短少的责任

a. 现场检验时,如发现设备由于供货方原因(包括运输)有任何损坏、缺陷、短少或不符合合同中规定的质量标准和规范,应做好记录,并由双方代表签字,各执一份,作为采购方向供货方提出修理或更换索赔的依据。如果供货方要求采购方修理损坏的设备,所有修理设备的费用由供货方承担。

b. 由于采购方原因,发现损坏或短缺,供货方在接到采购方通知后,应尽快提供或替换相应的部件,但费用由采购方自负。

c. 供货方如对采购方提出的修理、更换、索赔等要求有异议,应在接到采购方书面通知后于合同约定的时间内提出,否则上述要求即告成立。如有异议,供货方应在接到通知后派代表赴现场同采购方代表共同复验。

d. 双方代表在共同检验中对检验记录不能取得一致意见时,可由双方委托的权威第三方检验机构进行裁定检验。检验结果对双方都有约束力,检验费用由责任方负担。

e. 供货方在接到采购方提出的索赔后,应按合同约定的时间尽快修理、更换或补发短缺部分,由此产生的制造、修理和运费及保险费均应由责任方负担。

6.3.3.3　设备安装验收

(1) 供货方的现场服务

按照合同约定不同,设备安装工作可以由供货方负责,也可以在供货方提供必要的技术服务条件下由采购方承担。如果由采购方负责设备安装,供货方应提供的现场服务内容可能包括以下几项。

① 派出必要的现场服务人员。供货方现场服务人员的职责包括指导安装和调试,处理设备的质量问题,参加试车和验收试验等。

② 技术交底。安装和调试前,供货方的技术服务人员应向安装施工人员进行技术交底,讲解和示范将要进行工作的程序和方法。对合同约定的重要工序,供货方的技术服务人员要对其施工情况进行确认和签证。经过确认和签证的工序,如果因技术服务人员指导错误而发生问题,由供货方负责。

③ 重要安装、调试的工序。整个安装、调试过程应在供货方现场技术服务人员指导下进行。重要工序须经供货方现场技术服务人员签字确认。安装、调试过程中,若采购方未按供货方的技术资料规定和现场技术服务人员指导、未经供货方现场技术服务人员签字确认而出现问题,采购方自行负责(设备质量问题除外);若采购方按供货方技术资料规定和现场技术服务人员的指导,供货方现场技术服务人员签字确认而出现问题,供货方承担责任。

设备安装完成后的调试工作由供货方的技术人员负责,或采购方的人员在其指导下进行。供货方应尽快解决调试中出现的设备问题,其所需时间应不超过合同约定的时间,否则视为延误工期。

(2)设备验收

① 启动试车。安装调试完毕,双方共同参加启动试车的检验工作。试车分成无负荷空运行和带负荷试运行两个步骤进行,且每一阶段均应按技术规范要求的程序维持一定的时间,以检验设备的质量。试验合格后,双方在验收文件上签字,正式移交采购方进行生产运行。若检验不合格,属于设备质量问题,由供货方负责修理、更换并承担全部费用;如果属于工程施工质量问题,由采购方负责拆除后纠正缺陷。

不论何种原因试车不合格,经过修理或更换设备后应再次进行试车试验,直到满足合同规定的试车质量要求。

② 性能验收。性能验收又称为性能指标达标考核。启动试车只是检验设备安装完成后是否能够顺利安全运行,但各项具体的技术性能指标是否达到供货方在合同内承诺的保证值还无法判定,因此合同中均要约定设备移交试生产稳定运行多少个月后进行性能测试。由于合同规定的性能验收时间采购方已正式投产运行,这一项验收试验由采购方负责,供货方参加。

试验大纲由采购方准备,与供货方讨论后确定。试验现场和所需的人力、物力由采购方提供。供货方应提供试验所需的测点、一次性元件和装设的试验仪表,以及做好技术配合和人员配合工作。

性能验收试验完毕,每套合同设备都达到合同规定的各项性能保证值后,监理方、采购方与供货方共同会签合同设备初步验收证书。

初步验收证书只是证明供货方所提供的合同设备的性能和参数截至出具初步验收证书时可以按合同要求予以接受,但不能视为供货方对合同设备中存在的可能引起合同设备损坏的潜在缺陷所应负责任解除。潜在缺陷指设备的隐患在正常情况下不能在工作过程中被发现,供货方应承担纠正缺陷责任。供货方的质量缺陷责任期应保证到合同规定的保证期或第一次大修时。当发现这一类潜在缺陷时,供货方应按照合同的规定进行修理或调换。

③ 最终验收：

a. 合同中应约定具体的设备保证期限。保证期从签发初步验收证书之日起开始计算。

b. 在保证期内的任何时候，如果由于供货方责任而需要进行的检查、试验、再试验、修理或调换，当供货方提出请求时，采购方应做好安排进行配合以便进行上述工作。供货方应负担修理或调换的费用，并按实际修理或更换使设备停运所延误的时间将保证期限相应延长。

c. 合同保证期满后，采购方在合同规定时间内应向供货方出具合同设备最终验收证书。条件是此前供货方已完成采购方保证期满前提出的各项合理索赔要求，设备的运行质量符合合同的约定。供货方对采购方人员的非正常维修和错误操作以及正常磨损造成的损失不承担责任。

d. 每套合同设备最后一批到达现场之日起，如果因采购方原因在合同约定的时间内未能进行试运行和性能验收试验，期满后即视为通过最终验收。此后采购方应与供货方共同会签合同设备的最终验收证书。

6.3.3.4　合同价格与支付

（1）合同价格

大型设备采购合同通常采用固定总价合同，在合同交货期内为不变价格。合同价格包括合同设备（含备品备件、专用工具）、技术资料、技术服务等费用，还包括合同设备的税费、运杂费、保险费等与合同有关的其他费用。

（2）支付

支付的条件、支付的时间和费用等内容应在合同内具体约定。目前大型设备采购合同较多采用如下程序。

① 合同设备款的支付。订购的合同设备价款一般分 3 次支付。

a. 设备制造前供货方提交履约保函和金额为合同设备价格 10％的商业发票后，采购方支付合同设备价格的 10％作为预付款。

b. 供货方按交货顺序在规定的时间内将每批设备（部组件）运到交货地点，并将该批设备的商业发票、清单、质量检验合格证明、货运提单提供给采购方，采购方支付该批设备价格的 80％。

c. 剩余合同设备价格的 10％作为设备保证金，待每套设备保证期满没有问题，采购方签发设备最终验收证书后支付。

② 技术服务费的支付。合同约定的技术服务费一般分 2 次支付。

a. 第一批设备交货后，采购方支付给供货方该套合同设备技术服务费的 30％。

b. 每套合同设备通过该套机组性能验收试验，初步验收证书签署后，采购方支付该套合同设备技术服务费的 70％。

③ 运杂费的支付。运杂费在设备交货时由供货方分批向采购方结算，结算总额为合同规定的运杂费。

（3）采购方的支付责任

付款时间以采购方银行承付日期为实际支付日期，若该日期晚于合同约定的付款日期，即从约定的日期开始按合同约定计算延迟付款违约金。

6.4 国际工程常用合同文本

6.4.1 FIDIC施工合同条件

6.4.1.1 FIDIC系列合同条件简介

FIDIC是国际咨询工程师联合会(Federation Internationale Des inge-nieursconseils)的法文首字母的缩写。作为全球性的咨询工程师国际组织FIDIC以其出版的建设工程项目系列合同条件最具影响,并在国际上广泛应用。

目前得到广泛应用的F1DIC标准合同件主要有:

(1)《施工合同条件(Conditions of Contract for Construction)》(1999年第1版、2017年第2版),又称为"新红皮书",适用于各类大型或较复杂的工程或房建项目,尤其适用于传统的"设计-招标-建造"模式,承包商按照业主提供的设计进行施工,采用工程量清单计价,业主委托工程师管理合同,由工程师监管施工并签证支付。

(2)《设计采购施工(EPC)/交钥匙工程合同条件(Conditions of Contract for EPC/8 Turnkey Projects)》(1999年第1版、2017年第2版),又称为"银皮书",适用于承包商以交钥匙方式进行设计、采购和施工的总承包,完成一个配备完善的业主只需"转动钥匙"即可运行的工程项目,采用总价合同。

(3)《土木工程施工合同条件(Conditions of Contract for Works of Civil Engineering Construction)》(1977年第3版、1987年第4版、1992年修订版),又称为"红皮书",适合于承包商按发包人设计进行施工的房屋建筑和土木工程的施工项目,采用工程量清单计价、单价可调整、由业主委派工程师管理合同。

(4)《生产设备和设计-施工合同条件(Conditions of Contract for Plant and Design-Build)》(1999年第1版、2017年第2版),又称为"新黄皮书",适用于"设计-建造"模式,由承包商按照业主要求进行设计、提供设备并施工安装的机械、电气、房建等工程的合同,采用总价合同,业主委托工程师管理合同,由工程师监管承包商设备的现场安装和签证支付。

(5)《简明合同格式(Short Form of Contract)(1999年第1版)》,又称为"绿皮书",适用于投资金额相对较小、工期短或技术简单或重复性的工程项目施工,既适于业主设计也适用于承包商设计。

(6)《设计-建造与交钥匙工程合同条件(Conditions of Contract for Design-Build and Turnkey)》(1995年第1版),又称为"橘皮书",适用于由承包商根据业主要求设计和施工的工程项目和房建项目,采用总价合同。

(7)《设计施工和营运合同条件(Conditions of Contract for Design. Build and Operate Projects)》(2008年第1版),又称为"金皮书",适用于承包商不仅需要承担设施的设计和施工,还负责设施的长期运营并在运营期到期后将设施移交给政府的项目。

(8)《土木工程施工分包合同条件(Conditions of Subcontract for Work of Civil Engineering Construction)》(1994年第1版),又称为"褐皮书",适用于承包商与专业工程施工分包商订立的施工合同。

(9)《客户/咨询工程师(单位)服务协议书(Client Consultant Model Services A-greement)》(1998 年第 3 版、2006 年第 4 版、2017 年第 5 版),又称为"白皮书",适用于业主委托工程咨询单位进行项目的前期投资研究、可行性研究、工程设计、招标评标、合同管理和投产准备等咨询服务合同。

FIDIC 合同条件不仅在国际承包工程中得到广泛应用,也对我国编制的工程建设合同示范文本提供了重要借鉴,如国家发展改革委员会、财政部、建设部、铁道部、交通部、信息产业部、水利部、民用航空总局、广播电影电视总局九部委颁发的《标准施工招标文件》(2007年版)、《简明标准施工招标文件》(2012 版)、《标准设计施工总承包招标文件》(2012 年版)中的合同条件,住房和城乡建设部、国家市场监督管理总局颁布的《建设工程施工合同》(2017年版)、《建设项目工程总承包合同》(2020 年版)示范文本等,均参考了 FIDIC 合同条件的管理模式、文本格式和条款内容,可以说是 FIDIC 合同体系在中国的改造和推广应用。

6.4.1.2 《施工合同条件》中各方责任和义务

《施工合同条件》是 FIDIC 系列合同条件中最具代表性的文本。

在《施工合同条件》模式下,项目主要参与方为业主(Employer)、承包商(Contractor)和工程师(Engineer)。

其中,工程师受业主委托授权为业主开展项目日常管理工作,相当于国内的监理工程师;工程师属于业主方人员,应履行合同中赋予的职责,行使合同中明确规定的或必然隐含的赋予的权力,但是应保持公平的态度处理施工过程中的问题。工程师包括具备资格的工程师及其他有能力履行职责的专业人员。

根据通用合同条件规定,各方的主要责任和义务概述如下。

(1)业主的主要责任和义务

委托任命工程师代表业主进行合同管理;承担大部分或全部设计工作并及时向承包商提供设计图纸;给予承包商现场占有权;向承包商及时提供信息、指示、同意、批准及发出通知;避免可能干扰或阻碍工程进展的行为;提供业主方应提供的保障、物资;在必要时指定专业分包商和供应商;做好项目资金安排;在承包商完成相应工作时按时支付工程款;协助承包商申办工程所在国法律要求的相关许可等。

(2)承包商的主要责任和义务

应按照合同规定及工程师的指示对工程进行设计、施工和竣工,并修补缺陷;为工程的设计、施工、竣工及修补缺陷提供所需的设备、文件、人员、物资和服务;对所有现场作业和施工方法的完备性、稳定性和安全性负责,并保护环境;提供工程执行和竣工所需的各类计划、实施情况、意见和通知;提交竣工文件以及操作和维修手册;办理工程保险;提供履约担保证书;履行承包商日常管理职能等。

(3)工程师的主要责任和义务

执行业主委托的施工项目质量、进度、费用、安全、环境等目标监控和日常管理工作,包括协调、联系、指示、批准和决定等;确定确认合同款支付、工程变更、试验、验收等专业事项等;工程师还可以向助手指派任务和委托部分权力。但是工程师无权修改合同,无权解除任何一方依照合同具有的职责、义务或责任。

FIDIC《施工合同条件》(新红皮书)通用合同条件中的典型条款包括检验、试验、拒收和修补、工程计量和估价、工程照管责任、工程的接收和索赔等。FIDIC《施工合同条件》合同条件由专用条件和通用条件组成。FIDIC 把适用于多数(但非全部)合同的条款纳入合同通用条件中,以方便用于不同的项目。专用条件是对通用条件的修改和补充,对每个具体的合同还需要编制其专用条件(考虑提到专用条件的通用条件条款),为此,FIDIC 提供了专用条件编写指南。

FIDIC《施工合同条件》和下一节介绍的《设计采购施工(EPC)/交钥匙工程合同条件》主要推荐通用于国际招标项目,考虑不同国家和地区的法规特点,尤其是应用于国内招标项目时,可根据项目实际情况和用户需要修改。

6.4.2 FIDIC 设计采购施工(EPC)/交钥匙工程合同条件

6.4.2.1 《设计采购施工(EPC)/交钥匙工程合同条件》及各方责任和义务

FIDIC 颁布的《设计采购施工(EPC)/交钥匙工程合同条件(Conditions of Contract for EPC Turnkey Projects)》(又称为"银皮书"),适用于设计-采购-施工(Engineering-Procurement-Construction)总承包模式,也称为交钥匙工程,该模式下业主只选定一个承包商,由承包商根据合同要求,承担建设项目的设计、采购、施工及试运行,向业主交付一个建成完好的工程设施并保证正常投入运营。尤其适用于提供设备、工厂或类似设施,或基础设施工程及 BOT 等类型项目。

业主选择 EPC 合同多数有如下考虑:期望工程总造价固定,不超过投资限额,项目风险大部分由承包商承担;期望工期确定,使项目能在预定的时间投产运行;业主缺乏经验或人员有限,需要将一揽子项目发包给一个承包商,由其负责组织完成整个项目;业主采用比较宽松的管理方式,按里程碑方式支付;严格竣工检验以保证工程完工的质量,使项目发挥预期效益。

在银皮书中,合同的当事方是业主和承包商,双方分别任命业主代表及承包商代表,负责项目的日常管理。需要注意的是,与 FIDIC《施工合同条件》不同,银皮书中没有工程师这一角色,而是由业主方委派,业主代表代替业主负责工程管理工作,实现合同目标。承包商应接受业主或业主代表提出的指令。在工程款支付上,银皮书规定由业主根据承包商的报表直接支付,而没有工程师开具支付证书这个中间环节。

(1)业主的主要责任和义务

向承包商提供工程资料和数据;向承包商提供现场进入权和占用权;委派业主代表;做好项目资金安排;向承包商支付工程款;向承包商发出根据合同履行义务所需要的指示;发出变更通知;审核承包商文件;为承包商提供协助和配合;准备并负责业主设备;颁发工程接收证书等。

(2)承包商的主要责任和义务

按照合同进行设计、实施和完成工程,并修补工程中的缺陷,工程完工后应满足合同规定的预期目标;应提供合同规定的生产设备和承包商文件,以及设计、施工、竣工和修补缺陷所需的人员、物资和服务;为工程的完备性、稳定性和安全性承担责任并保护环境;提供履约担保证;负责核实和解释现场数据;遵守安全程序;建立质量保证体系;编制提交月进度报告;办理工程保险;负责承包商设备;负责现场保安;照管工程和货物;编制和提交竣工文件;对业主人员进行工程操作和维修培训等。

6.4.2.2 《设计采购施工(EPC)/交钥匙工程合同条件》典型条款分析

以下对 FIDIC《设计采购施工(EPC)交钥匙工程合同条件》(银皮书)通用合同条件中的

典型条款进行梳理分析。

(1) 合同组成文件及业主要求

银皮书合同文件的组成及其优先次序为:

① 合同协议书;

② 专用合同条件;

③ 通用合同条件;

④ 业主要求;

⑤ 明细表;

⑥ 投标书;

⑦ 联合体保证(如投标人为联合体)。

条款中包括业主的要求、业主代表、承包商代表、分包商各自的责任与义务,设计及数据风险,进度计划与进度报告,工程款支付方式等内容。

6.4.3　NEC 系列合同

6.4.3.1　NEC 系列合同简介

英国土木工程师学会(ICE)颁布的新工程合同(New Engineering Contract,NEC)系列文件是国际上(尤其是在英国及英联邦国家)广泛使用的有代表性的合同条件之一,并对国际上其他合同文本的制订起到了借鉴作用,并产生了重要影响。

NEC 系列合同条件主要包括:

(1) 工程施工合同(The Engineering and Construction Contract,ECC),用于业主和总承包商之间的主合同,也被用于总包管理的一揽子合同。

(2) 工程施工分包合同(The Engineering and Construction Sub-contract),用于总承包商与分包商之间的合同。

(3) 专业服务合同(The Professional Services Contract),用于业主与项目管理人、监理人员、设计师、测量师、律师、社区关系咨询师等之间的合同。

(4) 裁决人合同(The Adjudicator's Contract),用于业主和承包商共同与裁决人订立的合同,也可以用于分包和专业服务合同。

其中,工程施工合同(ECC)是 NEC 系列合同编制的重要基础,具有选项多样、使用灵活、条款用词简洁等特点,得到广泛应用。

6.4.3.2　ECC 合同的组成内容

工程施工合同(ECC)的组成内容主要包括:

(1) 核心条款

核心条款(Core Clauses)是施工合同的主要共性条款,包括总则、承包商的主要责任、工期、测试和缺陷、付款、补偿事件、所有权、风险和保险、争端和合同终止等 9 条,构成了施工合同的基本构架,适用于施工承包、设计施工总承包和交钥匙工程承包等模式。

(2) 主要选项条款

主要选项条款是对核心条款的补充和细化,使用者应根据需要选择适用的条款。对于主要选项条款,可以在如下 6 个不同合同计价模式中选择一个适用模式(且只能选择一项),将其纳入合同条款之中:

选项 A：带有分项工程表的标价合同；

选项 B：带有工程量清单的标价合同；

选项 C：带有分项工程表的目标合同；

选项 D：带有工程量清单的目标合同；

选项 E：成本补偿合同；

选项 F：管理合同。

其中，标价合同适用于在签订合同时价格已经确定的合同；目标合同适用于在签订合同时工程范围尚未确定，合同双方先约定合同的目标成本，当实际费用节支或超支时，双方按合同约定的方式分摊；成本补偿合同适用于工程范围很不确定且急需尽早开工的项目，工程成本部分实报实销，再根据合同确定承包商酬金的取值比例或计算方法；管理合同适用于施工管理承包，管理承包商与业主签订管理承包合同，但是不直接承担施工任务，以管理费用和估算的分包合同总价报价，管理承包商与若干施工分包商订立分包合同，分包合同费用由业主支付。

（3）次要选项条款

在主要选项条款之后，ECC 还提供了十多项可供选择的次要选项条款，包括履约保证；母公司担保、支付承包商预付款、多种货币、区段竣工、承包商对其设计所承担的责任只限运用合理的技术和精心设计；通货膨胀引起的价格调整；保留金；提前竣工奖金；工期延误赔偿费；功能欠佳赔偿费；法律的变化等。

对于具体工程项目建设使用的施工合同，使用者可以根据其项目模式特点和自身需要，在核心条款的基础上加上选定的主要选项条款和次要选项条款，就可以组合形成一个内容约定完备的合同文件。

（4）ECC 合同中的合作伙伴管理理念

鼓励当事人采取合作，而不是采取对抗行为，是 ECC 合同的典型特点。ECC 合同核心条款的总则中第一条即提出业主、承包商、项目经理（指业主方项目经理）和工程师在工作中相互信任、相互合作的工作原则。ECC 试图以共同愿景减少冲突、降低风险，明确职能和责任，激励各方充分发挥各自的作用。合同设计基于这样的考虑：有预见地以合作的态度管理项目各方之间的交往可以减少工程项目内在的风险，合同每一道程序的制定在实施时应该有助于而不是降低工程的有效管理。

ECC 通过建立早期警告（Early Warning）和补偿事件（Compensation Events）为特征的合作机制，让项目各方致力于提高整个工程项目的管理水平。可以说，传统施工合同中由索赔条款实现的功能在 ECC 中由早期警告和补偿事件两项程序加以优化并解决。

ECC 合同条件通过早期警告和补偿事件等条款的设置，在很大程度上体现了合作伙伴（Partnering）管理所倡导的信任、协调、沟通和激励的管理机制及合作共赢的理念。

6.4.4 AIA 系列合同

6.4.4.1 AIA 系列合同简介

美国建筑师学会（AIA）制定的系列合同条件在美国建筑业界及美洲地区工程承包界具有很高的权威性，影响大，使用范围广。AIA 系列合同条件主要用于私营的房屋建筑工程，该合同条件下确定了传统模式、设计-建造模式、CM（Construction Management）模式和

IPD 模式等不同类型的工程管理模式。

AIA 针对不同项目管理模式和合同各方关系颁布了多个系列的合同和文件,可供使用者根据需要选择,具体如下:

A 系列:业主与施工承包商、CM 承包商、供应商,以及总承包商与分包商之间的标准合同文件;

B 系列:业主与建筑师之间的标准合同文件;

C 系列:建筑师与专业咨询人员之间的标准合同文件;

D 系列:建筑师行业内部使用的文件;

E 系列:合同和办公管理中使用的文件;

F 系列:财务管理报表;

G 系列:建筑师企业与项目管理中使用的文件。

其中,A201《施工合同通用条件》是 AIA 系列合同中的核心文件。

6.4.4.2　CM 合同模式

CM(Construction Management)模式,是指由业主委托一家 CM 单位承担项目管理工作,该 CM 单位以承包单位的身份进行施工管理,并在一定程度上影响工程设计活动,组织快速路径(Fast-track)的生产方式,使工程项目实现有条件的边设计边施工。CM 模式尤其适用于实施周期长、工期要求紧的大型复杂工程。与传统总分包模式下施工总承包商对分包合同的管理不同,CM 合同属于管理承包合同。

根据业主委托管理范围和责任的不同,CM 模式分为代理型(Agency)CM 模式和风险型(Non-Agency,非代理型)CM 模式。对于代理型 CM 模式,CM 承包商只为业主对设计阶段和施工阶段的有关问题提供咨询服务,不负责工程分包的发包,与分包单位的合同由业主直接签订,CM 承包商不承担项目实施的风险。

6.4.4.3　IPD 合同模式

(1) IPD 模式的定义

IPD(Integrated Project Delivery)模式,即集成项目交付模式,也称为综合项目交付模式或一体化项目交付模式,是近年来一种新型项目组织和管理模式。根据美国建筑师协会(AIA)的定义,IPD 是一种将人力资源、工程系统、业务架构和实践经验集成为一个过程的项目交付模式。在这个集成过程中,参与项目各方充分利用自身的技能与知识,通过包括设计、制造、施工等项目全寿命周期各阶段的通力合作。使项目效益最大化,为业主创造更大价值并减少浪费。

(2) IPD 模式的实施过程及特点

AIA 发布了以 AIA C191 合同条件为代表的系列 IPD 合同文件。AIA C191 合同包括IPD 多方合同标准协议和 4 个附件(通用条款、项目法律描述、业主标准、目标标准修正案)。由业主、设计单位、承包商(还可以包括供应商、分包商)共同签署一份合同(AIA C191),形成多方合同型 IPD 模式。IPD 模式通过建立项目参与各方各阶段密切协同合作的组织管理机制,共同管控项目目标、共担项目风险、共享分配收益,力争实现项目利益最大化。

【法院判例】　　　　　　　　　　　　一起工程监理合同纠纷案

再审申请人(一审被告、反诉原告,二审上诉人)湖北 H 高速公路有限公司因与被申请人广东 X 公路工程监理公司(一审原告、反诉被告,二审被上诉人)的建设工程监理合同纠纷一案,不服湖北省高级人民法院作出的(2019)鄂民终 X 号民事判决,申请再审。

申请人主要诉求:

(1)原审法院计算监理费的基数和方法错误,多计算的监理费无事实和法律依据。案涉合同第四标段的工程在起诉时并未开工,监理单位也未提供监理服务,该监理费应予扣除。其他三个合同标段的工程产值亦未全部完成,应付的监理费为 10 738 915.1 元。按照已完成的产值占项目概算的比例及提供的监理服务时间和工作,H 高速公司不应支付监理费,已支付的部分应予返还。

(2)原审法院未查明 X 监理公司在合同项下的监理义务是否全面履行,亦未查明其严重违约并串通实际施工人损害 H 高速公司合法权益的事实,适用法律错误。X 监理公司的违约行为如下:1. X 监理公司未提交履约保证金和履约保函。2. 项目未审批完成便擅自签发开工令。3. 总监理工程师未组织专业监理工程师对施工单位提出的工程变更申请进行审查及提出审查意见。对涉及工程设计变更的文件,未报建设单位转交原设计单位修改,导致施工费用增加。4.瞒报挂靠、违法分包的事实,未审核分包单位资格和管理人员,导致工程管理无序,施工队伍和现场项目管理人员变动频繁,工程费用激增,严重损害 H 高速公司的合法权益。5. X 监理公司向实际施工人提供虚假费用索赔签证,根据《投标书附录》关于"赔偿的限额"约定,其应当以监理服务费的 30% 为限,赔偿 H 高速公司的实际损失人民币 38 094 394.2 元。6.保留金的性质属于监理服务费的一部分,在 X 监理公司未按合同及《投标书附录》的承诺向 H 高速公司提交履约保证金和履约保函及在监理服务合同提前解除的情况下,保留金应当与监理服务费进行统一结算。原审法院判决 H 高速公司退还扣留的保留金 6349 066 元,适用法律错误。

(3)原审法院未允许对《监理服务费支付证书》《施工阶段延期监理服务费用计算表》的具体形成时间、是否为同一时间形成、是否不可能在落款标称的时间差内形成等问题进行鉴定,程序违法。

法院经审查认为:

H 高速公司称案涉工程因其与施工方产生纠纷而导致停工,并主张对于未施工、停工等工程不应支付监理费用,但其并未举证证明已依照《监理委托合同》通用条款第 5 条的约定,在 56 日之前向 X 监理公司发出过书面通知,要求全部或者部分暂停监理服务或者解除监理合同。此外,H 高速公司不但未按合同的约定对于由此增加的监理服务工作量所涉及的费用进行调整,而且其总经理、副总经理、计划合同部主管等工作人员又在 X 监理公司提交的监理服务费支付月报上签字确认,故原审法院认定 H 高速公司的上述主张不能成立的基本事实并不缺乏证据证明。

双方所签《监理委托合同》中对监理费用的计算等问题有明确约定,且 H 高速公司对 X 监理公司提交的监理费支付月报予以签字确认。因此,H 高速公司认为监理费的计取应当按建设工程施工完成产值占施工合同总价的比例计算的主张不能成立,其在原审中再对《监理服务费支付证书》《施工阶段延期监理服务费用计算表》申请鉴定已无意义,亦违反诚实信用原则,故原审法院对其申请未予准许,适用法律并无不当,程序亦不违法。

关于 H 高速公司主张 X 监理公司违反合同约定,未全面履行监理义务,损害其合法权益的问题。首先,该问题属于赔偿纠纷,H 高速公司提交的证据尚不足以证明 X 监理公司存在其述称的违约行为以及由此造成的损害结果,故其该项主张不能成立。而且,根据 2013 年 5 月 7 日 H 高速公司出具的回复函的内容可知该公司对于开工时间知晓,故其认为 ×监理公司擅自提前签发开工令构成违约的主张也不能成立。其次,是否依约提交保证金 和履约保函并不影响×监理公司提供服务。再次,H 高速公司认为×监理公司在三日内便 完成"审核、评估、处理赔偿事件"的工作,属于严重失职,但该主张并无事实依据,亦不符合 日常逻辑,故原审适用法律并无不当。最后,根据原审查明的事实,《监理委托合同》已被解 除,非监理人的原因导致解除合同时,发包人应及时向监理人返还履约担保,故原审认定 H 高速公司应返还保留金的基本事实亦不缺乏证据证明。

综上,H 高速公司的再审申请理由不成立,其再审申请不符合《中华人民共和国民事诉 讼法》规定的应当再审的情形。湖北省高级人民法院依照《中华人民共和国民事诉讼法》和 《最高人民法院关于适用〈中华人民共和国民事诉讼法〉的解释》裁定如下:驳回湖北 H 高速 公路有限公司的再审申请。资料来源:中国裁判文书网

本章习题

一、单选题

1. 设计人的设计工作进展不到委托设计任务的一半时,发包人由于项目建设资金的 筹措发生问题而决定停建项目,单方发出解除合同的通知,设计人应( )。

A. 没收全部定金补偿损失

B. 要求发包人支付双倍的定金

C. 要求发包人补偿实际发生的损失

D. 要求发包人给付约定设计费用的 50%

2. 依据监理合同的规定,( )不属于委托人的责任。

A. 委托人选定的质量检测机构试验数据错误

B. 因非监理人原因使监理人受到损失

C. 委托人向监理人提出的赔偿要求不能成立

D. 因监理人的过失导致合同终止

3. 监理单位出现无正当理由而又未履行监理义务时,按照监理合同规定,发包人可 以( )。

A. 发出终止合同通知,监理合同即行停止

B. 发出未履行义务通知后在第 21 天单方终止合同

C. 发出未履行义务通知后 21 天内未能得到满意答复,可在第一个通知发出后的 42 天 内发出终止合同通知,监理合同即行终止

D. 发出未履行义务通知后 21 天内未能得到满意答复,可在第一个通知发出后 35 天内 发出终止合同通知,监理合同即行终止

4. 材料采购合同在履行过程中,供货方提前 1 个月通过铁路运输部门将订购物资运抵 项目所在地的车站,且交付数量多于合同约定的尾差,则( )。

A. 采购方不能拒绝提货,多交货的保管费用应由采购方承担

B. 采购方不能拒绝提货,多交货的保管费用应由供货方承担

C. 采购方可以拒绝提货,多交货的保管费用应由采购方承担

D. 采购方可以拒绝提货,多交货的保管费用应由供货方承担

5. 根据材料采购合同的规定,材料在运输过程中发生的问题,由( )负责。

A. 运输部门   B. 采购方

C. 供货方   D. 合同约定的责任方

6. 依据材料采购合同的规定,采购方要求中途退货,应向供货方按( )支付违约金。

A. 全部货款总额   B. 合同约定的方法

C. 退货部分货款总额   D. 当事人协商

二、多选题

1. 依据设计合同的规定,( )是发包人的责任。

A. 对设计依据资料的正确性负责

B. 保证设计质量

C. 提出技术设计方案

D. 解决施工中出现的设计问题

E. 提供必要的现场工作条件

2. 因监理人与第三方的共同责任而给委托人造成了经济损失,计算监理人赔偿费的原则是( )。

A. 按工程实际受到的损害计算

B. 按委托人认为所受到的损害计算

C. 按实际损害计算一定比例的赔偿金

D. 监理人赔偿总额不应超过监理酬金总额

E. 监理人赔偿总额不应超过扣除税金后的监理酬金总额

3.《建设工程监理合同(示范文本)》规定,监理人的主要义务包括( )。

A. 依法履行监理职责,公正维护委托人及有关方面的合法权益

B. 推荐选择工程的施工单位

C. 选派合格的监理人员及总监理工程师

D. 不得泄露与工程有关的保密资料

E. 代表委托人与承包人解决合同争议

4. 发包人采购的建筑材料,按规定通知承包人共同验收,而届时承包人未派人参加,则( )。

A. 材料无须验收,直接交给承包人保管

B. 工程师单独验收

C. 验收后交给承包人保管

D. 发生损坏或丢失由发包人负责

E. 发生损坏或丢失由承包人负责

三、思考题

1. 建设工程勘察设计合同对违约责任如何划分？

2. 怎样对勘察设计合同进行管理？

3. 建设工程监理合同中,双方的权利和义务有哪些？

4. 材料采购合同如何进行交货的检验？

5. 材料采购合同履行过程中如果出现供货方提前交货,应如何处理？

6. FIDIC《施工合同条件》由哪些部分组成？

7. 常用的国际工程合同条件有哪些？

参 考 文 献

[1] 成虎,虞华.工程合同管理[M].2版.北京:中国建筑工业出版社,2011.

[2]《工程保险》编写组.工程保险[M].北京:首都经济贸易大学出版社,2016.

[3] 国家法官学院、最高人民法院司法案例研究院.中国法院年度案例[M].北京:中国法制出版社,2021.

[4] 何佰洲,刘禹等.工程建设合同与合同管理[M].4版.大连:东北财经大学出版社,2013.

[5] 李海凌,王莉.建设工程招投标与合同管理[M].北京:机械工业出版社,2018.

[6] 李启明.土木工程合同管理[M].4版.南京:东南大学出版社,2019.

[7] 李志生.建设工程招投标实务与案例分析[M].2版.北京:机械工业出版社,2015.

[8] 刘力,钱雅丽等.工程建设合同与合同管理[M].2版.北京:机械工业出版社,2014.

[9] 刘蓉.工程合同管理[M].3版.北京:人民交通出版社,2022.

[10] 刘伊生.建设工程招投标与合同管理[M].北京:北京交通大学出版社,2014.

[11] 沈中友.工程招投标与合同管理[M].2版.北京:机械工业出版社,2021.

[12] 宋春岩.建设工程招投标与合同管理[M].4版.北京:北京大学出版社,2019.

[13] 全国造价工程师执业资格考试培训教材编审委员会.建设工程造价管理[M].北京:中国计划出版社,2022.

[13] 严玲.建设工程合同价款管理[M].北京:机械工业出版社,2017.

[14] 袁华之.建设工程索赔与反索赔[M].北京:法律出版社,2016.

[15] 中国建设监理协会组织.建设工程合同管理[M].4版.北京:中国建筑工业出版社,2014.

[16] 中华人民共和国住房和城乡建设部,国家质量监督检验检疫总局.建设工程工程量清单计价规范:GB 50500—2013[S].北京:中国计划出版社,2013.

[17] 周艳冬,许可.工程项目招投标与合同管理[M].4版.北京:北京大学出版社,2022.